干法选煤

任尚锦　孙鹤　著

北京
冶金工业出版社
2018

内 容 提 要

本书系统地介绍了干法选煤的工艺和设备技术。全书共16章，主要介绍了干法选煤技术的发展历史，我国动力煤资源情况，干法选煤的意义和特点，详细介绍了差动式、复合式、风力干选机及干法末煤跳汰机及相应的大型干选机，分析了影响分选效果的因素，提出了分选效果的预算方法。同时，总结了较全面的干法选煤系统的安装、操作、维护及生产经验。还深入介绍了干法选煤系统的主要配套设备及其研发、电气控制装置以及干法选煤的经济效益和社会效益。

本书可供选煤相关专业的高等院校师生，从事选煤设计、研究、生产和管理等工作的技术人员阅读，也可作为应用干法选煤技术的有关操作人员和管理人员的培训教材。

图书在版编目(CIP)数据

干法选煤/任尚锦，孙鹤著.—北京：冶金工业出版社，2018.5

ISBN 978-7-5024-7785-1

Ⅰ.①干… Ⅱ.①任… ②孙… Ⅲ.①干法选煤 Ⅳ.①TD94

中国版本图书馆CIP数据核字（2018）第087180号

出 版 人 谭学余
地　　址 北京市东城区嵩祝院北巷39号 邮编 100009 电话 (010)64027926
网　　址 www.cnmip.com.cn 电子信箱 yjcbs@cnmip.com.cn
责任编辑 王梦梦 美术编辑 彭子赫 版式设计 孙跃红
责任校对 李 娜 责任印制 李玉山
ISBN 978-7-5024-7785-1
冶金工业出版社出版发行；各地新华书店经销；三河市双峰印刷装订有限公司印刷
2018年5月第1版，2018年5月第1次印刷
787mm×1092mm 1/16；14.5印张；250千字；218页
68.00元

冶金工业出版社 投稿电话 (010)64027932 投稿信箱 tougao@cnmip.com.cn
冶金工业出版社营销中心 电话 (010)64044283 传真 (010)64027893
冶金书店 地址 北京市东四西大街46号(100010) 电话 (010)65289081(兼传真)
冶金工业出版社天猫旗舰店 yjgycbs.tmall.com

前　言

我国煤炭资源丰富，但是占全国80%以上的煤炭资源（主要为动力煤）蕴藏在干旱缺水的西部地区，水资源缺乏已成为西部煤炭洗选加工的制约因素。干法选煤技术的成功开发，使我国能源基地战略西移并为煤炭分选加工利用提供了新的技术途径。

干法选煤既符合国家保护水资源、节能减排、环境保护、资源综合利用及发展洁净煤技术等各项经济技术政策，又适应我国不同类型动力煤煤炭企业的需求，为解决我国褐煤等易泥化煤洗选加工难题和煤矸石综合利用及提高我国原煤入选率等诸多方面都作出了重要贡献。

CFX型差动式干选机、TFX型干法末煤跳汰机是唐山开远科技有限公司的自主创新科技成果，FX型风力干选机是唐山开远科技有限公司的技术改造成果，FGX型复合式干选机是煤炭科学研究总院唐山研究分院的自主创新科技成果。干法选煤技术具有不用水、投资小、生产成本低、劳动生产率高、占地面积少、建设周期短等一系列优点，在短期内得到了迅速推广应用。在全国26个省、市、自治区已推广2500多套不同规格型号的干选系统，并向美国、俄罗斯、南非、巴西等19个国家出口，提高了我国选煤技术的声望。

撰写本书是为了系统详细地向读者介绍干法选煤技术和生产经验，提供与干选系统有关的设备、工艺流程、设计、技术经济指标数据，使干法选煤技术不断发展，更加完善。

本书在内容撰写上，力求做到概括全面，在文字处理上力求做到深入浅出，并采用文、图、表并茂的形式，便于读者全方位了解书中内容。

本书在撰写过程中，参阅的有关文献资料在参考文献中已一一列出，在此向文献作者一并致谢。同时对支持和帮助干法选煤技术发展的领导、企业、专家表示衷心的感谢。

由于作者水平和写作时间有限，书中不当之处，欢迎读者批评指正。

作　者
2018 年 2 月
于唐山

目　录

1 概　　述

按照选煤术语国家标准，干法选煤定义为不用液体作为分选介质的选煤方法。干法选煤包括风力选煤、空气重介质流化床选煤、选择性破碎选煤、γ射线选煤、光电选煤、高梯度干式磁选、摩擦静电选、人工手选等。在工业上应用的干法选煤主要是风力选煤，在风力选煤方法中，主要是风力跳汰和风力摇床选煤，将其称为传统风力选煤。

典型的风力摇床有美国的ST型、Y型、V型风力摇床，英国的Birtley逆流分选机，俄罗斯的СП型分选机。风力跳汰机有美国的Stump风力跳汰机、Super Airflow风力跳汰机、俄罗斯的ПОМ型风力跳汰机及近期美国的Allair Jig风力跳汰机。

20世纪60年代初，风力选煤达到高峰时期，1965年美国风力选煤量为2311万吨，俄罗斯70年代风力选煤年加工能力达3000万吨。60年代后，欧美风力选煤逐渐被淘汰。其原因是机械化采煤迅速发展，使粉煤量增加，喷水减尘又使原煤外在水分增加，造成风力分选困难。传统的风力选煤设备只适于处理粒度级别窄的易选煤，分选效率低，很快就被新开发的重介质选煤方法所取代。

近年来，随着科学技术的发展，我国干法选煤又重新被重视，逐渐形成新的选煤技术。其主要原因是:

（1）由于我国经济迅速发展，水资源日趋紧张。

（2）我国内蒙古、新疆、宁夏、陕西等新的产煤大省，位于西北干旱缺水地区，水资源匮乏。

（3）环境保护政策要求严格控制湿法选煤产生的煤泥水污染。

（4）部分褐煤及泥化严重的煤不适于水洗，同时又必须解决因煤质不好而需对生产原煤进行分选加工的问题。

（5）湿法洗选造成选后产品水分增加，降低了煤的发热量，抵消了湿法选煤的分选效果，还会造成冬季严寒地区产品冻车的问题。

（6）湿法洗选工艺复杂，操作难度大，投资高，运转费用高。

根据我国煤炭工业发展需要，我国独自开发了四种干法选煤设备，在国内生产上已被广泛应用。这四种干法选煤设备分别为：（1）1993 年煤炭科学研究院唐山分院研制的 FGX 复合式干选机；（2）1992 年在引进的苏联 СП-12 型风力摇床的基础上研制的 FX 型风力干选机；（3）2008 年唐山开远选煤科技有限公司研发的 CFX 型差动式干选机；（4）2015 年唐山开远选煤科技有限公司研发的 TFX 型干法末煤跳汰机。此外，2014 年唐山开远选煤科技有限公司完成了国家“末、块煤干法选煤系统”的创新项目任务。

干法选煤技术是适合我国国情的新型选煤方法，既能全面符合保护水资源、节能、环境保护、资源综合利用及发展洁净煤技术等各项国家经济技术政策，又能适应我国不同类型动力煤炭企业的需求，为解决我国褐煤等易泥化煤洗选加工的难题、解决煤矸石综合利用问题及提高我国原煤入选率等诸多方面作出了重要贡献。

2 我国动力煤资源状况、用途及煤质要求

干法选煤主要应用于动力煤分选加工，因此对我国煤炭资源及动力煤资源状况需要有初步了解。

2.1 我国煤炭资源状况

2.1.1 我国煤炭资源量

根据第三次全国煤田预测资料，我国除台湾省外，垂深2000m以内的煤炭资源总量为55697.49×10^8t，探明保有资源量10176.45×10^8t，其中生产及在建矿井占用资源量1916.04×10^8t，尚未利用资源量8260.41×10^8t。

2.1.2 我国煤炭资源的地域分布特点

我国煤炭资源的地域分布特点为：

（1）北多南少。按昆仑山-秦岭-大别山一线分为南、北方（这一线以北为北方，这一线以南为南方）。北方省区煤炭资源丰富，占全国煤炭资源总量的93.08%，探明保有资源量占全国探明保有资源量的90%以上。而南方其余各省煤炭资源量之和仅占全国煤炭资源总量的6.92%，探明保有资源量不足全国探明保有资源量的10%。

（2）西多东少。按大兴安岭-太行山-雪峰山一线分为东、西部。这一线以西即西部的内蒙古、山西、四川、贵州等11个省区煤炭资源量占全国煤炭资源总量的91.83%，探明保有资源量占全国探明保有资源量的89%。而这一线以东即东部地区煤炭资源量少，探明保有资源量仅占全国探明资源保有量的11%。

（3）主要产煤省区煤炭资源分布极不均衡。煤炭资源量大于10000亿吨的有新疆、内蒙古两个自治区，其煤炭资源量之和占全国煤炭资源总量的60.42%。煤炭资源量大于1000亿吨的有新疆、内蒙古、山西、陕西、河南、宁夏、甘肃、贵州等8个省区，其煤炭资源量之和占全国煤炭资源总量的

91.12%。煤炭资源量大于500亿吨的有以上的8个省区和安徽、云南、河北、山东四省，这12个省区煤炭资源量之和占全国煤炭资源量的96.55%。煤炭资源量小于500亿吨的有17个省区（除台湾省外），煤炭资源量之和仅占全国煤炭资源总量的3.45%。

2.1.3 我国煤炭资源的煤类分布

2.1.3.1 褐煤资源分布

褐煤资源量为3194.38×10^8t，占我国煤炭资源总量的5.74%，主要分布于内蒙古东部、黑龙江、吉林东部、云南东部。

2.1.3.2 低变质烟煤资源分布

低变质烟煤（长焰煤、不黏煤、弱黏煤）资源量为38535.35×10^8t，占全国煤炭资源总量的51.23%，主要分布于新疆、陕西、内蒙古、宁夏等省区。甘肃、辽宁、河北、黑龙江、河南等省的低变质烟煤资源也比较丰富。

2.1.3.3 中变质烟煤资源分布

中变质烟煤（气煤、肥煤、焦煤、瘦煤）资源量为15993.22×10^8t，占全国煤炭资源量的28.71%。在中变质烟煤中，气煤资源量为10709.69×10^8t，占全国煤炭资源总量的19.23%；焦煤资源量为2640.21×10^8t，仅占全国煤炭资源总量的4.74%。

2.1.3.4 高变质煤资源分布

高变质煤（贫煤、无烟煤）资源量为7967.73×10^8t，占全国煤炭资源总量的14.31%，主要分布于山西、贵州和四川南部。

综上所述，我国煤炭资源丰富，此决定了煤炭在我国能源生产和消费中将长期处于主导地位。我国煤炭资源地域分布特点为北多南少、西多东少，这又决定了我国西煤东运、北煤南运的基本格局。而新疆、内蒙古、山西、陕西、宁夏等煤炭资源量最大的省区却处于我国干旱缺水的西北地区。

从煤资源的煤类分布可以看出：褐煤、低变质煤、高变质煤作为动力煤占全国煤炭资源总量的71.28%。从全国煤炭资源状况分析，适于在干旱地区作为动力煤分选加工的干法选煤前景广阔。

2.2 我国动力煤生产情况

2015年我国原煤产量为37.48亿吨，入选原煤24.7亿吨，入洗率达到

65.9%。动力煤入选约14.7亿吨，入洗率达到53.5%。我国“十三五”煤炭洗选的总体目标是到2020年年底，原煤入选比率达到80%以上。但由于在炼焦原煤中有相当一部分为挥发分较高、黏结性较弱的气煤及1/3焦煤，大部分仍作为动力煤，而挥发分低、黏结性弱的贫瘦煤则几乎全部作为动力煤。此外，在焦煤、肥煤和瘦煤中也有相当一部分为高硫或高灰而可选性又差的煤，也用作动力煤。因而我国实际作为动力用煤的量占原煤产量的80%以上。

我国生产的原煤灰分较高，国有重点煤矿生产的原煤灰分平均达到25%左右。有相当数量的矿井（露天矿）原煤灰分大于30%，其原因是内灰高、煤层薄、夹矸层数多、顶底板岩有混入等。近年来全国推广的综采放顶采煤法虽然产量提高，但易混入大量矸石从而造成原煤质量下降，煤质不稳定。

2.3 动力煤的用途及质量要求

干法选煤主要目的是排除动力煤原煤中的矸石、硫铁矿等杂质，提高动力煤质量，降低灰分、硫分，提高发热量。干法选煤后的煤炭产品主要用于发电、高炉喷吹、低温干馏、煤炭气化、水泥回转窑等。

2.3.1 发电用煤

动力煤用于发电是消耗煤炭数量最多的使用途径。在电厂生产运行中，煤中的矸石发电制粉耗电费用很高，1t矸石制粉耗电费达33.6元，耗电多是因为矸石难以磨碎成粉。另外，矸石还增加对磨煤机风扇的磨损维护费用、排渣费用等。1t矸石的引发费用大于40元。另一方面，煤的发热量对发电成本影响很大，在一定范围内，发热量提高4.18MJ/kg，成本降低20%以上。

降低煤中硫分，可减少硫酸蒸汽对锅炉低温受热面的严重腐蚀，可减少燃煤中SO_2排放量，减少对大气污染。

因此，发电用煤经分选加工排除矸石，降低灰分，提高发热量意义重大。发电用煤质量要求国家标准《发电煤粉锅炉用煤技术条件》(GB/T 7562—1998）摘录见表2-1~表2-8。

表 2-1　挥发分技术条件

符　　号	V_{daf}/%	$Q_{net.ar}$/MJ·kg^{-1}
$V_1$①	6.50~10.00	>21.00
V_2	10.01~20.00	>18.00
V_3	20.01~28.00	>16.00
V_4	>28.00	>15.00
$V_5$②	>37.00	>12.00

① 不宜单独燃用；

② 适用于褐煤。

表 2-2　发热量技术条件

符　　号	$Q_{net.ar}$/MJ·kg^{-1}
Q_1	>24.00
Q_2	21.01~24.00
Q_3	17.01~21.00
Q_4	15.51~17.0
$Q_5$①	>12.00

① 适用于褐煤。

表 2-3　灰分技术条件

符　　号	A_d/%
A_1	≤20.00
A_2	21.01~30.00
A_3	30.01~40.00

表 2-4　全水分技术条件　(%)

符　　号	M_t	V_{daf}
M_1	≤8.00	≤37.00
M_2	8.1~12.0	≤37.00
M_3	12.1~20.0	>37.00
M_4	>20.0①	

① 适用于褐煤。

表 2-5 硫分技术条件

符 号	$S_{t,d}$/%
S_1	≤0.50
S_2	0.51~1.00
S_3	1.01~2.00
S_4	2.01~3.00

表 2-6 煤灰熔融性软化温度技术条件

符 号	ST/℃
ST_1	>1150~1250
ST_2	1260~1350
ST_3	1360~1450
ST_4	>1450

表 2-7 煤的哈氏可磨性技术条件

符 号	HGI
HGI_1	>40~60
HGI_2	>60~80
HGI_3	>80

表 2-8 煤的粒度技术条件

名 称	粒度/mm
技术条件	<6
	<13
	<25
	<50

2.3.2 高炉喷吹用煤

2.3.2.1 高炉喷吹煤粉的基本概念

高炉喷吹煤粉是从高炉风口向炉内直接喷吹磨细了的无烟煤粉或烟煤粉或者两者的混合煤粉，以代替焦炭起提供热量和还原剂的作用，从而降低焦比，降低生铁成本，它是现代高炉冶炼的一项重大技术革命。其意义具体表现为：

（1）以价格低廉的煤粉替代价格昂贵而日趋匮乏的冶金焦炭，使高炉炼铁焦比降低，生铁成本下降。

（2）喷吹煤是调节炉况热制度的有效手段，可改善高炉炉缸工作状态，使高炉稳定运行。

（3）喷吹的煤粉在风口前气化燃烧会降低理论燃烧温度，这就为高炉使用高风温和富氧鼓风创造了条件。

（4）喷吹煤粉气化过程中放出氢气比焦炭多，提高了煤气的还原能力和穿透扩散能力，有利于铁矿石还原和高炉操作指示的改善。

现在喷吹煤粉的高炉占 80%以上，我国高炉喷吹煤粉的总量已突破 20Mt，平均喷煤比已达到吨铁 150~200kg。

2.3.2.2 高炉喷吹对煤质的要求

高炉喷吹用煤的煤质及工艺性能应满足高炉冶炼工艺要求和对提高喷吹量与置换比有利，以便替代更多的焦炭。高炉喷吹对煤质的要求是指有害元素（如硫、磷、钾、钠等元素）的含量要少，灰分低、热量高及燃烧性好。根据我国国情，首先应考虑喷吹无烟煤和非炼焦烟煤（贫煤、贫瘦煤、气煤、长焰煤、不黏煤、弱黏煤等）。

2008 年国家发布了《高炉喷吹用煤技术条件》（GB/T 18512—2008），综合摘录见表 2-9。

表 2-9 高炉喷吹用煤技术条件

项目	符号	单位	级别	技术条件		
				无烟煤	贫煤、贫瘦煤	其他烟煤
粒度	—	mm		0~13	<50	<50
				0~25		
灰分	A_d	%	Ⅰ级	≤8.00	<8.00	≤6.00
			Ⅱ级	>8.00~10.00	>8.00~10.00	>6.00~8.00
			Ⅲ级	>10.00~12.00	>10.00~12.00	>8.00~10.00
			Ⅳ级	>12.00~14.00	>12.00~13.50	>10.00~12.00
全硫	$S_{t,d}$	%	Ⅰ级	≤0.30	≤0.50	≤0.50
			Ⅱ级	>0.30~0.50	>0.50~0.75	>0.50~0.75
			Ⅲ级	>0.50~1.00	>0.75~1.00	>0.75~1.00
哈氏可磨指数	HGI	—	Ⅰ级	>70	>70	>70
			Ⅱ级	>50~70	>50~70	>50~70
			Ⅲ级	>40~50		

续表 2-9

项目	符号	单位	级别	技术条件		
				无烟煤	贫煤、贫瘦煤	其他烟煤
磷分	P_d	%	Ⅰ级	≤0.010	<0.010	<0.010
			Ⅱ级	>0.010~0.030	>0.010~0.030	>0.010~0.030
			Ⅲ级	>0.030~0.050	>0.030~0.050	>0.030~0.050
钾和钠总量	$w(K)+w(Na)$	%	Ⅰ级	<0.12	<0.12	≤0.12
			Ⅱ级	>0.12~0.20	>0.12~0.20	>0.12~0.20
全水分	M_t	%	Ⅰ级	≤8.0	≤8.0	≤12.0
			Ⅱ级	>8.0~10.0	>8.0~10.0	12.0~14.0
			Ⅲ级	>10.0~12.0	>10.0~12.0	14.0~16.0

2.3.3 低温干馏用煤

2.3.3.1 煤炭低温干馏的基本概念

煤在隔绝空气（或在非氧化气氛）条件下，将煤热解生成煤气、焦油、粗苯和焦炭（或半焦）的过程称为干馏（或称炼焦、焦化）。按加热终温不同，可分为三种：500~600℃为低温干馏；700~900℃为中温干馏；900~1100℃为高温干馏。

块煤通过中温干馏可得到焦油、煤气和半焦。半焦在燃烧时产生蓝色火焰，俗称兰炭，是优质的铁合金焦、电石焦，也可用作生产冶金型焦的中间产品，还可作为化肥厂、煤气厂优质的气化原料。

半焦是煤低温干馏的主要产物，半焦的孔隙率为30%~50%，具有固定碳含量高（大于82%）、比电阻高（0.35~20Ω·m）、对 CO_2 反应性能好等特点，已形成规模较大的市场。我国山西大同地区、内蒙古鄂尔多斯地区、陕西北部神府地区以及新疆地区的不黏煤、弱黏煤、长焰煤都适宜做干馏原料，目前在这些地区已兴建大批兰炭生产企业。

2.3.3.2 低温干馏对煤质的要求

低温干馏对煤质的要求有以下几个方面：

（1）褐煤、长焰煤和弱黏煤、不黏煤等高挥发分低变质程度煤，适于中、低温干馏加工。原料煤的煤化程度越低，生成半焦对 CO_2 的反应能力和比电阻越高。

（2）低温干馏过程对灰分而言是一个浓缩过程，所以原料煤的灰分宜尽量低一些。

（3）煤中硫分的高低与干馏热解过程中产生的煤气含硫化氢量的多少有直接关系，因此要求原料煤硫分越低越好。

（4）不同干馏炉型对原料煤粒度有不同要求。如内热式立式炉要求原料煤必须是块煤，粒度为20~80mm。

内蒙古鄂尔多斯某煤炭干馏项目规模为年产半焦1.2Mt，采用内热式立式炉，以神府、东胜地区的不黏煤或长焰煤作干馏原料，对原料煤的煤质要求为：全水分不大于7%，硫分不大于0.5%，灰分不大于6.5%，挥发分29%~36%，粒度25~80mm，热稳定性能好。

2.3.4 气化用煤

2.3.4.1 煤炭气化的基本概念

煤的气化是指在一定温度、压力条件下，用气化剂（主要有空气、氧气、水蒸气、二氧化碳或氢气）对煤进行热化学加工，将煤中有机质（碳、氢）转变为煤气（以一氧化碳、氢、甲烷等可燃组分为主的气体）的过程。若将煤气再进一步转化成甲烷（CH_4）成分占94%以上即为天然气。

煤气、天然气均可作为工业燃料和城市民用气，可以提高煤的综合利用效率和热效率，更重要的意义在于可大大减轻煤燃烧时对环境的污染。因此，煤的气化是当前洁净技术中首选项目之一。

2.3.4.2 煤炭气化对煤质的要求

因为煤气的用途不同，对煤气的有效组成成分要求也不同，因而所采用的气化工艺、气化炉型、气化剂种类，以及对原料煤的性质要求也不相同。例如，当煤气用作燃料时，要求甲烷含量高、热值高，可以选用挥发分较高的煤作燃料；当煤气用作化工原料合成气时，甲烷反而是一种有害成分，使用低挥发分煤更理想；又如生产合成氨用半水煤气，要求氢含量高，要求原料煤挥发分小于10%，故一般多用无烟煤做气化原料。

2.3.4.3 常压固定床气化用煤的技术要求

2008年发布了新的国家标准《常压固定床气化用煤技术条件》（GB/T 9143—2008），见表2-10。

表 2-10 常压固定床气化用煤技术条件

项 目	符号	单位	级别	技 术 条 件	
煤炭类别				褐煤、长焰煤、不黏煤、弱黏煤、气煤、瘦煤、贫瘦煤、贫煤、无烟煤	
粒度	—	mm		>6~13，>13~25，>25~50，>50~100	
限下率	—	%		>6~13mm，≤20；>13~25mm，≤18 >25~50mm，≤15；>50~100mm，≤12	
灰分	A_d	%		对无烟块煤	对其他煤
			Ⅰ级	≤15.00	≤12.00
			Ⅱ级	>15.00~19.00	>12.00~18.00
			Ⅲ级	>19.00~22.00	>18.00~25.00
煤灰熔融软化温度	ST	℃		≥1250，≥1150（A_d≤18.00%）	
水分	M_t	%		<6（无烟煤），<10（烟煤），<20（褐煤）	
全硫	$S_{t,d}$	%	Ⅰ级	≤0.50	
			Ⅱ级	>0.50~1.00	
			Ⅲ级	>1.00~1.50	
黏结指数	G		Ⅰ级	≤20	
			Ⅱ级	>20~50	
热稳定性	TS_6	%	Ⅰ级	>80	
			Ⅱ级	>70~80	
			Ⅲ级	>60~70	
落下强度	SS	%		>60	

2.3.5 水泥回转窑用煤

2000 年发布了国家标准《水泥回转窑用煤技术条件》(GB/T 7563—2000)，见表 2-11。

表 2-11 水泥回转窑用煤的类别、技术要求

项 目	技 术 要 求
煤炭类别	1. 一般用煤类别：弱黏煤、不黏煤、1/2 中黏膜煤、气煤、1/3 焦煤、气肥煤、焦煤、肥煤
	2. 可搭配使用煤类别：长焰煤、瘦煤、贫瘦煤、贫煤、褐煤、无烟煤
	3. 在条件允许时可单独使用贫煤、贫瘦煤、瘦煤、长焰煤、褐煤、无烟煤①

续表 2-11

项　目	技 术 要 求
煤炭粒度	1. 粉煤、末煤、混煤、粒煤
	2. 当粉煤、末煤、混煤、粒煤数量不足时或不能满足质量要求时可用原煤或其他粒度煤
灰分（A_d）/%	<27.00
挥发分（V_{daf}）/%	>25.00
发热量（$Q_{net.ar}$）/MJ·kg^{-1}	>21.00
硫分（$S_{t.d}$）/%	<2.00②

① 该条不受表 2-11 中有些指标的限制；

② 个别矿区 $S_{t.d}$ 达不到要求时，由供需双方协商解决。

3 干法选煤技术的发展

3.1 干法选煤技术的分类

干法选煤就是不用液体作为分选介质的选煤方法。干法选煤的原理主要是利用煤与矸石的物理性质差别进行分选，涉及的物理性质包括密度、形状、光泽度、导磁性、导电性、辐射性、摩擦系数等。根据不同的分选原理，干法选煤技术包括风力选煤、拣选、选择性破碎选煤、γ射线选煤、摩擦选、光电选煤、高梯度磁选、静电选、微波选煤等。

风力选煤（风力摇床、风力跳汰）发展历史最长，曾经广泛应用，20世纪60年代后用量减少。1993年煤炭科学研究总院唐山分院研制了FGX复合式干选机，1992年在引进的苏联CП-12型风力摇床的基础上开发了FX型风力干选机，2008年唐山开远选煤科技有限公司研制的CFX型差动式干选机，这些干选机都属风力摇床类。2015年唐山开远选煤科技有限公司研发的TFX型干法末煤跳汰机属风力跳汰类。新开发的风力选煤干选设备与传统风力摇床、风力跳汰相比有了很大改进和提高，在国内大批量推广应用并向世界近20个国家出口，成为生命力较强的风力选煤设备。世界各国都在干法选煤技术领域进行研究。20世纪80年代初中国矿业大学研制成功空气重介质流化床分选机、摩擦静电分选机。中国原子能科学研究院、武汉中汉环保技术工程公司等研制成功射线ZG自动选矸机、煤矸石自动分选机等。在国外，干法选煤设备的研究也很广泛。干法选煤技术设备分类及应用情况见表3-1。

表3-1 干法选煤技术设备分类及应用情况

分类	分选方式	分选设备	国别	应用情况
风选	风力摇床	CFX型差动式干选机	中国	大量应用
		FX型风力干选机	中国	少量应用
		FGX型复合式干选机	中国	大量应用
		CП型风力分选机	俄罗斯	少量应用
		SJ型、Y型、V型风力摇床	美国	逐渐淘汰

续表 3-1

分类	分选方式	分选设备	国别	应用情况
风选	风力摇床	Birtley 逆流分选机	英国	逐渐淘汰
		Ⅳ型风力选矸机	中国	淘汰
	风力跳汰	TFX 型干法末煤跳汰机	中国	已批量生产
		Super Airflow 型风力跳汰机	美国	少量应用（几台）
		Stump 风力跳汰机	美国	少量应用（几台）
		ПОМ-2A 型风力跳汰机	俄罗斯	少量应用（几台）
		Allair Jig 风力跳汰机	美国	少量应用
重介选	空气重介	空气重介质流化床分选机	中国	少量应用
		流化重介质分选机	日本	研究项目
拣选	机械	选择性破碎机	各国	应用较多
	放射线	AПB-100 型 γ 射线选矸机	俄罗斯	少量应用
		ZG 自动选矸机	中国	少量应用
	光电	冈森-察特克斯光电选矸机	英国	研究项目
		M16 激光光选机	南非	研究项目
磁选	高梯度	超导高梯度磁选机	美国	研究项目
电选	静电场	摩擦静电分选机	中国	研究项目
物理化学	微波	微波辐射分选系统	美国	研究项目

注：包括研究项目。

3.2　风选概述

风力选煤主要是风力跳汰、风力摇床，其分选机理与湿法跳汰、摇床基本相同，只是以空气代替水作为分选介质。

3.2.1　单纯空气为介质

煤和矸石在空气中下落的加速度几乎等于自由落体的加速度。煤和矸石在空气中的等沉比比在水介质中的等沉比小得多。

当压力为 0.1013MPa（1 个大气压），温度为 20℃ 时，空气的密度为 1.25kg/m^3，黏度为 1.8×10^{-5}Pa · s，分别为水的 1/813 和 1/55。由于空气的密度甚小，与矿粒比较可以忽略不计，故颗粒在空气中的自由沉降末速通式可写成：

$$v_0 = \sqrt{\frac{\pi d\delta g}{6\varphi\rho}} \tag{3-1}$$

式中，φ 为颗粒自由沉降阻力系数，不同密度颗粒在空气中的自由沉降等降比为：

$$e_0 = \frac{d_1}{d_2} = \frac{\varphi_2\ \rho_2}{\varphi_1\ \rho_1} \tag{3-2}$$

由式（3-1）和式（3-2）可知，矿粒在空气中的沉降速度远比在水中的大，而等降比却要比在水中小得多。

e_0 将随着两种矿物的密度差（$\rho_2-\rho_1$）增大而增大，同时也随介质密度 ρ 的增大而增大，而且 e_0 还是阻力系数 φ 的函数，即与矿粒的粒度和形状有关，e_0 将随着矿粒的粒度变细而减小，相应分选粒级窄、稳定性差。

推动粒群悬浮的空气总压力由静压力 p_{st} 和动压力 p_{dy} 两部分构成，由式（3-3）决定：

$$\sum p = p_{st} + p_{dy} = h\lambda\delta g + \frac{v_{up}^2\ \rho}{2} \tag{3-3}$$

式中，h 为料层厚度；v_{up} 为上升气流速度。v_{up} 应大于粒群悬浮的最小上升流速 v_{min}。在跳汰干选和摇床干选中，所需气压介于 1.47～2.94kPa（150～300mm 汞柱）。各分层沉降速度与该层的气流速度相平衡，沉降速度大的物料首先进入到底层，构成较密集的矿层，局部静压强相应有所增大，迫使轻物料转入上层，结果造成底层多为重矿物，上层为细粒较轻矿物，中间为混杂物。

3.2.2 空气与末煤混合作为自生介质

实际风力摇床、风力跳汰选煤是以空气与末煤混合作为自生介质的选煤方法，它遵循阿基米德定律进行重介选，同时不同物料在床面振动作用下，相互挤压碰撞，产生一种浮力效应。因此风力跳汰有效分选粒度为 13～1mm 或 25～3mm，风力摇床有效分选粒度为 80～13mm 或 50～6mm，粒度范围宽，效果较好。

3.2.3 空气与磁铁矿粉混合为空气重介质

空气重介质流化床选，是以气-固两相悬浮体作分选介质，在均匀稳定的流化床中按阿基米德原理实现煤和矸石分离的一种选煤方法，分选效果较好。

3.3 风力摇床选煤

风力摇床选煤分选原理同湿式摇床选煤分选原理相近，只是介质以空气替代水，利用垂直气流和床面摇动，在床面按密度分带，轻重产物分别从床面上的不同位置分离。风力摇床选煤已有100多年的应用历史，是一种成熟的分选技术。早在1916年，美国首先在达拉斯钢铁公司成功地采用赛顿风力摇床分选烟煤，后来英美各国公司陆续推出了SJ型、Y型、V型风力摇床。苏联1931年开始引进风选技术。1932年在顿巴斯高尔洛夫卡投产了第一座风力选煤厂，采用了4台英国拜特利公司的V型风力摇床。由于风选投资少、费用低，分选易选煤的效果可以满足用户要求，所以发展很快。20世纪60年代风力选煤达到鼎盛时期，美国1965年有200多台风选机运转，年生产能力2311万吨；苏联在顿巴斯、库兹巴斯、乌拉尔等煤田建立20多座风选厂，并大量使用СП型风力摇床（风力分选机），年分选加工能力达到3000万吨。

20世纪60年代以后，欧美风力选煤逐渐被淘汰。其原因是机械化采煤使煤粉量增加，原煤外在水分增加，造成分级困难。当时的风选机只适应粒度级别窄的易选煤，分选效率低，很快就被湿法选煤技术尤其是分选精度高的重介质选煤技术所取代。

我国1992年引进СП型风力摇床分选机而后改进为FX型风力干选机，1993年之后开发了FGX型复合式干选机，2008年之后开发了CFX型差动式干选机。CFX型、FX型、FGX型三种干选机是在传统风力摇床基础上作了重大改进，因此得到重新认识，由于适合我国国情，得到快速发展。将这三种应用较广的风力选煤设备简称为摇床类干选机。

本节对CFX、FX、FGX型三种摇床类干选机的结构及特点作简要说明。

3.3.1 CFX型差动式干选机

CFX型差动式干选机是唐山开远选煤科技有限公司2008年自主研发的一种新型分选大粒级物料的风选设备，并形成了具有$1m^2$、$3m^2$、$6m^2$、$9m^2$、$12m^2$、$24m^2$、$48m^2$等10个型号的系列产品，生产能力为每小时生产10～600t，可以满足大、中、小型各种企业选用需求，用户已遍及我国河北、河南、山东、山西、陕西、宁夏、内蒙古、甘肃、重庆、四川、贵州、新疆、辽宁等省、市、自治区，并对外销往美国等国家。

3.3.1.1 CFX-12 型差动式干选机主机

CFX-12 型差动式干选机主机外形如图 3-1 所示。

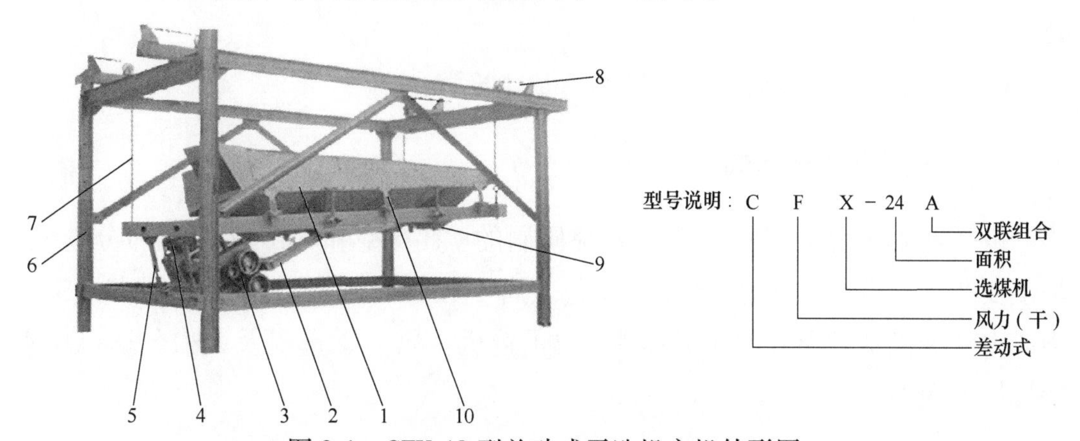

图 3-1 CFX-12 型差动式干选机主机外形图

1—选床；2—传动臂；3—激振器；4—电机；5—连接装置；6—钢丝绳；7—主机架子；8—电动提升装置；9—风室；10—床面调坡装置

3.3.1.2 差动式干选机主要技术特点

差动式干选机主要技术特点为：

（1）先进的同步带传动差动式激振器带动分选床差动振动，振幅为 16~22mm，振动频率为 300~400r/min，使床面上的物料凭借强大的惯性向前运动，大大提高了物料的搬运速度。改变电机频率可以改变激振器的频率，改变偏振块的多少能改变振幅大小，在保证质量的前提下，提高了设备的生产能力。

（2）高隔条、多块橡胶筛板组合而成的矩形分选床面。CFX 型差动式风力干选机，采用的是矩形床面，床面纵向较长，床面上镶有 170mm 高的隔条，使煤和矸石能充分分层；入料方向与振动力方向一致，分选过程充分；分选床的纵向、横向角度可以灵活调节。橡胶筛板有利于增加摩擦，提高分选效率。

（3）悬挂式分选床结构。悬挂式分选床结构能形成双层悬挂分选床，这种结构可以在不扩大占地面积的同时使设备的生产能力成倍提高。

（4）效果好。

1）单位面积处理能力大于 10t/(m^2·h)，比同类产品提高 10%~30%。

2）节约能源，用差动式自动平衡激振器动力消耗仅是同类设备的 37%、50%。

3）入料适应范围扩大：分选床大振幅小频率，外在水分可达到 10%，入料粒度可达到 75mm。

4）降低噪声，胶带与金属轮传动。

5）分选效果好，有效分选粒度 75~6mm，可能偏差 E 值达到 0.17，数量效率 η 为 94.4%。

6）运动平稳，振动小；基础小，基建投资少。

3.3.2 FX 型风力干选机

俄罗斯固体燃料矿物精选研究院研制的 CП-6 型和 CП-12 型风力分选机，是俄罗斯风力选煤厂的主要分选设备。唐山开远选煤科技有限公司在 CП-12 型风力分选机基础上开发了 FX 型风力干选机。风力干选机及风力分选机技术特征见表 3-2。

表 3-2 风力干选机及风力分选机技术特征

项目		单位	CП -6 型 风力分选机 （俄罗斯）	FX-12 型 风力干选机 （中国）	CП-12 型 风力分选机 （俄罗斯）
处理能力		t/h	50	120	150
入料粒度		mm	50~6	75~0	100~75
可能偏差 E		kg/L	0.25	0.25	0.25
分选机工作面积		m^2	6.7	12	12
筛板下空气室数量		个	3	4	4
电动机功率	主电机	kW	10.5	30	25
	旋转风门	kW		5	5
主机振动频率		min^{-1}	310~400	310~400	310~400
振幅		mm	20	20	20
气流波动频率		min^{-1}	83~130		56~124
横向坡度		(°)	3~10	4~11	4~11
纵向坡度		(°)	4~11	2~11	4~11
格板与纵轴夹角		(°)	10.5	10.5	10.5
外形尺寸		m×m×m	6.4×3.0×5.5	6.7×3.1×2.9	8.2×4.0×9.3
设备质量		t	8.1	23	24.6

3.3.2.1 FX-12 型风力干选机主机

FX-12 型风力干选机主机外形如图 3-2 所示。

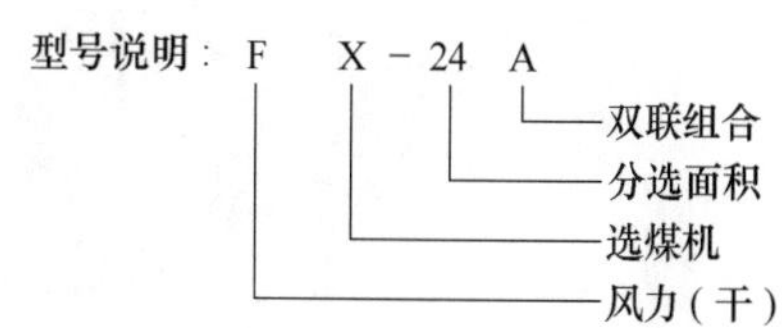

图 3-2 FX-12 型风力干选机的主机外形

1—电机；2—传动臂；3—激振器；4—支承架；5—支柱；6—分选床；7—横向调坡装置；8—风筒；9—纵角调节装置

3.3.2.2 风力干选机主要技术特点

风力干选机主要技术特点为：

（1）激振器椭圆振动，直线运动振幅 20mm，振动频率 300~400r/min，因此分选物料粒度范围宽，可达到 80~0mm，分选粒度下限 13mm，处理能力约 10t/(m^2 · h)。

（2）分选床体为长方形，振动方向与长方体长的方向一致，分选床隔条 170mm 较高，分层厚分选效果较好，可能偏差 E 为 0.25。

（3）分选床橡胶筛板防冻防堵。

风力干选机的不足之处为：四连杆传动，动耗大、振动大，基础大。

3.3.3 FGX 型复合式干选机

复合式干法选煤技术是我国独创的新型的动力煤选煤技术，属于风力摇床选煤的范畴。1993 年煤炭科学研究院唐山研究分院第一台 FGX-1 型复合式干选机问世，至今已开发出 FGX-1 型至 FGX-48A 型 10 种规格系列产品，生产能力分别为 10~480t/h，已在国内外推广应用。

3.3.3.1 FGX 型复合式干选机主机

FGX 型复合式干选机主机外形如图 3-3 所示。

图 3-3 FGX 型复合式干选机主机外形

1—支架；2—吊挂；3—激振器；4—风选床

3.3.3.2 复合式干法选煤主要技术特点

复合式干法选煤主要技术特点为：

（1）复合式干选机采用入选原煤中所含细粒煤（自生介质）与空气组成气固两相混合介质进行分选，而不是单以空气作为分选介质，因此分选物料粒度范围宽，可达到 80~0mm，而传统风选只能分选窄粒级物料。

（2）复合式干法选煤分选精度高，可用常规重力选煤指标衡量其分选效果；有效分选粒度 50~6mm，可能偏差 $E=0.23$，不完善度 $I=0.12$，选煤数量效率 $\eta>90\%$，单位面积处理能力约 10t/(m^2 · h)。

（3）复合式干选机采用机械振动使床面上的分物料做似螺旋运动，不断剥离出表层低密度物料，在多次循环过程中，分选物料受到多次分选，选出灰分由低到高的多种产品，中煤还可返回干选机再选，保证精煤、矸石产品质量。

（4）复合式干选机所需风量仅用于松散物料床层，并与细粒煤组合成混合介质，不需要将物料悬浮，用风量小，因而除尘系统规模较小。

（5）复合式干选机充分利用高密度物料颗粒相互挤压碰撞产生的浮力效应，可以提高矸石产品的纯度，矸石产品含煤很少。

3.4 风力跳汰机

风力跳汰选煤作用原理同湿式跳汰选煤作用原理一样，只是介质以空气替代水，利用垂直脉动气流使物料在筛板上按密度上下分层，并逐步将下层重产物分离。其用于分选易选、中等易选末煤，要求原煤外在水分小于8%。

1874年发明了克罗姆（Krom）风力跳汰机，1916年美国发明了斯坦普（Stump）风力跳汰机、Super Airflow风力跳汰机，1931年苏联引进了风选设备，研发出了鲍姆（ПОМ-2А）型风力跳汰机。它们在基本结构上和俄罗斯ПОМ-2А型风力跳汰机相近。近期美国开发了Allair Jig风力跳汰机，2009年我国唐山开远选煤科技有限公司开发了TFX型干法末煤跳汰机。

3.4.1 风力跳汰机的结构及性能

风力跳汰机都有入料装置、带有传动装置的分选床、脉动供风装置、卸料装置、分选床固定方式用的装置等，因为这些装置的不同，出现了几种风力跳汰机。其工作原理为物料通过入料装置到带有振动装置的分选床，用脉动装置把脉动风供给分选床上的物料层，使得物料在重力、振动力、摩擦力和上升气流的压力下进行分层，轻物料在上层，重物料在下层，用卸料装置把重物料排出，轻、中物料再进行下一步程序分选。

如何使入料均匀，如何使分选床上的物料按照轻、中、重进行稳定的分层，采取何种供风方式能使物料分层速度加快，卸料装置如何能排放均匀稳定，分选床在空间的方式是吊挂还是坐落，这就是国内外几种设备的不同之处，而这些都是决定设备性能的关键。

3.4.1.1 四种风力跳汰机的结构

四种风力跳汰机的结构见表3-3。

表3-3 风力跳汰机结构

项目			TFX-9	ПОМ-2А	Super Airflow	Allair Jig
国别			中国	俄罗斯	美国	美国
分选床体	床面	面积/m^2	9	4.5	6.6	3
		宽×长/m×m	2.0×4.5	1.2×3.75	2.42×2.74	1.2×2.44
		分选段	3	3	4	1
		出产品	4	4	5	2
	摊平装置		有	有	无	无
	稳定风量风压结构	上层筛板孔/mm	1.5	1.2	1.83	
		瓷球直径/mm	14	14	14	
		托球筛板角度/(°)	有	0	0	0
		筛板层数	3	4	3	1
		风室数	多个小风室	多个小风室	多个小风室	大风室

续表 3-3

项　　目		TFX-9	ПОМ-2A	Super Airflow	Allair Jig
分选床传动	传动方式	两侧振动电机	曲柄连杆	曲柄连杆	首端振动电机
	床面振幅/mm	8	45	6.3	
	振动频率/min^{-1}	400~500	63~101	600	
分选床在空间的状态	方式	吊挂	坐落	坐落	坐落
	可调角度/(°)	6~9（可调）	7.75（不可调）	不可调	不可调

3.4.1.2　四种风力跳汰机的性能

四种风力跳汰机的性能见表 3-4。

表 3-4　风力跳汰机的性能

项　　目	TFX-9	ПОМ-2A	Super Airflow	Allair Jig
国　别	中国	俄罗斯	美国	美国
入料粒度/mm	13(或 25)~0	13(或 25)~0	25~0	20~0
分选粒度/mm	13(或 25)~1			20~0.85
处理能力/$t \cdot h^{-1}$	≤140	≤100	≤90	≤40
外在水分要求/%	<8	4~5	4.9	5
风量/$km^3 \cdot (m^2 \cdot h)^{-1}$	3.9	4.5（5.3）		
风压/Pa	2233	2300		
数量效率 η/%	<90			
可能偏差 $E/kg \cdot L^{-1}$	0.238		0.312	0.21
面积/m^2	9	4.5	6.5	
主机配电功率/kW	10.5			
总配电功率/kW	180			
处理能力/$t \cdot (m^2 \cdot h)^{-1}$	14		12.4	12

3.4.2　TFX 型干法末煤跳汰机

2009 年唐山开远选煤科技有限公司自主研发了一种新型分选小于 13mm 小粒级物料的风选设备，2015 年通过鉴定，并形成了具有 1A、3A、6A、9A、18A 几个型号的干法末煤跳汰机系列产品，生产能力为每小时生产 7~300t，可以满足大、中、小型企业选用，用户已遍及我国河北、河南、山西、内蒙古、甘肃、新疆等省、市、自治区，并对外销往乌兹别克斯坦、哈萨克斯坦等国。

干法末煤跳汰机（主机结构外形见图 3-4 ）是借鉴湿式跳汰机工作原理，独立设计研究出的新一代末煤干选设备。该设备的成功应用，是干法选煤领域的一项重大技术突破。实际应用结果表明其分选效果好，运行成本低。该设备由分选床体、布风机构、卸料装置、控制系统等构成，在适当的供风系统和除尘系统下工作。物料进入分选床后，形成由重力、振动力、摩擦力及上升气流作用的三个分选过程，每个过程分选出一个重产品，最后过程选出精煤。

3.4.2.1　**干法末煤跳汰机的主机结构外形**

干法末煤跳汰机的主机结构外形如图 3-4 所示。

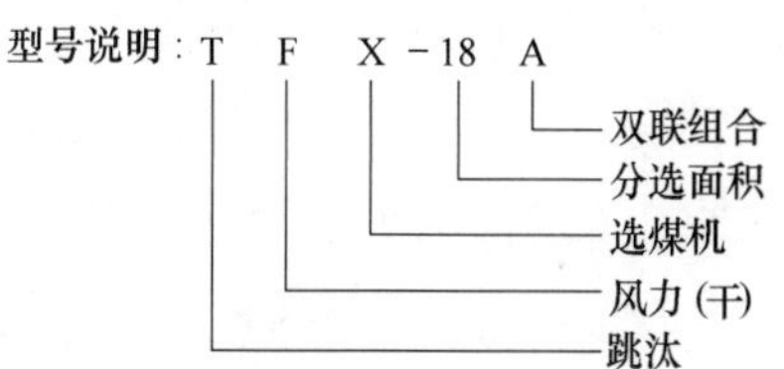

图 3-4　干法末煤跳汰机的主机结构外形

1—机架；2—鼓风筒；3—可调风室；4—分选床；5—入料装置；6—集尘罩；7—悬挂装置；8—激振器（八级振动电机）；9—卸料装置；10—脉动供风装置

3.4.2.2　**TFX 型干法跳汰机的主要技术特点**

TFX 型干法跳汰机的主要技术特点为：

（1）分选床布风结构。分选床体内用了特殊人工介质布风结构。有 3 层筛板，上层为 1.5mm 不锈钢筛板，上层与下层筛板分割了多个箱体，中层具有 7.5°托球小筛板，与此装球箱体对应连接的有 n 个可调风量的小风室。

（2）稳定物料结构。摊平装置、接料装置及星形卸料装置与分选床连为一体。两个结构确保床面的风量的稳定性。

（3）分选床传动结构。床体两侧装有变频 8 级振动电机，振动频率、振幅可调。分选床面与激振力方向夹角可调。

（4）分选床固定方式。用电动柔性悬挂装置吊挂分选床，分选床的角度可调节。

（5）分选床体的纵向加长，多段分选区分选出多种产品。

（6）设备自控。成套 PLC 控制，电机均由变频器控制调节。

（7）设备测控。比重测控，测定产品含矸率，调节影响分选因素。

（8）供引风除尘系统。供风采用开路脉动清风。除尘采用旋风除尘器、脉冲布袋除尘器及引风机串联开路，除尘效果为 $17mg/m^3$。

（9）效果。成功研制出分选小于 13mm 末煤的干法末煤跳汰机，外在水分小于 8%，有效分选粒级为 13～1mm，$E=0.238$，干法末煤跳汰机处理能力可达到 135t/h。吨煤耗能 1.08kW，仅为传统摇床类干选的 1/3 以下。

3.4.3　国外各型风力跳汰机

3.4.3.1　ПОМ-2А 型风力跳汰机

图 3-5 是苏联用于分选 13(或 25)～0mm 的末煤风力跳汰机。跳汰机内的筛板由两个横向半块固定筛板组成，为防止入选煤原煤水分高而堵塞给料装置，可定期启动安装在它上面的激振器 1。入料量由闸板 25 控制。入选原煤先给到有气流通过的松散区段 24，阀门 20 可控制进入该区段气流量的大小。入选原煤通过松散区段后，进入跳汰机的工作筛面，整个筛面又分成四部分，即辅助区段 22、矸石段 16、中煤段 12 和精煤区段 10。跳汰机分选床面用筛孔为 1.2mm 的冲孔板制造，为使空气均匀给入跳汰机，在工作筛面的下面有一层由直径 14mm 瓷球组成的人工床层置放格 18，在其下面有窗式闸门 17 调节气流量，矸石和中煤分别通过排矸通道和排中煤通道 11 下部的排料装置排出。在精煤区段 10 的前部，装设有分料隔板，将筛上物料分成精煤和循环入选产品两部分。循环物料通过排料口 9 排出。各种产品的排料速度均由摆动卸料装置 14 的摆动频率和闸板的行程大小来调节。分选床上的风是通过脉动器 19 进入具有风室的分选床上，风量由恒风和脉动风组合而成，用一个鼓风机为风源，供恒定风与脉动风。分选床上装有摊平装置，保证床面上的物料均匀。分选床是由分选床体与曲柄驱动装置 21 连接，并坐落在机架上，分选床的运动为摆式传动，呈直线运动状态。脉动传动装置带动 6 个脉动翻板进行运动。物料进入带振动的分选床体，在脉动上升气流的作用下，进行了物料的分层，重物料通过接料器到卸料装置而排出，较轻的物料进行下一段工作，直至排出重、中一、中二、轻物料。

该风力跳汰机的优点：（1）具有四个分选区，不同的区域产出不同的产品便于调节；（2）分选床长宽比基本为 3∶1，可得到较好的轻物料和重物料，

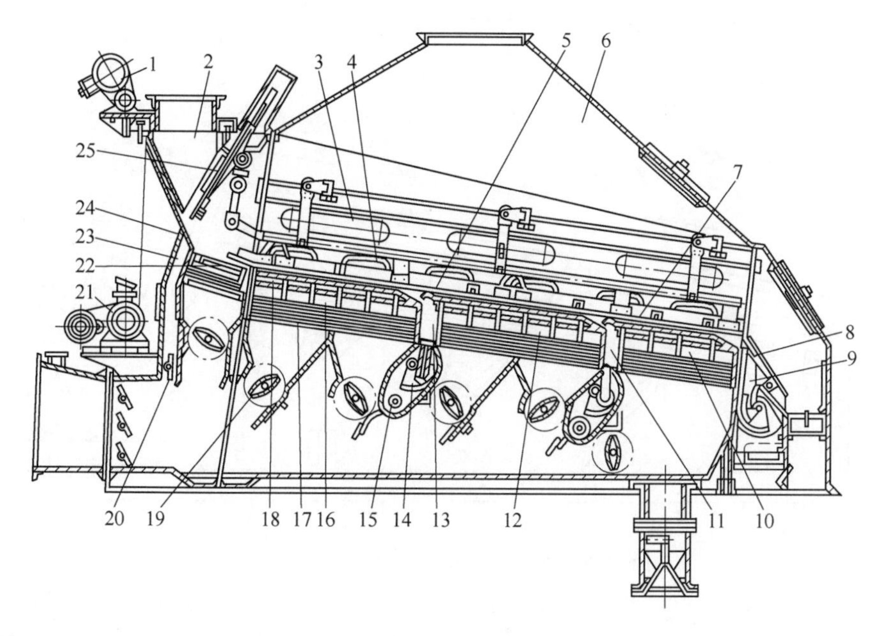

图 3-5　ПОМ-2А 型风力跳汰机

1—激振器；2—给料漏斗；3—密封孔；4—易卸玻璃窗；5—挡板；6—吸尘罩；7—摇动板；8—排料闸门；9—排料口；10—精煤区段；11—排中煤通道；12—中煤段；13—矸石排料箱；14—卸料装置；15—排料螺旋；16—矸石段；17—窗式闸门；18—人工床层置放格；19—脉动器；20—阀门；21—曲柄驱动装置；22—辅助区段；23—预分选供风道；24—松散区段；25—闸板

长保证质量，宽保证数量；（3）为了保证分选床的稳定性，分选床有四层筛板，第一层与第二层的筛板隔格并加球，三层、四层的筛板可错动调节风量；（4）筛下小风室有鱼鳞板调节装置，使每个风室易于控制；（5）保证分选床上的物料层厚度均匀，安有摊平装置；（6）脉冲装置与风箱用一个鼓风机，使用方便。

该风力跳汰机的不足之处：（1）分选床曲柄传动，床面振幅 45mm，较大，振动频率 63～101r/min，适应于大粒度的物料分选；（2）分选床为坐落式，振动大，不利于分选床角度的调节，对分层有影响；（3）上层筛板与支撑球的筛板平行，来料不均，风量就不均匀；（4）卸料装置用摆动阀门，会出现物料不均及堵塞现象；（5）大的鼓风量可控，但其他各个风室不易控制。

3.4.3.2　Super Airflow 型风力跳汰机

Super Airflow 型风力跳汰机是美国早期采用最多的一种风力跳汰机（见图 3-6）。

入料从跳汰机倾斜筛板的上端给入，振动的多孔筛板安装在充气室的上

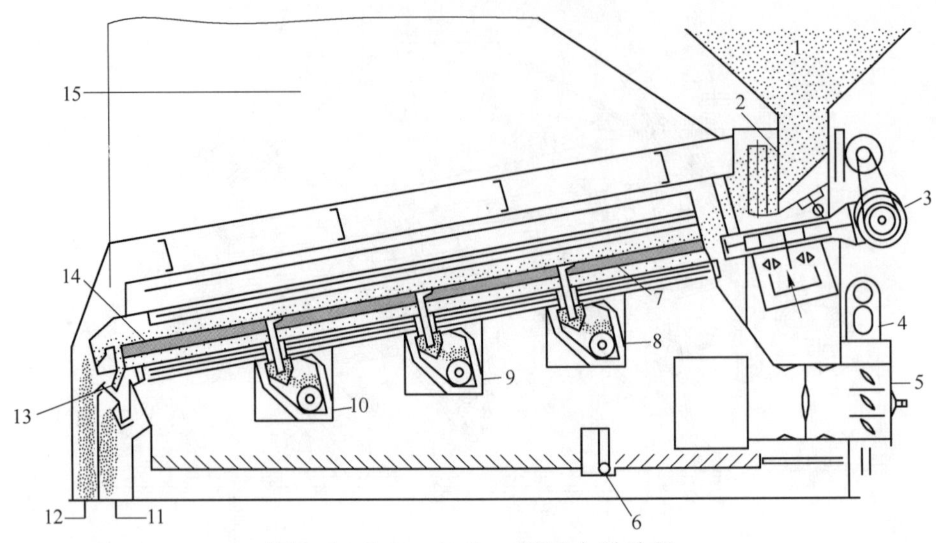

图 3-6　Super Airflow 型风力跳汰机

1—煤仓；2—给料机入口；3—机械摇动机构；4—给料机调速装置；5—脉动阀；6—筛下物运输机；7—人工床层；8—第一矸石排出口；9—第二矸石排出口；10—第三矸石排出口；11—中煤；12—精煤；13—中煤排出口；14—多孔筛板；15—防尘罩

部，脉动气流通过旋转的蝶式阀门进入充气室。筛板紧固在将充气室分割成若干小室的隔板上，每一小室长 110mm，筛板下有一层陶瓷弹子在有缝隙的板上互相移动，从而调节缝隙面积的开孔大小。由于脉动气流向上和施加在筛板上的振动作用使整个床层进行分层，较重的物料透过床层落在筛板上并沿筛板向下移动，当遇到排矸孔时则作为矸石排出。跳汰机有四处排矸孔，第四个排料口排出的是中煤，这部分物料可循环再选。这种设备的结构同 ПОМ-2А 型风力跳汰机基本相似。

Super Airflow 型风力跳汰机的优点：(1) 具有四个分选区，不同区域出不同产品；(2) 分选床纵向长，物料分选机会多；(3) 多层筛板组成的床面体，有利于稳定风压；(4) 脉动鼓风，有利于扩散物料。

Super Airflow 型风力跳汰机不足之处：(1) 坐落式的分选床体，振动大，分选床的纵向角度不利于调节；(2) 上层筛板与支撑球筛板平行，来料后风量不均匀；(3) 分选床没有摊平装置，入料量不均，而风量不均；(4) 分选床面的长宽比接近于 1，长度不够，不利于分选；(5) 大的翻板脉动统一供风，不能根据各区的煤质性质的变化进行局部脉动调节，分层效果会受到影响；(6) 每个分选区各个风室没有调节阀门，各个风室的风量很难控制；(7) 人工床层的多孔筛板下风室没有小的调节阀，不易控制大风区的各风量。

3.4.3.3　Allair Jig 跳汰机

Allair Jig 跳汰机是美国近期使用的一种风力跳汰机（见图 3-7），目前在美国发展很快。物料到缓冲仓，由星形给料阀门把物料送到分选床面，分选床由筛板和与筛板前方装有带弹簧的双振动电机连接，分选床的运动是差动，物料进入分选床面进行了差动式振动，同在脉动上升气流的作用下进行物料分层，使得较轻物料在上，重物料下沉到床面上，由接料板和星形卸料阀门排出。分选床体坐落在支架上，脉动供风是由轴流风机加脉动器供风，加快进行物料松散分层。检测系统是用同位素测绘仪在线测定重物灰分，根据反馈的数据控制重物的排料口大小。

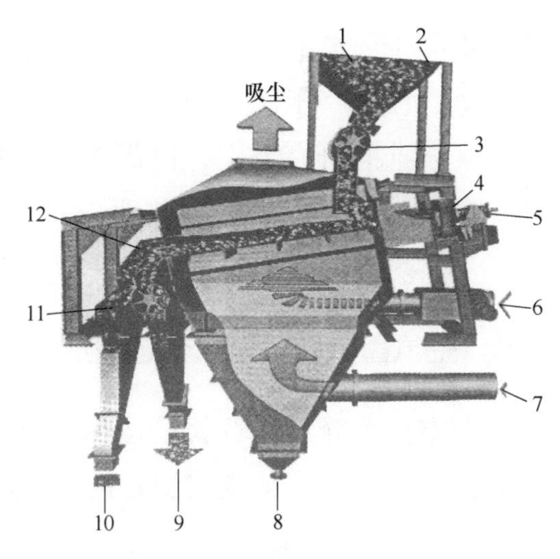

图 3-7　Allair Jig 跳汰机

1—原料；2—料仓；3—星形给料阀；4—振动电机；5—弹簧；6—脉冲阀；7—恒压风；8—漏渣阀；9—重物料；10—轻物料；11—星形卸料阀；12—接料板

Allair Jig 跳汰机的优点：（1）结构简单，供风用轴流风机加脉冲阀，可供相对稳定的脉动风；（2）分选床的筛板较为简单；（3）用带有弹簧的双振动电机为激振源，起到差动作用，同时安装方便；（4）给料、卸料用星形阀门，排料较为均匀；（5）用同位素测绘仪检测重物的灰分，控制排料口的宽度，有利于提高产品质量。

Allair Jig 跳汰机的不足之处：（1）振动分选床体首端安装带弹簧的双振动电机，而床面的振动角度不可调节，只起搬运物料的作用，起不到向上分散物料的作用；（2）分选床为坐落式，振动大，分选床角度不可调节；（3）卸料分选段为两个产品，较难控制产品质量，只能保证重产物、轻产物中的一种产物的质量，起不到同时保证重产物和轻产物质量的作用；（4）没有摊平装置，保证不了物料在分选床体的厚度及均匀性；（5）用轴流风机供风，入料不均，供风量大，分选区大，不能达到稳定供风的效果；（6）用同位素测绘仪控制排重物的质量可能会有较好的效果，但同位素的使用用户不满意；（7）分选床的筛板为一整块，由于物料在床面上的厚度不同，而分选床需要的风量是不同的，分选床面需要的风量很难控制。

3.5　空气重介质流化床选煤

空气重介质流化床干法选煤技术是选煤领域里的一种新型的高效干法分选

技术，不同于传统的风力选煤，它的特点是以气固两相悬浮体为分选介质。

从20世纪60年代开始，美国、加拿大、苏联等国先后开展将流化技术应用于煤炭分选的研究工作，但都未能实现工业化。中国矿业大学于80年代初开始这项技术的开发研究，并率先将空气重介质流化床选煤技术投入工业化生产。

3.5.1 空气重介质流化床分选原理

所谓空气重介质分选就是运用气-固流化床的似流体性质，在流化床中形成一种具有一定密度的均匀稳定的气-固相浮体，其床层平均密度ρ为：

$$\rho = (1-\varepsilon)\cdot\rho_s = \frac{m}{L\cdot A\cdot g} \tag{3-4}$$

式中 ρ——床层平均密度，kg/m^3；

ε——床层空隙度，%；

ρ_s——床层中固体颗粒的密度，kg/m^3；

m——床层颗粒总重量，N；

L——床层高度，m；

A——床层截面积，m^2；

g——重力加速度，m/s^2。

因此，根据阿基米德定理，轻重产物在悬浮体中按密度分层，即小于床层密度的轻产物上浮，大于床层密度的重产物下沉，经分离和脱介质获得两种合格产品。

3.5.2 空气重介质流化床干法分选机的结构和分选系统

空气重介质流化床干法分选机的结构示意图如图3-8所示。

空气重介质流化床分选机由空气室、气体分布器、分选室和产品运输刮板装置等部分组成。物料在分选机中的分选过程是经筛分后的50~6mm块状物料与加重质分别加入分选机中，来自风包的具有一定压力的气体经空气室通过气体分布器后均匀作用于加重质而产生的流态化，在一定工艺条件下形成具有一定密度的均匀稳定的气固两相流化床。物料在流化床中按密度分层，小于床层密度的物料上浮，大于床层密度的物料下沉，分层后的物料分别由低速运行的刮板输送装置逆向输送，浮物从左端排料口排出，沉物从右端排料口排出。分选机下部各空气室均与供风系统相连接，均设置风阀调节风量。分选机上部与

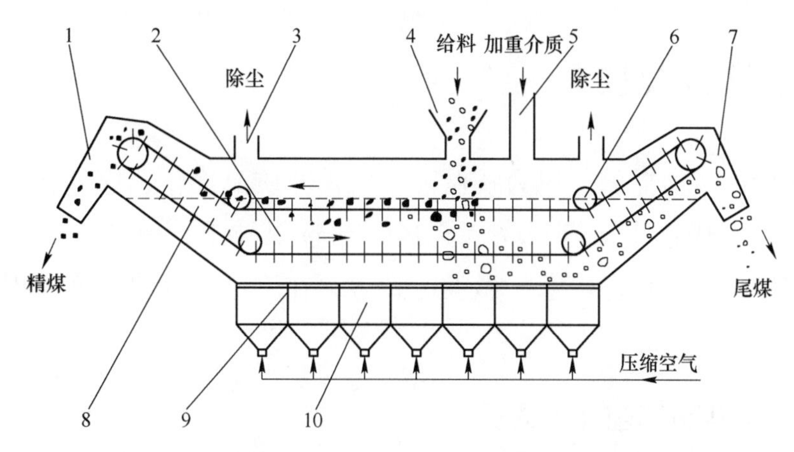

图 3-8 空气重介质流化床干法分选机结构示意图

1—排煤端；2—流化床体；3—吸尘口；4—原煤入料口；5—加介质入口；6—压链轮；7—排尾煤端；8—刮板输送装置；9—布风板；10—空气室

旋风除尘器和袋式除尘器、引风机相连。设计为引风量大于供风量，以使分选机内部呈负压状态，可有效防止粉尘外溢。

3.5.3 空气重介质流化床干法分选设备流程

空气重介质流化床干法分选工艺系统包括原煤准备、筛分、分选、产品脱介质及介质净化回收、供风除尘等，其设备流程如图 3-9 所示。

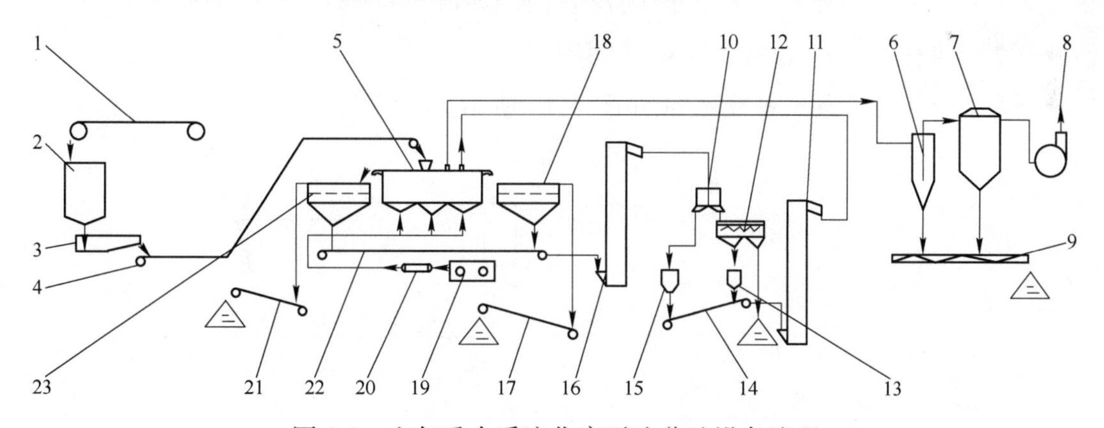

图 3-9 空气重介质流化床干法分选设备流程

1—原煤皮带；2—原煤仓；3—给煤机；4—上煤皮带；5—空气重介质分选机；6—旋风除尘器；7—袋式除尘器；8—引风机；9—螺旋输送带；10—分流器；11，16—斗提机；12—磁选机；13—选后介质仓；14—介质输送皮带；15—混合介质仓；17—尾煤皮带；18—尾煤脱介筛；19—主风机；20—储气罐；21—精煤皮带；22—筛下介质皮带；23—精煤脱介筛

3.6　其他干法选煤技术

除之前所述风力摇床、风力跳汰、空气重介质流化床选煤外，还有多种复合式干选机、干燥选煤成套设备、无风干法选煤技术，包括放射线选、光电选、高梯度磁选、摩擦静电选、微波分选等，在工业上应用的有 γ 射线选、选择性破碎选。

3.6.1　γ 射线煤矸石自动分选机

煤矸石自动分选机运用新型双能 γ 射线辐射方式，实现了在较大粒度范围的煤与矸石的在线识别；机械排队机构可将分选物料实现多通道排列，满足了对物料进行识别的准确性和大处理量的要求。

3.6.1.1　系统组成

煤矸石自动分选机由机械传输部分、检测部分、识别与控制部分、执行部分组成。

（1）机械部分：包括进料斗、传送皮带和排队机构。

（2）检测部分：由放射源和射线传感器构成，放射源的辐射方向为正上方。

（3）识别与控制部分：由控制仪表构成煤矸石识别及气阀控制部分。

（4）执行部分：由高压气和气阀构成。

煤矸石自动分选机系统组成如图 3-10 所示。

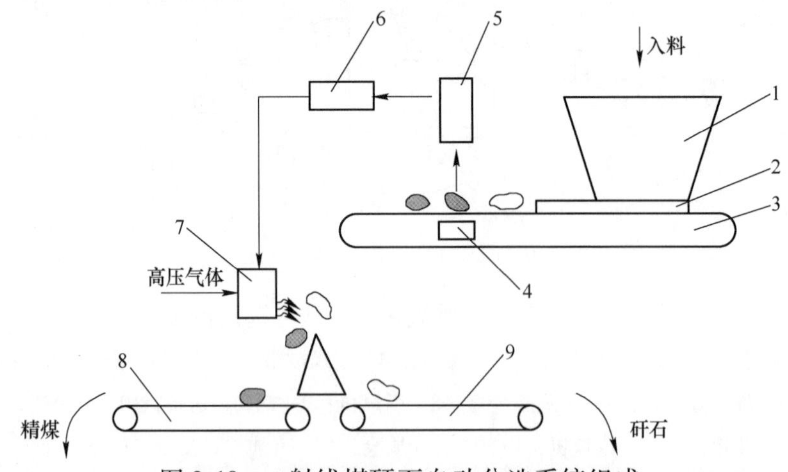

图 3-10　γ 射线煤矸石自动分选系统组成

1—进料斗；2—物料排队机构；3—分选皮带机；4—放射源；5—γ 射线传感器；6—控制仪器；7—执行机构、高压气阀；8—块煤产品皮带机；9—矸石产品皮带机

3.6.1.2 分选原理

原煤经分级筛分后，块原煤进入进料斗，在排队机构的作用下顺序排列，分别进入皮带上设置的若干物料排队通道，每一通道独立配置一套由双能γ射线源、射线传感器、气动执行器和测控仪表组成的识别与分选系统。当物料穿过γ射线源和传感器时，传感器将感应信号放大、整形后传送给控制仪表。控制仪表中的微处理器将信号依据矸石识别数学模型进行运算，得出此时穿过γ射线的物料密度的加权值。此加权值与事前设定的加权值相比较，高于设定值的判断为矸石，低于设定值的判断为煤。当判断为矸石时，经过仪表设定的延时时间后，在矸石抛落过程中经过高频气阀时，控制仪表打开高频气阀，高压气流冲出气阀并击中抛落中的矸石，使其偏离原来的抛落轨迹落入矸石料斗中，没有被击中的煤块按原轨迹自然落入煤斗。

3.6.1.3 技术参数

CX104 型双光子辐射输出器是由中国原子能科学研究院同位素研究所设计的，采用贫化铀作为γ射线屏蔽材料，该输出器设计安全、操作方便、性能稳定、准直孔定位准确。罐体外形 ϕ138mm×183mm，罐体表面辐射剂量小于 36uSv/h，离开罐体表面 5cm 处辐射剂量小于 1uSv/h，符合国家安全标准。

分选机处理能力：（1）分选粒度 150～300mm，带速 0.8m/s，单通道处理能力 27t/h；（2）分选粒度 50～150mm，带速 0.8m/s，单通道处理能力 15t/h；（3）分选粒度 25～50mm，带速 0.8m/s，单通道处理能力 3t/h。

目前，河南新龙公司梁北煤矿已安装一套六通道煤矸自动分选机，处理能力为 30t/h，分选效率大于 80%。

3.6.2 滚筒碎选机

滚筒碎选机又称为选择性破碎机，早在 1904 年就开始使用，是代替人工拣矸的一种设备。其工作原理是利用煤与煤矸石的硬度不同，即在同一冲击破碎条件下，利用煤与煤矸石可碎性的差异，把夹在煤中的矸石解离出来，并经筛分过程分选出不宜破碎的大块矸石、木块等。

选择性破碎这种选煤方法受煤质条件限制，只有当煤和矸石硬度差别很大，产品不要求保留大块煤，对选煤效率要求不高时才能使用。

3.6.2.1 滚筒碎选机的结构

国内外使用的滚筒碎选机基本结构相同，都是由滚筒、托辊和传动装置三部分组成，其外形如图 3-11 所示。

图 3-11　滚筒碎选机的外形

3.6.2.2　国产滚筒碎选机的技术特征

国产滚筒碎选机的技术特征见表 3-5。

表 3-5　国产滚筒碎选机的技术特征

规格/mm×mm		2600×4000	2950×6000	3000×6000
生产能力/t·h^{-1}		120~160	100~150	80~120
滚筒	直径/mm	2600	2950	3000
	长度/mm	4000	6000	6000
	倾角/(°)	0	1	3
	转数/r·min^{-1}	14	11.3	12
筛孔尺寸/mm		50	60	50
提升板高度/mm		350	300	300
提升次数			7~9	
电动机	型号	BJO2-72-4		BJO2-72-4
	功率/kW	30	30	30
	转数/r·min^{-1}	1400	1400	1400
外形尺寸（长×宽×高）/m×m×m		5×2.8×2.8		7.1×5.8×4.6
设备总重/kg		14000	30618	

3.6.3　多复式干选机

2017年唐山开远科技有限公司独自研发出多复式干选机（专利号：ZL 201820203407.8）。

多复式干选机优点：（1）矩形分选床面中煤分选区大，物料易分散；（2）分选床面为不锈钢筛板，摩擦系数大，不易坏；（3）筛孔小，风量分布匀；（4）激振器的振动力的方向在分选床面底部夹角20°，重物料向前运动，同时有利于物料分散及精煤、矸石分离；（5）激振器为两个八级振动电机并联，床面振幅大、振动频率小，易调节；（6）供风采用脉冲鼓风的方式，物料松散快，易于快速形成床层；（7）分选效果好。

3.6.3.1　多复式干选机结构

多复式干选机结构包括支架、分选床、激振器、悬挂装置、风室、鼓风装置、吸尘罩、排料装置、溜槽。分选床与激振器连接在一起并由悬挂装置吊挂在机架上，激振器振动方向通过分选床横向底部中心，并与床面呈20°夹角；双排风室、大风室内分隔设置成可调节的小空间风室结构，风室与鼓风装置的连接部分装有调节风阀，鼓风装置的进风口装有脉动风阀，出风口装有锥形筛；悬挂装置上设有电动蜗轮调坡器，接料槽上设有调节翻板，接料板呈网状结构。

物料进入分选床体后受上升气流、激振力、重力、摩擦力的作用进行分层，产出精煤、中煤和尾煤。其特点是这种干选机分选带长，轻、中、重物料能有效分散分层，相对分选精度较高。与同类产品相比，多复式干选机调整灵活，适应性强，分选效果好。多复式干选机工作示意图如图3-12所示，多复式干选机主机示意图如图3-13所示，多复式干选机外形图如图3-14所示。

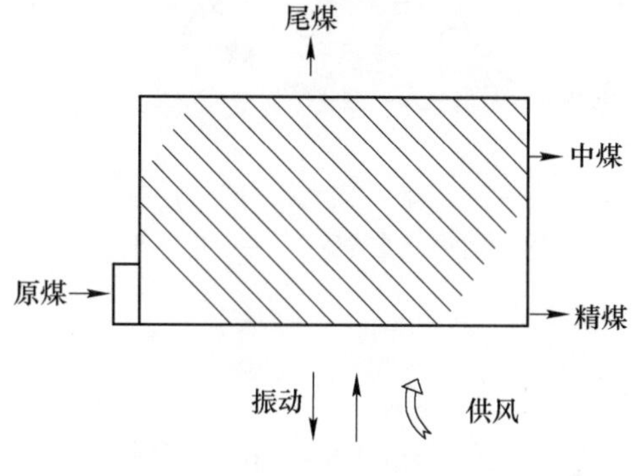

图3-12　多复式干选机工作示意图

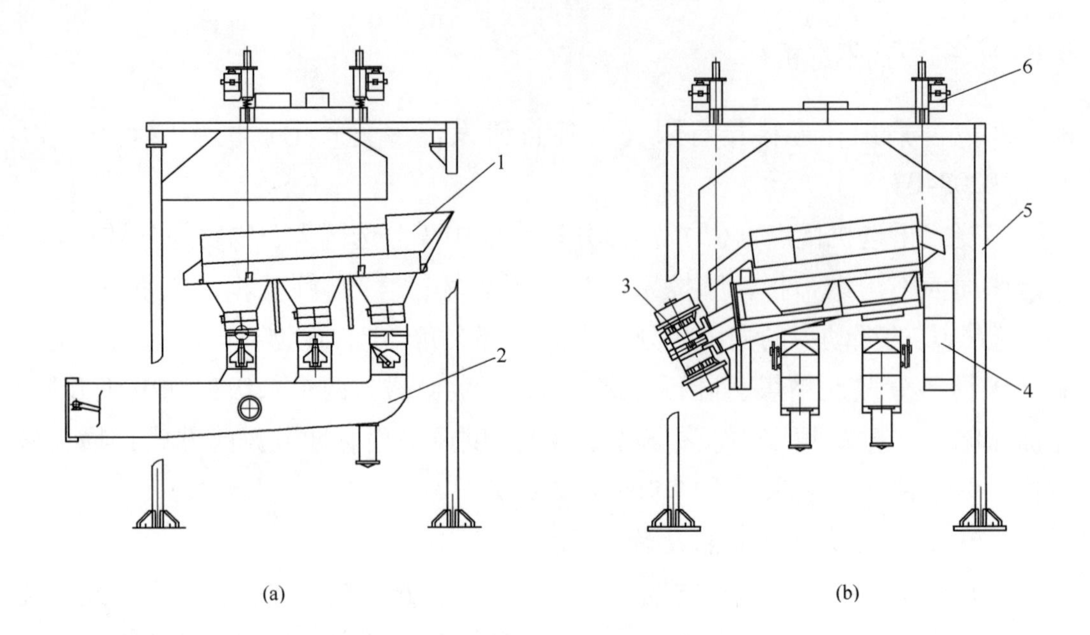

图 3-13　多复式干选机主机示意图

(a) 主视图；(b) 左视图

1—分选床；2—供风装置；3—激振器；4—溜槽；5—支架；6—吊挂装置

图 3-14　多复式干选机外形图

3.6.3.2　分选效果

多复式干选机可选 6~0.5mm、13~1mm、25~1mm、50~1mm 粒级的煤，分选效果见表 3-6~表 3-9。

表 3-6 6~0.5mm 粒级的煤分选效果

密度/kg·L^{-1}	原煤	精煤		中煤		矸石		备 注
	全级产率/%	本级产率/%	全级产率/%	本级产率/%	全级产率/%	本级产率/%	全级产率/%	
<1.8	65.02	89.05		53.18		5.28		入料粒度：6~0mm，Q=4t/h
>1.8	34.98	10.95		46.82		94.72		
合计	100.00	100.00		100.00		100.00		

表 3-7 13~1mm 粒级的煤分选效果

密度/kg·L^{-1}	原煤	精煤		中煤		矸石		备 注
	全级产率/%	本级产率/%	全级产率/%	本级产率/%	全级产率/%	本级产率/%	全级产率/%	
<1.8	72.36	96.7	68.48	31.4	3.52	1.46	0.26	入料粒度：13~0mm，Q=4.72t/h
>1.8	27.74	3.3	2.34	68.6	7.7	98.54	17.69	
合计	100.00	100.00	70.82	100.00	11.22	100.00	17.95	

表 3-8 25~1mm 粒级的煤分选效果

密度/kg·L^{-1}	原煤	精煤		中煤		矸石		备 注
	全级产率/%	本级产率/%	全级产率/%	本级产率/%	全级产率/%	本级产率/%	全级产率/%	
<1.5	59.38	78.66	44.02	51.17	15.17	1.32	0.19	入料粒度：25~0mm，Q=5.4t/h
1.5~1.8	12.71	11.02	6.17	19.89	5.9	4.52	0.65	
>1.8	27.91	10.32	5.78	28.94	8.58	94.16	13.55	
合计	100.00	100.00	55.97	100.00	29.64	100.00	14.39	

表 3-9 50~1mm 粒级的煤分选效果

密度/kg·L^{-1}	原煤	精煤		中煤		矸石		备 注
	全级产率/%	本级产率/%	全级产率/%	本级产率/%	全级产率/%	本级产率/%	全级产率/%	
<1.5	60.5	75.36	50.73	46.47	9.77	0		入料粒度：50~0mm，Q=6.2t/h
1.5~1.8	13.76	12.78	8.6	23.38	4.91	2.12	0.25	
>1.8	25.73	11.86	7.98	30.15	6.34	97.88	11.41	
合计	100.00	100.00	67.32	100.00	21.02	100.00	11.66	

3.6.4　干燥选煤成套设备

2017 年唐山开远科技有限公司根据干法末煤跳汰机入料外在水分大于 8%不可分选，1~0mm 的物料没有得到分离的问题，研制出一种干燥选煤成套设备（专利号：ZL 201810120394.2）。这种成套设备起到干燥、干选及旋风选的作用，可大幅度提高煤质发热量。

干燥选成套设备包括干燥选机、供热装置、旋风分选机、旋风分级机、除尘装置、运输装置。

干燥选机（由干法末煤跳汰机改进）包括机架，柔性悬挂提升装置，吊挂于机架上的干选床，干选床底部的风室和排料装置，干选床上部的入料装置、摊平装置和集尘罩。干选床两侧安装激振器（八级振动电机）。干选床床面由三层钢筛板和两层加瓷球组成，分预热选区、分选区之比为 2∶3。开路脉冲供热风。

供热装置有热风炉、燃料仓、热管、鼓风机、螺旋输送机、粉煤喷嘴。开路供热风到干燥选床面，温度保持小于 270℃。燃料为细粒尾煤。

热风炉与干燥选机组合，干燥选机加测控；旋风分选机与干燥选机组合；旋风分级机与旋风分选机组合。热风炉供热到干燥选机，对 13~0mm 粒级物料进行干燥、干选，产出精煤、中煤、尾煤，中煤返回再选。

旋风分选机有带进料口的柱体，压在柱体上的带溢流口的上盖，与柱体连接的带底流口的锥体，柱体与上盖连通的中心管。

1~0mm 粒级煤送旋风分选机，1~0.1mm 粒级煤进行有效分选，选出细粒级尾煤，作为热风炉原料。旋风分选机精煤再送到旋风分级机，产出细粒级精煤。

旋风分级机细粒级尘用布袋除尘器去除，集尘排污。

干燥选煤各个设备发挥各自性能，脱水效果好，分选精度高，且拥有完整的供风除尘系统，可完全满足用户要求。旋风分选及分级效果见表 3-10，干燥选末煤系统工艺原则流程如图3-15所示。

表 3-10　旋风分选及分级效果　　（%）

原煤		旋风分选沉砂		旋风分级底流	
原灰分	计算灰分	产率	灰分	产率	灰分
25.04		14.55	35.62	85.45	26.34
37.49		42.56	49.66	57.44	28.47

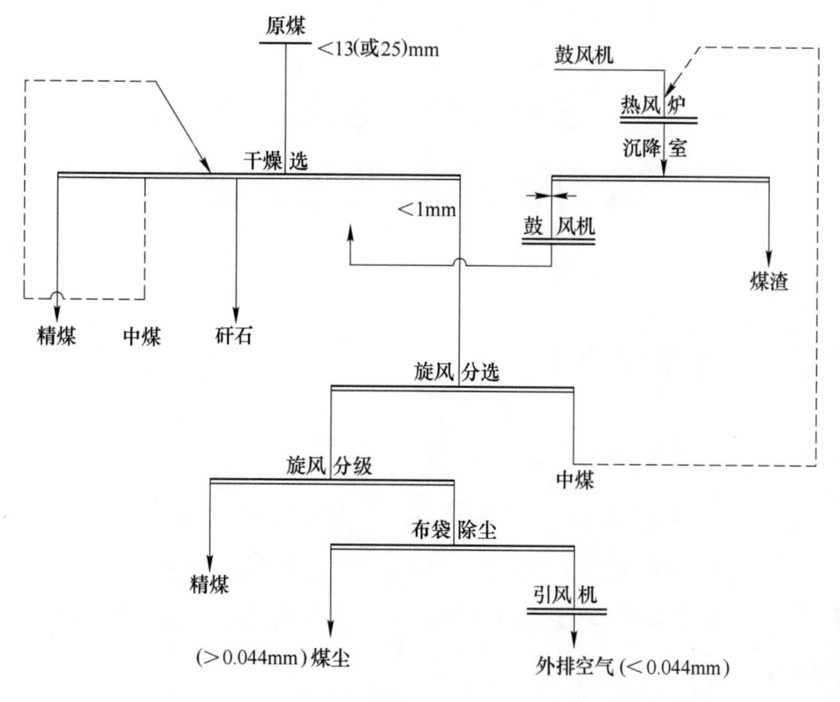

图 3-15 干燥选末煤系统工艺原则流程

4 干法选煤的意义、特点、适用范围及发展前景

4.1 发展干法选煤的意义

发展干法选煤的意义如下:

(1) 我国煤炭资源丰富,但是占全国80%的煤炭资源(主要是动力煤)蕴藏在干旱缺水的西部地区。水资源缺乏已成为西部煤炭加工利用的制约因素。干法选煤技术使我国能源基地战略西移并为煤炭分选加工利用提供了一条新的技术途径。

(2) 干法选煤技术满足我国加快转变经济增长方式的要求,节约水资源,节约能源。煤矸石废弃资源综合利用,避免煤泥水污染,减少燃煤大气污染,对于发展循环经济、保护环境都将起到一定作用。

(3) TFX型干法末煤跳汰机、CFX型差动式干选机的选煤技术是唐山开远选煤科技有限公司的自主创新科技成果。FGX复合式干法选煤技术是煤炭科学研究院唐山分院的自主创新科技成果,具有完全的自主知识产权,且在短期内迅速转化为生产力,并向国外十几个国家出口该设备,提高了我国选煤技术的声望。

(4) 干法选煤作为动力煤排矸、降硫的有效实用技术,解决了困扰动力煤洗选加工的难题,如煤泥水处理、煤泥销售、产品水分高、冬季易冻车等问题。干法选煤以其独有的特点适合我国煤炭企业的需求,从而得到迅速推广应用,为提高我国动力煤入选比提供了一种经济实用的选煤方法。

(5) 干法选煤厂投资费用仅为同规模洗煤厂投资费用的1/10~1/5,加工费用仅为洗选的1/5~1/3,其工艺简单,占地少,易被我国大、中、小各类型煤矿企业所接受并得到迅速发展。

(6) 干法选煤技术解决了不适于洗选的易泥化煤(如褐煤等)的分选加工难题,并为解决煤矿固体废弃物煤矸石的综合利用问题开辟了一条有效的选煤技术途径。

4.2 干法选煤的特点

干法选煤的特点为：

（1）选煤不用水。对于干旱缺水地区及冬季严寒地区，干法选煤具有特殊意义。

（2）投资少。选煤工艺简单，一般不需要建厂房。在北方地区为了冬季取暖可建简易彩钢结构厂房。干选系统投资是同规模湿法选煤厂的1/10~1/5。

（3）生产成本低。每吨原煤平均加工费1.35~3元，仅为水洗的1/5~1/3。主要生产成本是电费，原煤加工电耗1~3kW/(t·h)。

（4）劳动效率高。用人少，仅需干选系统操作人员2~3人，劳动生产率高达每人80~250t。越是大型设备，劳动生产效率越高。

（5）商品煤回收率高。不产生煤泥，排除矸石后，商品煤全部回收，包括除尘系统收集的煤尘也全部回收。

（6）选后商品煤水分低。干选过程不增加产品水分，风力对煤炭表面水分还有一定的脱水作用，可减少商品煤中水分对发热量的影响。

（7）可产出不同灰分的产品，有利于干法选煤经营者满足商品煤用户不同的质量要求，取得最大经济效益。

（8）适应性强。

1）对各煤种（褐煤、烟煤、无烟煤）作为动力煤分选加工排除矸石，降低煤中无机硫含量均有较好的分选效果。

2）入料粒度范围宽，摇床类干选可以分选混煤（80~0mm）、块煤（80~13mm或80~25mm），跳汰干选可以分选末煤（13~0mm或25~0mm）、粉煤（6~0mm）。

3）干选系统可以灵活的布置在地点狭窄的场地、旧厂房内、山坡地等，适于煤炭企业技术改造。

（9）除尘效果好。摇床类干选采用一段并列除尘工艺和负压操作，跳汰干选采用开路供风、负压除尘工艺操作，保证大气环境和工作环境不受粉尘污染。排出部分废气含尘量小于17mg/m^3，满足国家废气排放标准（小于150mg/m^3）的要求。

（10）占地面积小。一套12型干选系统占地面积不到300m^2。

（11）建设周期短，投产快。干选系统为钢结构，装配式选煤厂。用户只需按基础布置图铺设一块水泥地面即可安装设备，投入生产。建设周期：小型设备几天，大型设备半年以内。

（12）设备运转平稳可靠，维修量小，操作简单。振动床体经过去应力回火热处理，消除了焊接应力集中现象。干选机振动器结构简单，没有复杂易损的传动部件。干选机在分选煤与矸石时，可以直接观察到分选效果，便于操作。

4.3　干法选煤的适用范围

干法选煤在迅速推广应用过程中也在不断扩大应用范围，目前具有以下几种重要用途。

4.3.1　动力煤分选

动力煤分选是干法选煤应用最广泛的用途。用简单、经济有效的干选机排除原煤中的矸石、硫铁矿等杂质，降低商品煤的灰分、硫分，提高商品煤的发热量，使煤炭企业获得较好的经济效益。作为动力煤的原煤经干法选煤后得到的商品煤，可以提高燃煤锅炉的热效率，减少 SO_2、粉尘、粉煤灰排放量，为实现我国节能减排的方针政策提供了一条有效技术途径。

干法选煤技术解决了困扰动力煤洗选加工的难题，如煤泥水处理、煤泥销售、产品水分高、北方冬季产品冻结等问题；与干选相比，动力煤洗煤厂投资费用高，生产成本高、管理较复杂。推广应用干法选煤技术为提高我国动力煤入选比提供了一种经济实用的选煤方法。

4.3.2　炼焦煤选煤厂预排矸工艺的主选设备

近年来，我国炼焦煤选煤厂广泛推广重介质旋流器分选工艺，由于大直径三产品重介质旋流器（有压给料和无压给料）的推广应用，我国炼焦煤选煤技术有了重大进步。

现代化矿井采用综采放顶煤技术提高了煤炭产量，同时也造成原煤中含矸量大增，使选煤厂效率降低、管理困难、生产成本提高。

矸石量大对重介质旋流器选煤工艺的主要影响有：

（1）降低了重介质旋流器的处理量，尤其是在入选原煤中，含矸量多、矸石粒度大时，矸石均需从底流口通过，但底流口的大小调节范围有限，故而造成堵塞，限制了设备处理能力。

（2）管道设备磨损。密度大、硬度大的矸石颗粒越多，冲击能量越大，对管道、弯头、接口磨损越厉害。

（3）矸石如果易泥化，则对煤泥水处理带来困难，从而影响悬浮液性质。高灰泥质灰分高、粒径小，如果数量增多则影响精煤灰分和分选下限。

（4）增加介耗、水耗、电耗。

（5）细粒矸石量多还会影响选煤效率和分选指标。

为了提高重介质选煤的工艺效果，改善经济运行指标，必须在重介质选煤工艺前把入选原料煤中的矸石最大限度排除。

用干选机对炼焦煤选煤厂入选原煤进行预排矸处理，具有以下优点：

（1）以很少的加工成本就能排除大量矸石，降低了选煤成本。

（2）摇床干选煤适于分选混煤（80~0mm），分选下限为13mm。跳汰干选末煤（13~0mm），分选下限为1mm，而目前采用的动筛跳汰机、重介质立（斜）轮、重介浅槽分选机等仅适于块煤排矸。

（3）预先排除矸石，相对增加了选煤厂的生产能力，提高了选煤厂精煤回收率，提高了选煤效率。

4.3.3 煤矸石分选

煤矸石是煤炭开采、洗选过程中的固体废弃物。目前，我国的煤矸石总堆积量已超过25×10^8t，而且还以每年约1.5×10^8t的速度增加。煤矸石大量无序排放和堆积，不仅占用大量土地，且煤矸石山自燃时会排放大量有害气体，污染大气环境，经雨淋时会造成水质污染，影响矿区生态环境。另一方面，煤矸石又是宝贵的不可再生资源，根据其成分的不同有不同的用途：可作为低热值燃料供矸石电厂发电，可利用煤矸石制砖，可代替黏土生产水泥生料及筑路复垦等。

由于干法选煤技术的迅速发展及应用范围的不断拓宽，可在煤矸石中回收低热值煤供应矸石电厂，可分出适合不同用途的煤矸石原料用以制砖或做水泥生料。干法选煤技术为煤矸石的综合利用提供了一条切实可行的途径。

4.3.4 干法选煤解决了褐煤等易泥化煤分选加工难题

我国褐煤探明保有资源量为1291.32×10^8t，占全国探明保有资源量的12.69%，主要分布于内蒙古东部、黑龙江、吉林东部、云南东部及新疆等地区。

4.3.4.1　褐煤煤质特点

由于褐煤是煤化程度最低的年轻煤种，其煤质具有以下特点：

（1）内在水分高。

（2）挥发分高，易风化、易自燃。

（3）易泥化。其矸石成分多为泥质页岩或泥岩，遇水泥化严重。多数泥化比 $B>20\%$，属严重泥化，不适于洗选加工。

（4）发热量低。一般低位发热量在 10885.68～12560.40kJ/kg，除煤质因素外，高水分和高含矸量也是影响发热量的重要因素。

（5）易碎。由于风化作用，褐煤在开采和运输过程中易产生大量细粉，造成原生煤泥量大。

4.3.4.2　褐煤洗选的难题

褐煤煤质特点给褐煤洗选加工带来很大的困难。已有褐煤选煤厂在生产实践中，暴露出了褐煤洗选的很多问题，主要有：

（1）矸石和煤遇水泥化严重，造成选煤厂用水量大，煤泥水处理困难。由于煤泥灰分高、粒度细、黏度大，造成选煤厂煤泥水浓度高，使洗选效果受到严重影响。另一方面，煤泥极难沉淀，造成压滤机夹馅，工作不正常，外排煤泥水又会造成严重的环境污染。

（2）洗耗过大，洗煤生产成本高，使褐煤洗选经济效益差，甚至出现洗煤亏损的情况。

（3）洗选后产品水分高，降低了产品发热量，部分抵消了洗煤效果。

（4）由于产品水分高，北方出现冬季冻车问题，影响运输正常运行。

（5）生产管理难度大，煤泥水处理困难，生产事故多，设备正常运行困难。

综上所述，褐煤洗选加工目前已成为选煤技术难点。近年来干法选煤技术的发展，有效地解决了褐煤洗选的难题，在内蒙古东部、吉林东部、新疆地区大面积推广褐煤干法分选，取得了重大成绩。

4.3.5　兰炭分选

块煤通过中温干馏可得到焦油、煤气和半焦焦炭。半焦焦炭在燃烧时产生蓝色火焰，俗称兰炭。兰炭是优质的铁合金焦、电石焦，也可用作冶金型焦的中间产品，还可以作为化肥厂、煤气厂优质的气化原料。

中、低温干馏过程对原料煤水分、灰分、硫分、挥发分都有严格要求。如果原料煤未经分选加工，则会含有大量矸石，则半焦产品仍然含有大量矸石，这会直接影响半焦的用途、销售和价格，所以必须通过分选加工排除矸石。由于水分要求，原料煤、兰炭（孔隙率高达30%~50%）不宜用水洗方法分选，而适于用干法分选。

我国山西大同地区、内蒙古鄂尔多斯地区、陕西北部神府地区以及新疆地区的不黏煤、弱黏煤、长焰煤都适于做干馏原料，目前已有大量兰炭生产企业应用干法选煤机对原料或兰炭产品进行分选加工。

4.3.6 高炉喷吹用煤的分选

高炉喷吹煤粉用以替代焦炭起到了提供热量和还原剂作用，从而降低焦比、降低生铁成本。无烟煤、贫煤、贫瘦煤及其他烟煤和气煤、长焰煤、不黏煤、弱黏煤都可以用作高炉喷吹煤，对提高煤炭企业经济效益作用十分明显。

我国适于作高炉喷吹用煤的无烟煤、贫煤等煤炭资源较多，只要将原煤中的矸石排除，把灰分降低到12%~14%以下即可。干法选煤分选高炉喷吹用煤主要分布在河南、湖南、广东、吉林、辽宁等省。

4.4 干法选煤的发展前景

4.4.1 符合当前国家经济技术政策

干法选煤能够全面符合国家保护水资源、节能减排、环境保护、资源综合利用及发展洁净煤技术等各项经济技术政策。因此，干法选煤技术受到国家有关部门大力支持，受到煤炭企业的欢迎。该项技术研制成功后仅十几年时间就在全国大面积推广应用，并向世界十几个国家出口。

4.4.2 适合我国国情

我国煤炭资源丰富，决定了煤炭在我国能源生产和消费中将长期处于主导地位。我国煤炭资源地域分布特点为北多南少、西多东少，又决定了我国西煤东运、北煤南运的基本格局。而新疆、内蒙古、山西、陕西、宁夏等煤炭资源量最大的省区却处于干旱缺水的西北地区。水资源的匮乏给干法选煤提供了大力发展的机会。

另一方面，我国内蒙古东部、黑龙江、吉林东部、新疆等地区褐煤资源大力开发，而褐煤不适于洗选加工，只有用干法选煤来解决褐煤分选加工的难题。

因此，干法选煤技术在我国有广阔的发展前景。

4.4.3　具有发展的基础和优势

干法选煤具有发展的基础和优势，主要体现在以下几个方面：

（1）粒级范围宽。分选块煤有摇床类干选机成套设备，分选末煤有干法末煤跳汰机成套设备。

（2）在国内外有售后系统。已开发出适应大、中、小型煤炭企业应用的33种不同规格型号的干选机系列产品。从1型到48A型，生产能力由10t/h到600t/h，全部产品都在各类型煤炭企业成功应用，并积累了丰富的干法选煤生产经验。

（3）我国自主创新的干法选煤设备在全国已推广应用了2500多套，并向19个国家出口，具有成熟的技术。

5 差动式干选机

2008年唐山开远选煤科技有限公司自主研发成功的新一代干法选煤设备——差动式干选机（专利号：ZL201310657712.6），具有对煤质适应性强、分选效率高、处理能力大，节能等优点。目前技术成熟，已有9种产品形成系列化，单台处理能力为10~600t/h，并已在国内外推广应用几百套，国外有美国、蒙古国、朝鲜、老挝等多个国家应用。

差动式干选机采用高隔条、分层厚的矩形床面与可调节振幅、振动频率的差动式激振器结合形成分选床，分选床用可调节柔性装置悬挂于钢结构支架上。进入床面的物料在上升气流的作用下逐渐分层，轻物料浮向上层，靠床面的横向角度从侧面排出；重物料沉入床层底部，在机械差动振动力的作用下，搬运至床面尾部排出。该设备分单层分选床和双层分选床两种，具有适应范围广、分选效果好、投资少、节能、生产成本低等特点，满足了各种类型选煤厂的需要，现已在工业生产中批量推广应用。

5.1 差动式干选机主机结构

5.1.1 分选床体

分选床面与差动式激振器以特定角度连接到一起形成分选床。分选床的纵向角度可以根据煤质情况及时调整，其纵向与入料端所在水平面的夹角为5°~9°，由分选床尾部的遥控电动提升装置调节。

5.1.1.1 分选床面

分选床面包括框架、筛板、隔条、风室、排料板等。

（1）CFX系列差动式干选机采用矩形床面，长宽比为3。床面筛板是由多块带孔的橡胶筛板镶嵌而成，筛板上装有 n 个梯形隔板，形成 $n+1$ 个平行的分选凹槽，隔板的高度（170~40mm）由入料端到出料端逐渐降低，能够形成较厚的床层，同时引导矸石向矸石排出端运动。橡胶筛板具有良好的弹性，筛孔不易堵塞，有效地保证了风路畅通；橡胶筛板呈倒锯齿型，能阻止物料后退；多块橡胶筛板组合便于维修、更换。

（2）入料口的方向在分选床面的前部，确保入料方向与振动方向一致，分选带长，使得物料充分分选。

（3）床面横向角与入料端所在水平面的夹角为-5°～-10°，由分选床侧面的调节装置进行调节。

（4）风室与床面连接为一体，构成分选床，参与振动。筛板下有多个风室，每个风室都有控制风阀，用以调节各段的风量。

（5）床面的排料边安装若干块上下高度可调的排料挡板，用螺栓与床体固紧，参与床体振动。其作用是控制床层厚度，切割分离床层上层产品。

5.1.1.2　差动式激振器

CFX 型差动式干选机最主要的特点是采用了同步带传动的差动式激振器，其能带动床面做前进慢、后退快的差动运动，当床面快速后退时，其上的物料在惯性作用下能快速向前运动，使单位面积处理能力提高了 10%～30%；由于其振幅大、振动频率低，对入料外水的适应范围扩大至 10%；主机动力消耗降低 50%～63%。用一根橡胶同步齿带与金属轮传动，噪声减少。

A　差动式激振器结构

差动式激振器结构示意图如图 5-1 所示。差动式激振器传动结构外形如图 5-2 所示，它由同步带传动件、三角皮带轮、传动机架、上下高低速轴、上下大小偏重块组、张紧反向装置等部分组成。

激振器由安装在机架上方的变频电动机驱动上高速轴及其上前端的上小齿形带轮旋转，通过双面同步齿形胶带同时带动各齿形带轮按图 5-2 所示的方向旋转，从而实现了相邻的各偏重块组均成反向旋转。由于大小齿形带轮的齿数各自相等，齿数比为 2，大小偏心块的偏矩比 $M=4.5$，所以等速旋转的两高速轴的转速为两低速轴的 2 倍。由于上下相应的大小偏重块组的偏心重量和偏心矩相等，对称配置转向相反，转速相同，所以产生的离心惯性力的垂直分力总是大小相等，方向相反，互相抵消，因此不会使激振器上下跳动。而这些惯性力的水平分力则叠加成一个周期变化的往复水平惯性力，此力使激振器作变加速度往复运动（即差动运动）。图 5-3 为差动式激振器激振力的示意图。

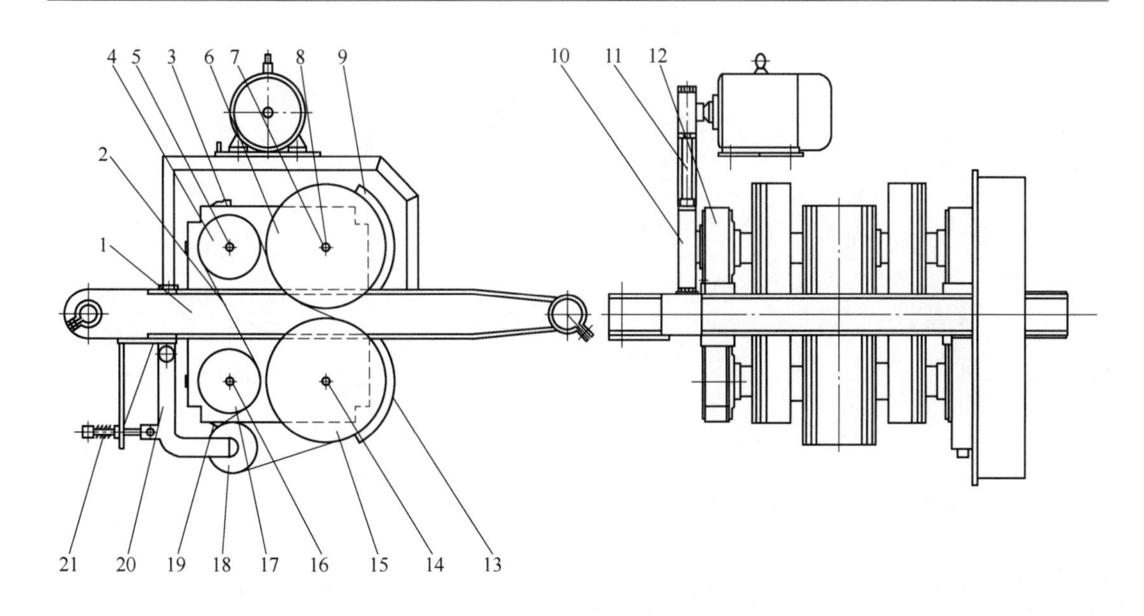

图 5-1　差动式激振器结构示意图

1—传动机架；2—同步齿形带；3—上小偏重块组；4—上小齿形带轮；5—上高速轴；6—上大齿形带轮；7—上低速轴；8—键；9—上大偏重块组；10—三角皮带轮；11—三角皮带；12—轴承座；13—下大偏重块组；14—下低速轴；15—下大齿形带轮；16—下高速轴；17—下小齿形带轮；18—张紧轮；19—下小偏重块组；20—张紧反向装置；21—缓冲弹簧

图 5-2　差动式激振器传动结构外形图

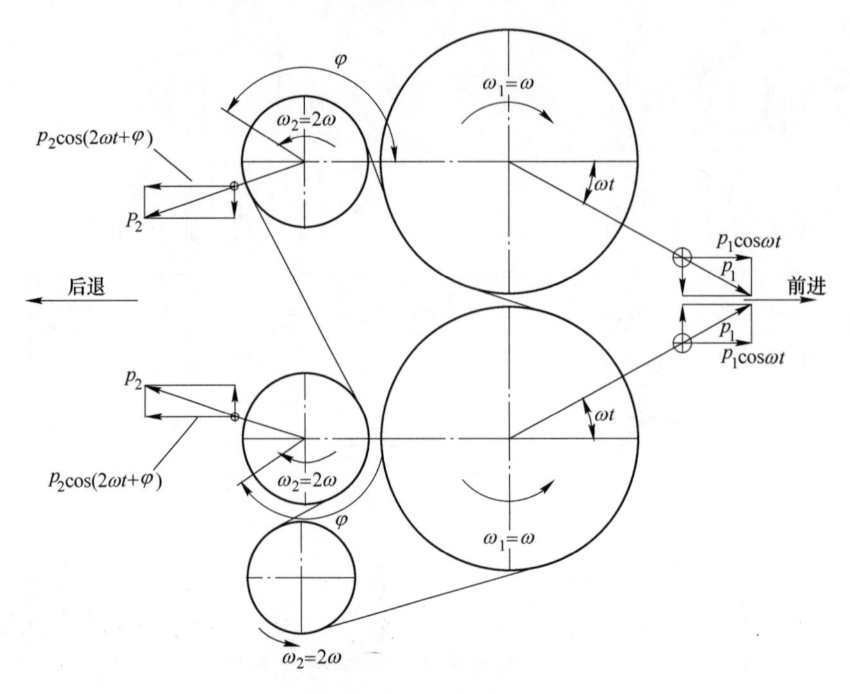

图 5-3　差动式激振器激振力示意图

B　差动式激振器的运动特性

a　激振器的运动特性

激振器的运动特性是影响分选效果的诸多因素中的主要因素，激振力 p、加速度 a、速度 v 和位移 S 的表达式分别为：

$$p = \frac{2G_1 r_1 \omega^2}{g}\left[\cos\omega t + \frac{4}{M}\cos(2\omega t + \varphi)\right] \tag{5-1}$$

$$a = \frac{2G_1 r_1 \omega^2}{G}\left[\cos\omega t + \frac{4}{M}\cos(2\omega t + \varphi)\right] \tag{5-2}$$

$$v = \frac{2G_1 r_1 \omega}{G}\left[\sin\omega t + \frac{2}{M}\sin(2\omega t + \varphi)\right] \tag{5-3}$$

$$S = \frac{2G_1 r_1}{G}\left\{(1 - \cos\omega t) + \frac{1}{M}[\cos\varphi - \cos(2\omega t + \varphi)]\right\} \tag{5-4}$$

式中　$G_1 r_1$——大偏重块组的偏矩，kg · cm；

M——偏矩比（大偏重块组的偏矩与小偏重块组的偏矩之比）；

φ——初相位角，(°)；

G——分选床运动部分质量，kg；

g——加速度，cm/s^2；

ω——角速度，rad/s。

从式（5-1）~式（5-4）可知，影响运动特征的振动参数与偏矩比、初相位角有很大的关系。

从式（5-1）~式（5-3）可知，影响运动特性的振动参数是偏矩比 M 和初相位角 φ。通过理论分析，基本上弄清了 M、φ 值对激振器运动特性的影响规律，并通过实验确定 $M=4.5$、$\varphi=148°$及 $M=5$、$\varphi=164°$为较佳参数。其运动特性曲线如图 5-4 所示，实测的位移曲线如图 5-5 所示。

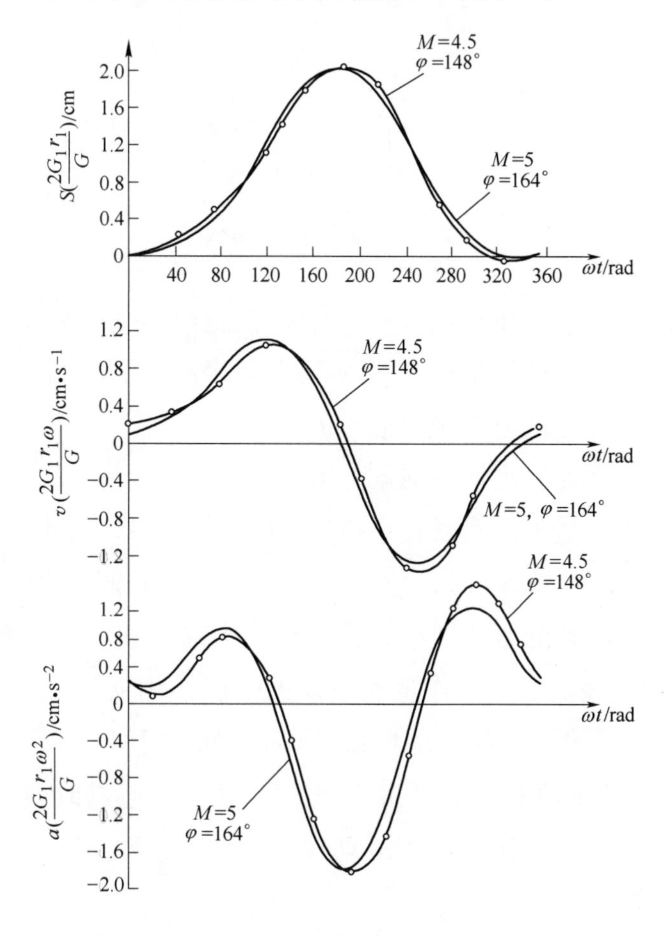

图 5-4 运动特性曲线

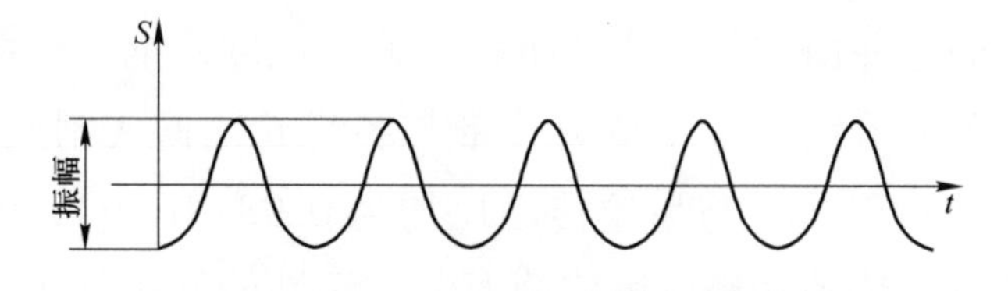

图 5-5 实测的位移曲线图

b　床面的运动特性

床面的运动特性由床头结构决定，床头运动效率的评价常用评定效率的 E_1、E_2 参数法。床面位移曲线如图 5-6 所示。

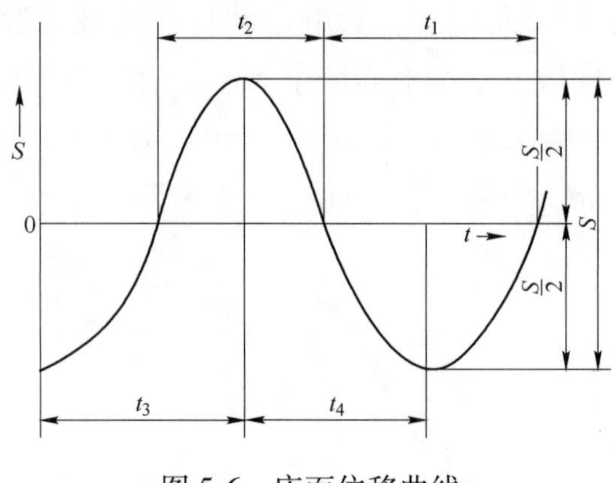

图 5-6　床面位移曲线

$$E_1 = \frac{\text{床面前进的前半段} + \text{后退后半段所需时间}}{\text{床面前进的后半段} + \text{后退前半段所需时间}} = \frac{t_1}{t_2} \tag{5-5}$$

$$E_2 = \frac{\text{床面前进所需时间}}{\text{床面后退所需时间}} = \frac{t_3}{t_4} \tag{5-6}$$

显然，由于床面呈差动运动，$t_1 > t_2$，故总是 $E_1 > 1$，对于 E_2 来说，则既可大于 1 亦可小于 1。当 $E_2 > 1$ 时，意味着床面前进的时间 t_3 增长，后退的时间 t_4 缩短，颗粒向后滑动的可能性小，因而有利于颗粒相对于床面向前运动。但 E_1 与 E_2 比较，E_1 表明了床面作急回运动的强弱，因而比 E_2 更为重要。在选别细粒级矿石时，不仅 E_1 需要大于 1，E_2 亦要求大于 1。

影响 E_1、E_2 的参数有偏距比 M 和初相位角 φ。通过改变 M、φ 可在很大范围内调整各效率系数（即调整了运动规律的性能）。

c　激振器的特点

本设计采用的双面同步齿形带传动兼有带传动和齿轮传动的一些优点，最适合多轴传动。传动是依靠同步胶带上的不少于 9 个的凸齿与齿形带轮的齿槽强制啮合而工作的，并由伸长率小、抗拉、疲劳强度高的玻璃纤维绳强力层承受载荷，以保持带的节线长度不变。故带与各带轮之间无滑动，传动比恒定。此外，还具有传动效率高（与齿轮传动比均为 0.98~0.99），噪声小、不需润滑，耐磨寿命长以及传动平稳、维修简便、防污性能好等优点。虽然同步带的突然起动和抗冲击的性能差，但是由于床头的起动静力矩极小，处于随遇平衡。另外拉紧缓冲弹簧也起保护缓冲同步带的作用，不存在冲击过载等问题，而且第一级传动为三角皮带传动已有缓冲作用。

5.1.1.3　分选床面与差动式激振器连接

分选床面与差动式激振器以夹角20°~25°连接到一起形成分选床体。

5.1.1.4　悬挂分选床体

钢结构支撑架和悬挂装置连接到一起，其作用就是悬挂分选床体。悬挂装置采用柔性弹簧与蜗轮电动提升装置连在一起，把分选床体悬挂在钢结构架上。

分选床的纵向角度可以根据煤质情况及时调整，其纵向与入料端所在水平面的夹角为5°~9°，由分选床尾部的遥控电动提升装置调节。

5.1.2　主机整体结构

5.1.2.1　单层分选床

单层分选床有主机架、激振器、分选床。分选床体用柔性的可调节的悬挂装置悬挂在钢架上。CFX差动式干选机主机示意图如图5-7所示。

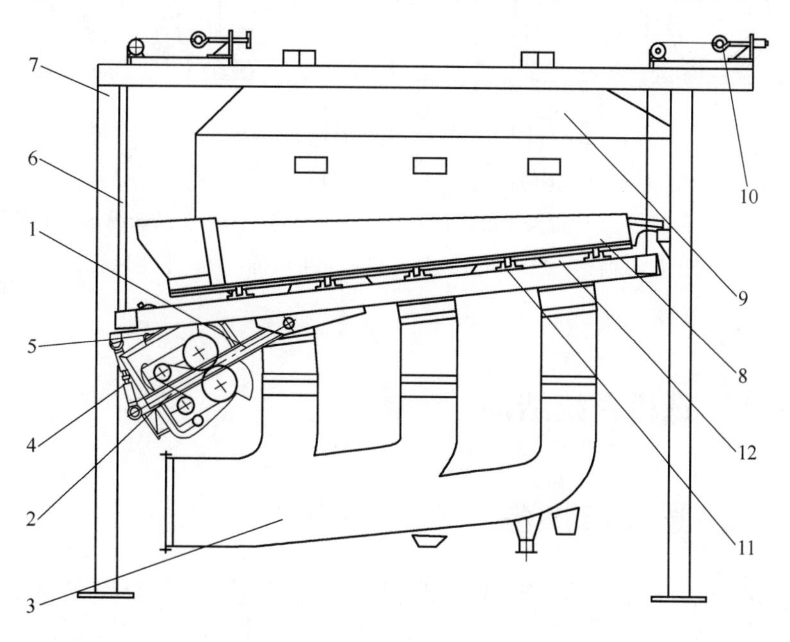

图5-7　CFX差动式干选机主机示意图

1—传动臂；2—激振器；3—鼓风筒；4—连接装置；5—电机；6—钢丝绳；7—机架；8—分选床面；9—集尘罩；10—电动提升装置；11—床面调坡装置；12—风室

5.1.2.2　双层对称分选床

分选床上下双层分别用悬挂装置吊挂在钢结构架上，如图 5-8 所示。其结构紧凑占地面积小。

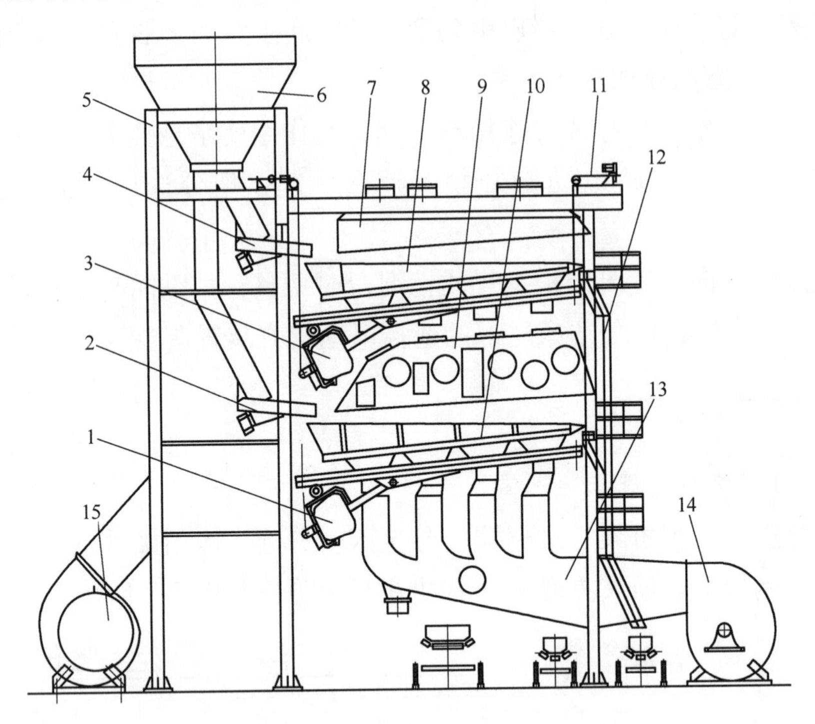

图 5-8　CFX-24 差动式干选机主机结构

1—下激振器；2—下给料机；3—上激振器；4—上给料机；5—主机架；6—分料仓；7—上集尘罩；8—上分选床；9—下集尘罩及上鼓风筒；10—下分选床；11—分选床纵角调节装置；12—矸石溜槽；13—下鼓风筒；14—下主风机；15—上主风机

5.2　差动式干选机系统结构

5.2.1　差动式干选机辅助设备

依据独立的 CFX-12 型差动式干选机配套设备进行辅助设备的选型，每个分选床配有单独的供风、引风、除尘装置，形成独立的分选系统，可单独作业，便于生产管理。同时，给料机、主机激振器都采用变频控制，悬挂装置采用电动蜗轮遥控提升装置，所有的设备实行单独控制与集中控制相结合的控制方式。

供风、引风、除尘系统：采用一闭一开路方式，由集尘罩引出的气体进入两并联旋风除尘器滤除较粗颗粒，净化后的气体送入鼓风机构成闭路循环系统。为了降低循环用风中的含尘量，防止粉尘外溢，系统还设计了一个开路除尘系统。在分选床尾部的集尘罩上引出一部分气体，用布袋除尘器收集小于10μm 粉尘，以保证系统在负压环境下工作。CFX-12 型差动式干选设备布置图如图 5-9 所示，设备外形图如图 5-10 所示。

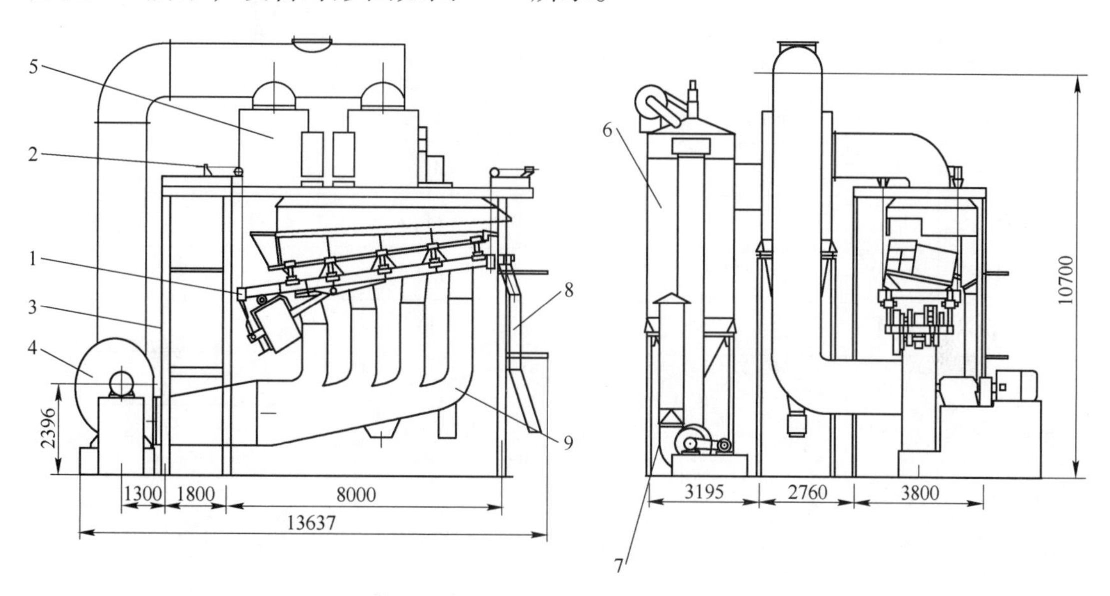

图 5-9 CFX-12 型差动式干选设备布置图

1—分选床；2—分选床调节装置；3—主机架；4—主风机；5—旋风除尘器；6—布袋除尘器；7—引风机；8—溜槽；9—鼓风筒

图 5-10 CFX-12 型差动式干选机配套设备外形图

5.2.2　技术特征

差动式干选机技术特征见表5-1。

表5-1　差动式干选机技术特征

项目名称	单位	CFX-3	CFX-6	CFX-9	CFX-12	CFX-24A
分选面积	m^2	3	6	9	12	12×2
入料粒度	mm	50~0	80~0			
入料外水	%	<10				
处理能力	t/h	<35	50~80	90~110	<150	200~300
数量效率	%	94.4				
可能偏差	kg/L	0.17				
床面振幅	mm	16~22				
主机振动频率	min^{-1}	300~400				
主机功率	kW	4	7.5	11	11	22
系统功率	kW	72	159	228	302	603
外形尺寸（长×宽×高）	m×m×m	8×7×6	10.5×10×8	11×11×10	13×11×11	19×12×13

注：A为两台设备合并。制造厂家：唐山开远科技有限公司。

5.3　差动式干选机分选原理

5.3.1　工作原理

在差动式激振器振动和分选床底部上升气流的作用下，细粒级物料和空气形成分选介质，产生一定的浮力效应，使低密度煤浮向表层。由于床面有较大的横向坡度，表面煤在重力作用下，经过平行格槽多次分选，逐渐移至排料边排出，沉入槽底的矸石从床面末端排出。差动式干选机分选原理如图5-11所示。

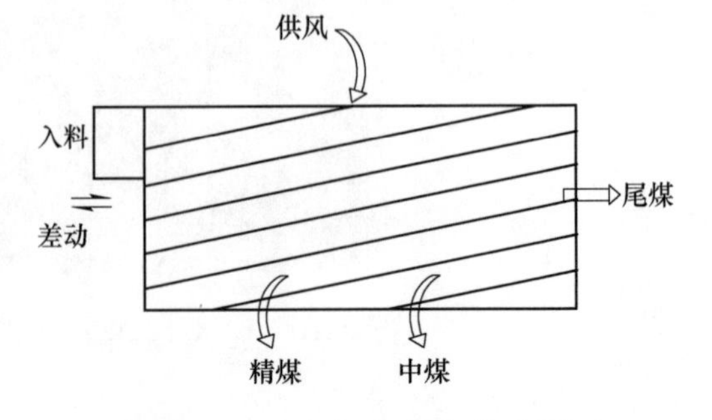

图5-11　差动式干选机分选原理

5.3.2 物料在差动式干选机上分选时的受力分析

5.3.2.1 从公式 $F=am$ 分析

从公式 $F=am$ 分析：

（1）a 相同，F 受 m 的影响就大，m 大的物料受力大，m 小的物料受力小。

（2）m 相同，$-a$ 大，物料惯性运动大，前进快；a 小，物料惯性运动小，后退慢。这就是说，负加速度越大，越有利于物料前进，使处理能力增大。

5.3.2.2 物料纵向运动的受力分析

由差动式风力干选机激振器的运动曲线（见图 5-4）可以看出，正加速度非常小，负加速度非常大，不对称的加速度使得物料在床面上产生大的惯性运动。

物料在激振力 F、物料的重力 G、摩擦力 f 和上升气流的压力 P_i 作用下，进行轻重物料的分离，受力分析如图 5-12 所示。

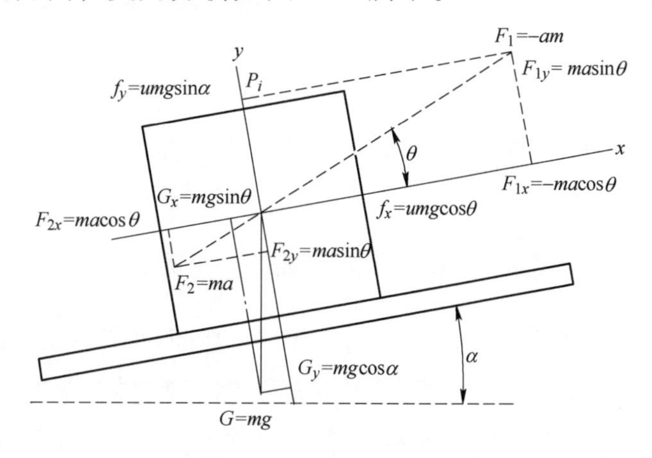

图 5-12 物料受力分析

（1）受激振力的作用下，物料的惯性力分析：

$$F=ma \tag{5-7}$$

后退力：$F=-am$

前进力：$F=am$

x 方向：$F_x=ma\cos\theta$

y 方向：$F_y=ma\sin\theta$

（2）重力：

$$G_x=mg\sin\alpha \tag{5-8}$$

$$G_y = mg\cos\alpha \tag{5-9}$$

（3）摩擦力：

$$f_x = \mu mg\sin\alpha, f_x = 0 \tag{5-10}$$

（4）上升气流压力 P_i：

1）x 方向力：

$$m\frac{\mathrm{d}v_x}{\mathrm{d}t} = F_x + G_x + f_x$$

$$= ma\cos\theta + mg\sin\alpha + \mu mg\cos\alpha \tag{5-11}$$

从公式中可看到摩擦力 f_x 与重力分解力 G_x 可以看成常数不变，$m\frac{\mathrm{d}v_x}{\mathrm{d}t}=0$，处于临界状态。从公式 $F_x = ma\cdot\cos\theta$ 可见，F_x 与 a、θ 有很大关系，如果 $-a$ 大，θ 小物料的惯性力大，前进速度快；a 小，相应的惯性力小，后退速度慢，可见差动式激振器处理能力很大。

2）y 方向分析：

$$m\frac{\mathrm{d}v_y}{\mathrm{d}t} = F_y + G_y + P_i = ma\sin\theta + mg\cos\theta + P_i \tag{5-12}$$

$m\frac{\mathrm{d}v_y}{\mathrm{d}t}=0$，处于临界状态时，重力 G 看作常数，y 方向的力 $F_y=ma\sin\theta$ 与 $-a$ 有很大的关系，当 $-a$ 的负加速大，θ 角小，y 方向的惯性力增大，加之重力 $G_y=g\cos\alpha$ 作用，物料很快松散。当 a 小 m 大时，物料下落时，由于上升气流克服不了较大 m 的重力和惯性力作用，很快就沉落在床面底下；而 m 较小的物料下落慢，同时受上升气流的作用，就会浮在上面，这样就出现了重物料在下，轻物料在上，从而实现按密度分层的目的，有利于提高物料的分选效果。

应当指出的是，上述颗粒的受力分析，仅是对床面上单个物料颗粒受力的作用分析，实际过程是矿粒群纵、横向都在一定坡度下进行的，受力很复杂，很难定量地在粒群中做受力分析，所以只做简单的受力分析。

注：G 为重力；a 为加速度；m 为物料的质量；α 为床面与水平线夹角；θ 为激振力与床面夹角；μ 为摩擦系数；F 为激振力；P_i 为上升气流压力；g_0 为重力加速度。

5.4　差动式干选机分选效果

5.4.1　差动式干选机使用效果

刘家山干选厂 CFX-6 型差动式干选机工业性试验，入料粒度为 60~0mm，处理能力为 75t/h。

5.4.1.1　单机检查资料分析

单机检查资料分析结果见表 5-2。

表 5-2　干选厂原煤筛分试验结果

粒度级 /mm	质量 /kg	产率 /%	灰分 /%
>13	144.480	40.15	58.88
6~13	60.959	16.94	30.93
<6	154.412	42.91	21.07
合　计	359.850	100.00	37.92

5.4.1.2　产率计算

60~13mm 粒级的精煤产率计算过程及结果见表 5-3，60~6mm 粒级的精煤产率计算过程及结果见表 5-4。

表 5-3　60~13mm 粒级干法选煤产品产率计算

项目	原煤和产品浮沉组成			$y-g$	$j-g$	$(j-g)^2$	$(j-g)(y-g)$
密度级	$y_{原煤}$	$j_{精煤}$	$g_{矸石}$	=(2)-(5)	=(3)-(5)	=(7)×(7)	=(7)×(6)
(1)	(2)	(3)	(5)	(6)	(7)	(9)	(11)
<1.30	0.00	0.00	0.00	0.00	0.00	0.00	0.00
1.30~1.40	22.42	42.87	1.43	20.99	41.44	1717.27	870.03
1.40~1.50	9.49	15.30	0.55	8.94	14.75	217.56	131.88
1.50~1.60	4.06	6.97	0.61	3.45	6.36	40.45	21.97
1.60~1.80	4.10	6.41	0.94	3.16	5.47	29.92	17.27
1.80~2.00	1.16	7.03	4.07	(2.91)	2.96	8.76	(8.60)
>2.00	58.76	21.42	92.40	(33.64)	(70.98)	5038.16	2387.81
合计	100.00	100.00	100.00			7052.13	3420.35

注：$r_j=48.50\%$；$r_g=51.50\%$。

由表 5-3 可以看出：60～13mm 粒级的精煤产率为 48. 50%，矸石产率为 51. 50%。

表 5-4　60～6mm 粒级干法选煤产品产率计算

项目	原煤和产品浮沉组成			$y-g$	$j-g$	$(j-g)^2$	$(j-g)(y-g)$
密度级	$y_{原煤}$	$j_{精煤}$	$g_{矸石}$	=(2)-(5)	=(3)-(5)	=(7)×(7)	=(7)×(6)
(1)	(2)	(3)	(5)	(6)	(7)	(9)	(11)
< 1.30	0.00	0.00	0.00	0.00	0.00	0.00	0.00
1.30～1.40	26.78	42.31	1.78	25.00	40.53	1643.05	1013.44
1.40～1.50	10.58	15.19	0.66	9.92	14.53	210.99	144.05
1.50～1.60	4.54	6.85	0.70	3.84	6.15	37.79	23.62
1.60～1.80	5.10	6.69	1.07	4.04	5.63	31.68	22.71
1.80～2.00	3.31	6.83	4.17	(0.85)	2.66	7.08	(2.27)
> 2.00	49.68	22.13	91.63	(41.94)	(69.50)	4829.77	2915.01
合计	100.00	100.00	100.00			6760.36	4116.57

注：r_j=60. 89%；r_g=39. 11%。

由表 5-4 可以看出：60～6mm 粒级的精煤产率为 60. 89%，矸石产率为 39. 11%。

5. 4. 1. 3　可能偏差计算

依照 MT 145—86《评定选煤厂重选设备工艺效果的计算机算法》，应用专门计算软件得：60～6mm 级的分选密度 δ_p=2. 005kg/L，可能偏差 E=0. 19；相应的分配曲线如图 5-13 所示；60～13mm 的分选密度 δ_p=1. 948kg/L，可能偏差 E=0. 146；相应的分配曲线如图 5-14 所示。各粒级分选效果见表 5-5。

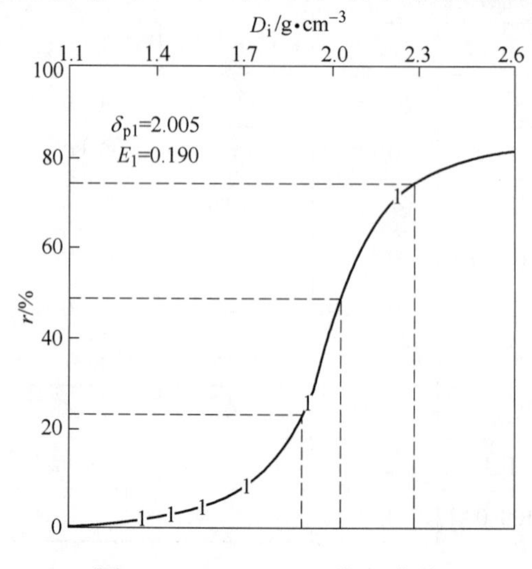

图 5-13　60～6mm 分配曲线

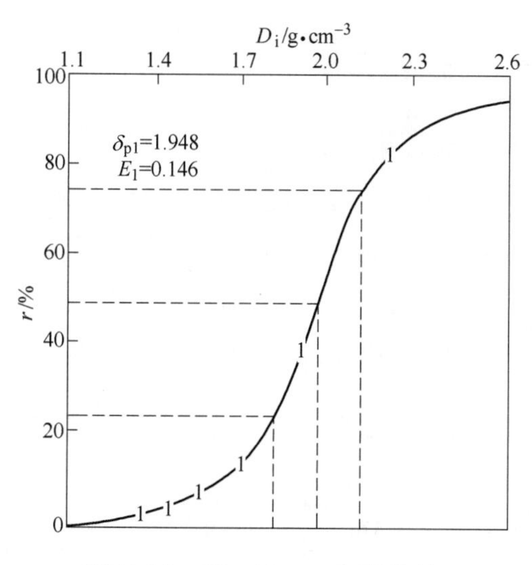

图 5-14 60~13mm 分配曲线

表 5-5 各粒级分选效果

粒级/mm	>13	>6
分选密度 δ_p/kg · L^{-1}	1.948	2.005
可能偏差 E/kg · L^{-1}	0.146	0.190
不完善度 I	0.070	0.080

5.4.1.4 单机检查结果汇总

单机检查结果汇总见表 5-6。

表 5-6 单机检查结果汇总

试验名称			单位	数量	
粒度			mm	60~13	60~6
入料灰分			%	58.88	50.58
产品	精煤	产率	%	48.50	68.89
		灰分	%	29.67	28.72
	矸石	产率	%	51.50	39.11
		灰分	%	77.92	77.34
	可能偏差 E		kg/L	0.146	0.19
	不完善度 I			0.07	0.08
	分选密度		kg/L	2.02	2.012

60~6mm 粒级的可能偏差 E=0.19，不完善度 I=0.08；60~13mm 粒级的可能偏差 E=0.146，不完善度 I=0.07。因此可认为该设备分选精度较高，而且小粒度比分选精度比大粒度比更高。

5.4.2 各种差动式干选机分选效果

各种差动式干选机分选效果见表 5-7。

表 5-7 各种差动式干选机的分选效果

单位名称	设备型号	处理量 /t · h^{-1}	入料粒度 /mm	原煤热值 /kJ · kg^{-1}	精煤热值 /kJ · kg^{-1}	矸石热值 /kJ · kg^{-1}
陕西福星洗煤有限公司	CFX-9	100	80~30	19314	22286	3274
河北冀中能源有限公司	CFX-12	140	50~0	13544	17120	1415
重庆巫山煤电田家矿	CFX-18A	190	75~0	12962	17484	1369
河南平禹煤电白庙矿	CFX-24A	250	80~0	18929	23622	4124
山东鲁能黑沟煤矿	CFX-36A	370	80~0	15684	19113	2495
华能吴四圪堵煤矿	CFX-48A	487	50~0	13620	17107	4823

注：此数据来源于各选煤厂进行技术检测所得结果。

CFX 型差动式干选机应用的可调大振幅、小频率的差动式激振器和 170mm 高隔板长方形床面结合的分选床及其电动摇控柔性悬挂装置，技术先进、结构新颖，属国内外首创。与普通风选机相比，具有如下优点：（1）处理能力大于 10t/(m^2 · h) 比同类产品提高 10%~30%；（2）可能偏差 E=0.17，不完善度 I=0.08，分选效果好；（3）节能减排，主机较 FGX 型降低 50%，较 FX 型降低 63%；（4）适应范围广，入料外水小于 10%，入料粒度小于 75mm；（5）加工费用低，吨煤加工费低于 2.56 元；（6）基建投资仅 3.20 元/吨。

CFX 型差动式干选机，现已成熟应用于生产现场的有 1~48m^2 的 10 个规格型号，产生了明显的经济效益和社会效益，是具有国际领先水平的大型干法选煤设备。

5.5 大型差动式干选机

为了满足特大型企业需要，成功的研发了大型差动式干法选煤设备，技术成熟，已形成系列化并推广。该设备分单层分选床和双层分选床两种，具有适应范围广、分选效果好、投资少、节能、生产成本低等特点，满足了各种类型选煤厂的需要。现已在工业生产中批量推广应用。

5.5.1 单层并联差动式干选机

5.5.1.1 CFX-48A 单层差动式干选机

CFX-48A 单层差动式干选机，单台分选床面积 24m^2，两台对称布置形成

$48m^2$，CFX-48A 差动式干选系统设备布置图如图 5-15 所示。差动式激振器采用了两台同步带传动的差动式激振器并联组合，它能带动床体做差动式运动。

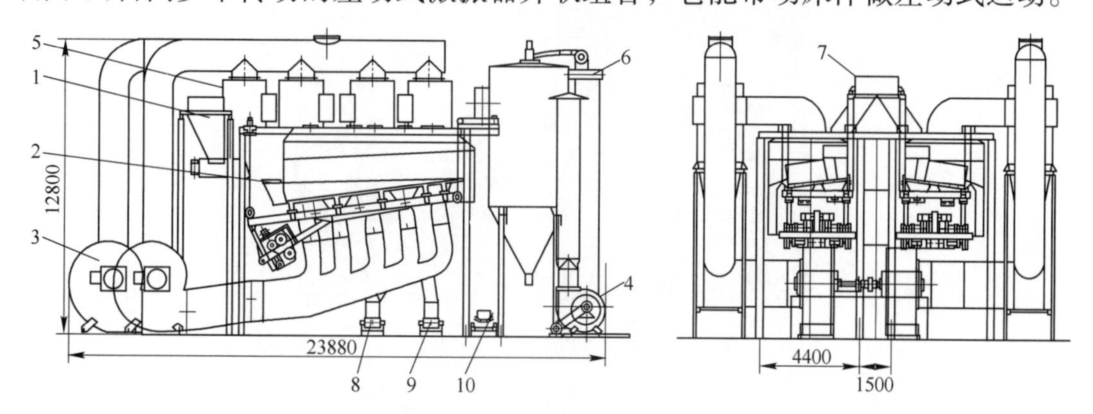

图 5-15 CFX-48A 差动式干选系统设备布置图

1—分料仓；2—分选床；3—主风机；4—引风机；5—旋风除尘器；6—袋式除尘器；7—入煤皮带运输机；8—精煤皮带运输机；9—中煤皮带运输机；10—矸石皮带运输

5.5.1.2 CFX-12 型并联差动式干选机

A CFX-12×2 型差动式干选机

CFX-12×2 型差动式干选机，由两台 CFX-12 型差动式干选机并联使用，如图 5-16 所示。

图 5-16 CFX-12×2 型差动式干选机系统外形（燎原煤矿）

B CFX-12×3 型差动式干选机

CFX-12×3 型差动式干选机由三台 CFX-12 型差动式干选机并联使用，如图 5-17 所示。

C CFX-12×4 型差动式干选机

CFX-12×4 型差动式干选机由四台 CFX-12 型差动式干选机并联使用，如图 5-18 所示。

图 5-17　CFX-12×3 型差动式干选系统外形（黑沟煤矿）

图 5-18　CFX-12×4 型差动式干选系统外形（平朔东露天矿）

5.5.2　双层差动式干选机

5.5.2.1　CFX-48AS 型双层差动式干选机主机结构

CFX-48AS 型双层差动式干选机主机结构（见图 5-19）为上下双层 CFX-12 型床体分选面积为 24m^2，左右对称组合成 48m^2 分选床。

5.5.2.2　CFX-48AS 型双层差动式干选机系统结构

依据独立的 CFX-12 型差动式干选机配套设备进行辅助设备的选型，每个分选床配有单独的供风、引风、除尘装置，形成独立的分选系统，可单独作业，便于生产管理。同时，给料机、主机激振器都采用变频控制，悬挂装置采用了电动蜗轮遥控提升装置，所有的设备实行单独控制与集中控制相结合的控制方式。

供风、引风、除尘系统采用一闭一开路方式，由集尘罩引出的气体进入两并联旋风除尘器排除较粗颗粒，净化后的气体送入主风机构成闭路循环系统。

为了降低循环用风中的含尘量，防止粉尘外溢，系统还设计了一个开路除尘系统在分选床尾部的集尘罩上引出一部分气体，用布袋除尘器收集粉尘，以保证系统在负压环境下工作。CFX-48AS 型差动式双层干选机主机外形如图 5-19 所示，CFX-48AS 型双层差动式干选系统设备布置如图 5-20 所示，CFX-48AS 型差动式双层对称干选成套设备外形如图 5-21 所示。

图 5-19 CFX-48AS 型差动式双层干选机主机外形图

1—下激振器；2—上激振器；3—主机架；4—上分选床；5—下分选床；6—分选床纵角调节装置

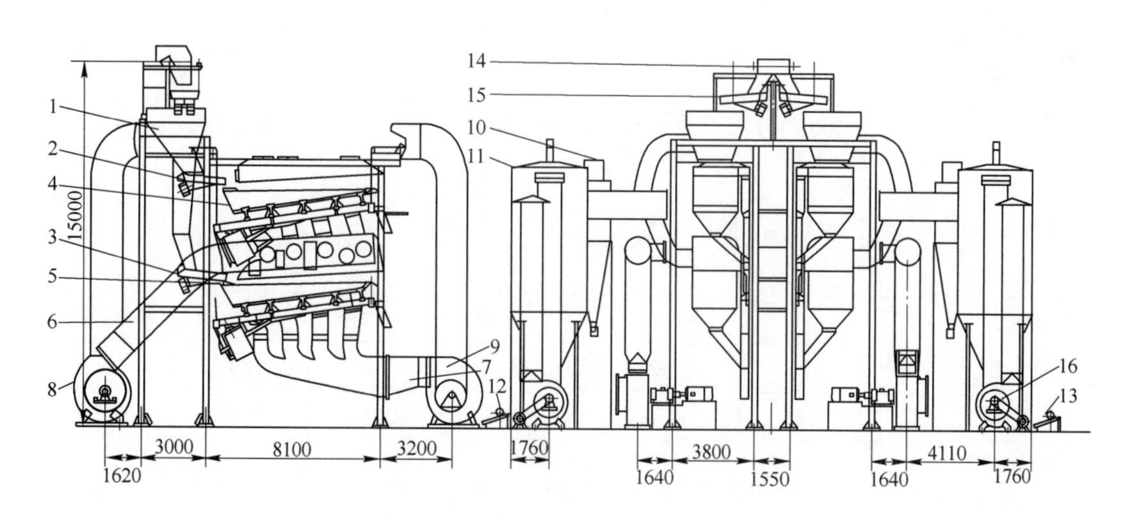

图 5-20 CFX-48AS 型双层差动式干选系统设备布置

1—料仓；2—上给料机；3—下给料机；4—上分选床；5—下分选床；6—上鼓风筒；7—下鼓风筒；8—上主风机；9—下主风机；10—旋风除尘器；11—布袋除尘器；12—精煤皮带运输机；13—矸石皮带运输；14—入煤皮带运输；15—分料机；16—引风机

图 5-21　CFX-48AS 型差动式双层对称干选成套设备外形
（华能吴四圪堵煤矿）

5.5.3　差动式干选机技术特征

差动式干选机技术特征见表 5-8。

表 5-8　差动式干选机技术特征

项目名称	单位	CFX-24	CFX-24AS	CFX-36A	CFX-48A	CFX-48A	CFX-48AS
分选面积	m^2	24	12×2	12×3	12×4	24×2	12×4
入料粒度	mm	80~0					
入料外水	%	<10					
处理能力	t/h	200~300	200~300	300~400	400~600	400~600	400~600
数量效率	%	≈94.4					
可能偏差 E	kg/L	0.17					
床面振幅	mm	16~22					
振动频率	min^{-1}	300~400					
主机功率	kW	22	22	33	44	44	44
系统功率	kW	588	603	905	1206	1169	1276
外形尺寸（长×宽×高）	m×m×m	14×15×10	19×12×13	16×11×26	16×11×32	21×19×10	19×22×13

注：A 为几台设备合并，AS 为上下双层左右对称组合设备；制造厂家为唐山开远科技有限公司。

5.5.4　使用效果

5.5.4.1　分选效果评定

2007 年山西洪鑫煤业有限公司采用单台 CFX-12 型差动式干选机，分选

75~0mm 粒级煤，处理能力可达到 150t/h。分选 75~6mm 粒级煤，可能偏差 E=0.17，不完善度 I=0.085，数量效率为 94.4%。

A 原煤可选性分析

原煤浮沉试验综合结果见表 5-9，原煤可选性曲线如图 5-22 所示。

表 5-9 75~6mm 粒级原煤浮沉试验综合结果

密度级 /kg · L^{-1}	产率/%	灰分/%	累计		分选密度±0.1	
			产率/%	灰分/%	密度/kg · L^{-1}	产率/%
<1.30	2.65	7.01	2.65	7.01	1.30	28.90
1.30~1.40	26.26	11.34	28.90	10.94	1.40	44.28
1.40~1.50	18.02	18.93	46.92	14.01	1.50	28.75
1.50~1.60	10.72	26.54	57.65	16.34	1.60	23.57
1.60~1.80	12.85	38.38	70.50	20.36	1.70	12.85
1.80~2.00	8.02	52.53	78.52	23.65	1.90	8.02
2.00~2.20	6.10	68.16	84.62	26.85	2.10	6.10
2.20~2.40	6.99	81.38	91.61	31.01	2.30	6.99
>2.40	8.39	85.57	100.00	35.59		
小计	100.00	35.59				

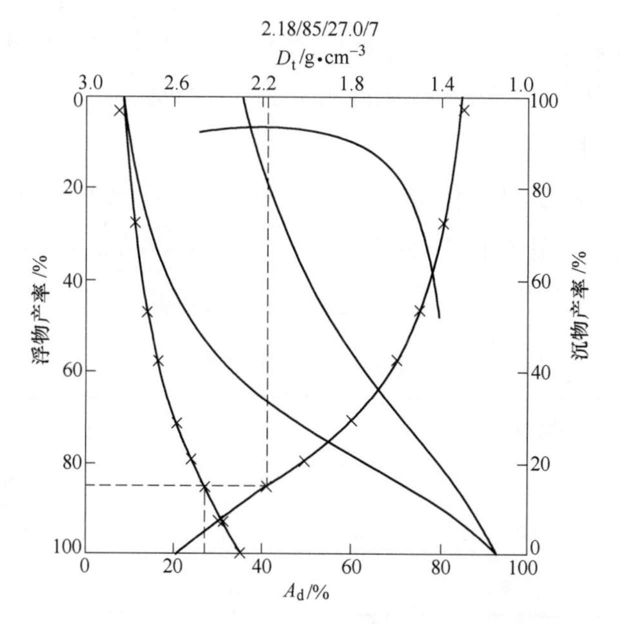

图 5-22 75~6mm 粒级原煤可选性曲线图

由表 5-9 可知，当分选密度大于或等于 1.7kg/L 时，产率小于 20% 或 10%，为易选煤或极易选煤。由图 5-22 可知，当精煤 A_d = 27.08%时，理论精煤产率约为 85%。

B　单机检查资料分析

干法选煤产品产率见表 5-10。

表 5-10　75~6mm 粒级干法选煤产品产率计算结果

项目 密度级 /kg · L^{-1}	原煤和产品浮沉组成			y - g = (2) - (5)	j - g = (3) - (5)	$(j-g)^2$ = (7) × (7)	(j - g)(y - g) = (7) × (6)
	$y_{原煤}$	$j_{精煤}$	$g_{矸石}$				
(1)	(2)	(3)	(5)	(6)	(7)	(9)	(11)
<1.30	2.65	3.49	0.11	2.54	3.38	11.44	8.59
1.30~1.40	26.26	30.12	2.27	23.99	27.85	775.71	668.04
1.40~1.50	18.02	23.04	2.81	15.21	20.22	408.93	307.54
1.50~1.60	10.72	13.15	3.40	7.33	9.75	95.09	71.47
1.60~1.80	12.85	15.07	6.19	6.66	8.89	78.98	59.22
1.80~2.00	8.02	8.20	7.60	0.42	0.60	0.36	0.25
2.00~2.20	6.10	2.52	20.01	(13.91)	(17.49)	305.91	243.27
2.20~2.40	6.99	2.46	28.03	(21.04)	(25.58)	654.14	538.24
>2.40	8.39	1.96	29.59	(21.20)	(27.62)	763.04	585.55
合计	100.00	100.00	100.00			3093.59	2482.17

注：精煤产率 r_j = 80.24%，精煤灰分为 27.08%；矸石产率 r_g = 19.76%，矸石灰分为 71.59%。

由表 5-10 可以看出：75~6mm 粒级的精煤产率为 80.24%，精煤灰分为 27.08%；矸石产率为 19.76%，矸石灰分为 71.59%。

C　可能偏差计算

煤分选效果见表 5-11。依照 MT 145—86《评定选煤厂重选设备工艺效果的计算机算法》，应用专门计算软件算得：75~6mm 粒级的分选密度 δ_p = 2.013kg/L，可能偏差 E=0.17，相应的分配曲线如图 5-23 所示。

表 5-11　分选效果

粒级/mm	75~6
分选密度 δ_p/kg · L^{-1}	2.012
可能偏差 E/kg · L^{-1}	0.170
不完善度 I	0.085

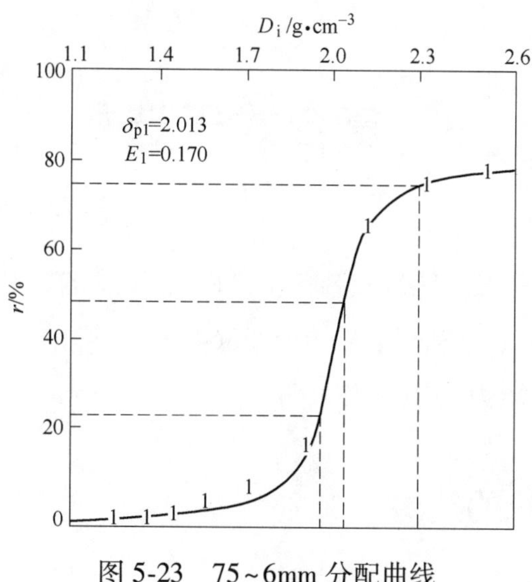

图 5-23 75~6mm 分配曲线

5.5.4.2 CFX-48A 差动式干选机使用效果

华能吴四圪堵矿 2009 年使用单台 CFX-48A 差动式干选机分选长焰煤。入料粒度 50~0mm，处理能力 487t/h。在冬季室外温度-30℃的恶劣条件下，生产 30 天，经专家鉴定认为 CFX-48A 差动式干选机在原煤水分高达 15%的情况下，生产能力保持在 10t/(m^2 · h) 以上时，可把原煤发热量由 13615.47kJ/kg 提高到 17107.26kJ/kg，分选效果达到国内外先进水平。

6　复合式干选机

复合式干选机是唐山煤炭研究院独自研究开发的，1993 年被中国煤炭工业部鉴定为国内首创（专利号：ZL91223364.8）。目前已有 10 种产品形成系列，每台干选机处理能力为 10~480t/h。

6.1　复合式干选机的结构

复合式干选机采用自生介质（入选原煤中所含细粒煤）与空气组成气固两相混合介质分选。借助机械振动使分选物料做螺旋翻转运动，形成多次分选，充分利用逐渐提高的床层密度所产生的颗粒相互作用的浮力效应而进行分选。按照这个总体思路，对床面形状、振动形式、物料运动轨迹、床层厚度控制、风力分布、风量控制、床面角度调节以及供风除尘工艺配套做出了相应的结构设计，创造出一种全新的复合式干法分选机。复合式干选机结构示意图如图 6-1 所示。

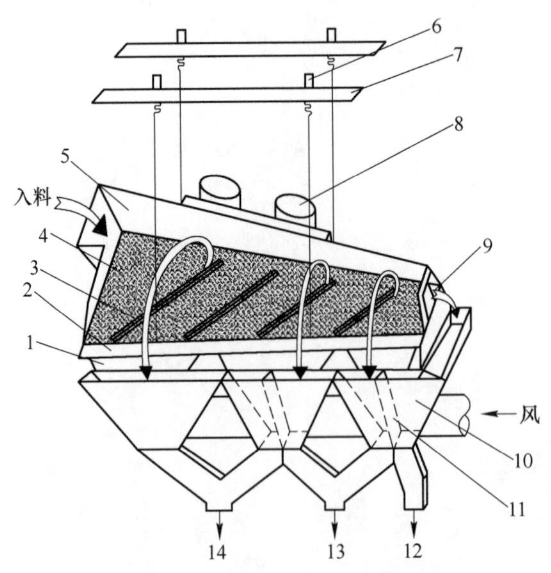

图 6-1　复合式干选机结构示意图

1—风室；2—排料挡板；3—隔条；4—床面；5—背板；6—角度调节装置；7—机架；8—振动电机；9—矸石门；10—接料槽；11—排料翻板；12—矸石；13—中煤；14—精煤

复合式干选机由分选床、振动器、接料槽、机架和吊挂装置等组成。

6.1.1 分选床结构

分选床由床面、背板、隔条、排料挡板、矸石门、风室等组成。

（1）床面由钢板和耐磨橡胶板通过硫化工艺黏结为一体，床面上均匀分布大量垂直风孔，床面形状为直角梯形，用螺栓紧固在分选床床架上。耐磨橡胶床面与物料接触，具有分选工艺要求的摩擦系数，同时也起到保护钢板床面的作用。

（2）床面上设置若干平行隔条，其作用在于对物料床层底部高密度物料的运动产生一个振动惯性力的分力，引导矸石向矸石端运动。

（3）床面的矸石端设置可调节排矸口大小的矸石门，其作用在于原煤含矸量不同时，均可保持矸石带宽度，特别是在矸石量很少的情况下，减少矸石排放量以形成一定宽度的矸石带，保证矸石产品质量。

（4）床面的排料边安装若干块上下高度可调的排料挡板，用螺栓与床体固紧，参与床体振动。其作用为：1）控制床层厚度，切割分离床层上层产品；2）使产品沿排料边均匀排除；3）防止个别大矸石块混入精煤中；4）引导产品进入接料槽。

（5）床面下方设置若干风室（FGX-1 型为 3 个风室，FGX-6 型为 8 个风室，FGX-12 型为 11 个风室，FGX-24 型为 16 个风室），风室与床面接为一体，构成分选床，参与振动。各风室与进风管对应，风口用橡胶管软连接。风室入口设置布风器，使上升气流产生的风压均匀分布于风室上的床面各部分，各风口下部均设风阀控制风量。风室的作用：1）将主风机的风量引到床面；2）按分选工艺要求控制床面不同区域风力分布；3）收集床面漏渣。

6.1.2 振动器结构

复合式干选机的振动器是由两台同型号同规格的振动电机组成。振动电机是在特殊设计的电动机转轴两端各装上两块相同形状、相同质量的偏心块。两块偏心块重合度可调，但电机两端偏心块夹角、相位必须一致。振动电机包括振动端罩、调节偏心块、固定偏心块刻度、密封环、硅胶密封圈、轴承、轴承支座、定子和转子、接线盒、外壳、机座。振动电机结构如图 6-2 所示。

振动电机偏心块旋转产生的离心力作为激振力（见图 6-3），激振力的值可由式（6-1）求得。

图 6-2　振动电机结构

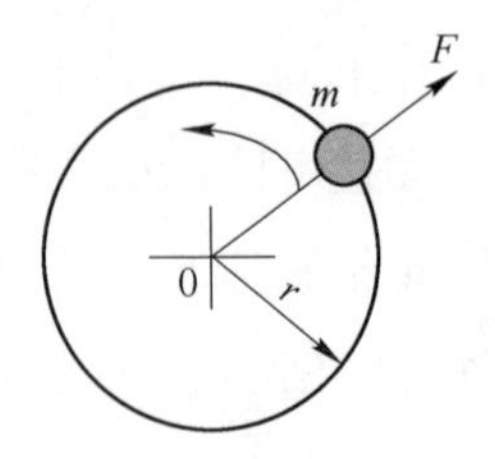

图 6-3　振动电机偏心块激振力

$$F = \frac{mr}{g}\left(2\pi \frac{N}{60}\right)^2 \qquad (6\text{-}1)$$

式中　F——激振力，kg；

m——偏心块质量，kg；

r——轴心到偏心块重心的距离，m；

N——电机的转速，r/min；

g——重力加速度，9.8m/s^2。

振动电机两端各两块偏心块，偏心块的夹角（重合度）可调，当两块偏心块完全重合，即夹角为100%时，产生的激振力称为最大激振力；当两块偏心块处于对称位置，即夹角为零时，激振力为零，即振动电机不产生激振力。复合式干选机振动器的振动电机偏心块夹角一般在70%～95%的范围调节。两台同型号、同规格、同激振力的振动电机安装在复合式干选机分选床背板一侧的电机架上。当两台振动电机反向同步旋转时就产生直线振动，带动整个分选床也作直线振动，其工作原理如图6-4所示。

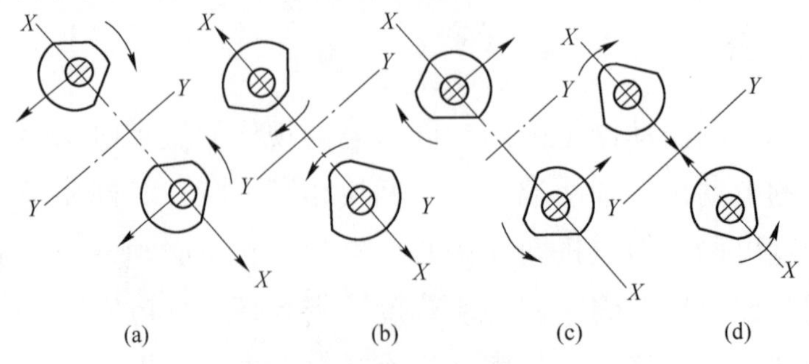

图 6-4　直线振动工作原理

（a）Y方向向下合力；（b），（d）X方向力抵消；

（c）Y方向向上合力

处于 X-X 轴线上的两台振动电机轴上的偏心块关于 Y-Y 轴线对称，Y-Y 轴线通过分选床的重心。两轴作同步反向旋转时，每一瞬间两轴上的偏心块产生的离心力沿 X-X 方向的分力总是互相抵消，而沿 Y-Y 方向的分力总是互相叠加，这就形成了单一的 Y-Y 方向的简谐力。该力作用在分选床上，驱动分选床作轨迹为直线的往复振动。

振动方向与床面具有一定角度，振动产生的惯性力对床面上的物料产生搬运作用。

振动器的作用：(1) 将物料床层底部的高密度物料运到矸石端；(2) 对物料床层起到松散分层的作用；(3) 使分选物料在床面上做近似螺旋运动。

6.1.3 机架结构

复合式干选机的机架是由主机架、缓冲仓架、除尘器架组成。主机架由 4 根钢柱在干选机周边竖立，其顶部安装支撑横梁。横梁上安装 4 组吊挂装置，将干选机分选床悬挂在横梁上。在分选床周围安装工作平台及栏杆梯子。缓冲仓架用以支撑煤仓及给料机，除尘器架用以支撑旋风除尘器组及袋式除尘器。

机架的作用：

(1) 将复合式干选系统各设备组合为一套完整的工艺系统。

(2) 将分选床悬挂于机架上，减少振动阻力，通过减振弹簧减少作用于基础的振动力。

(3) 利用机架结构，安装防尘、防噪的封闭体（将主机封闭）。

(4) 机架上设置操作平台，便于操作人员工作。

6.1.4 吊挂装置结构

吊挂装置由钢丝绳、减振弹簧、床面调节器组成。

4 根钢丝绳将分选床悬挂于机架横梁上的减振弹簧上，其中两根钢丝绳挂在分选床振动器两侧，另外两根挂在排料边一侧。钢丝绳将支撑分选床重量。运转时振动力通过减振弹簧减振后，作用到机架横梁上，通过 4 根立柱分散传递到地面。在钢丝绳上端安装床面角度调节器，角度调节器分为手动和电动两种方式。

吊挂装置的作用：

(1) 支撑分选床，减少分选床振动阻力。

（2）降低分选床对地面基础的振动力。

（3）调节床面横向角度及纵向角度。

6.1.5 接料槽结构

接料槽设置在分选床排料边一侧。接料槽分为精煤、中煤、矸石三段，在中煤段、矸石段接料槽内分别设置可转动的接料槽翻板，用蜗轮蜗杆传动调节翻板角度。

接料槽的作用：

（1）将选后的产品按精煤、中煤、矸石分别导入产品输送机。

（2）调节可转动的翻板控制产品质量。

6.2 复合式干法选煤系统的结构

复合式干法选煤系统是钢结构，装配式选煤系统。除原煤准备（筛分、破碎及输送）、产品运输、储存环节由用户单位根据现场情况设计外，干选系统包括原煤缓冲仓、给料机、干选机、旋风除尘器、袋式除尘器、主风机、引风机、煤尘螺旋输送机、机架、风管、吸尘罩及电气控制柜（设备布置图见图6-5，设备外形图见图6-6）。

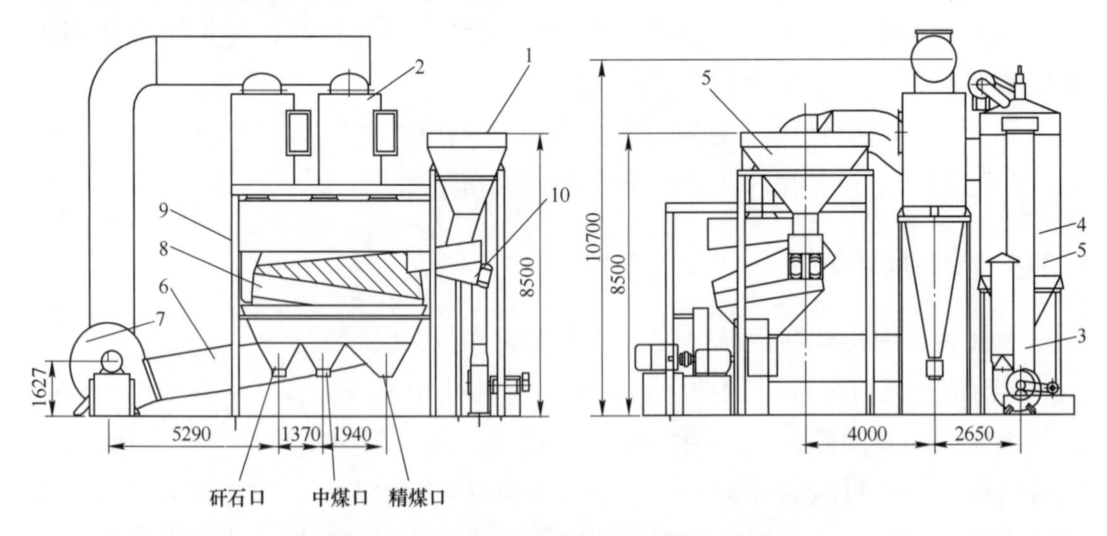

图6-5 FGX-12型复合式干选设备布置图

1—缓冲仓；2—旋风除尘器；3—引风机；4—袋式除尘器；5—净化气体排出管；6—风管；7—主风机；8—复合式干选机；9—机架；10—振动给料机

图 6-6　FGX-12×2 型复合式干法选煤系统现场应用外形图
（唐山煤炭研究院图）

6.3　复合式干选机的分选原理

6.3.1　分选原理

复合式干法选煤技术突破了国内外传统风力选煤的模式，创造出一种分选原理独特的新型选煤方法，复合式干法选煤是综合了五种分选原理为一体的干式选煤方法。

6.3.1.1　物料在螺旋运动中的翻转剥离分选原理

入选物料由给料机送到分选床的给料口，在床面上形成具有一定厚度的床层。最下层的物料直接与振动的床面接触，床面振动产生的惯性力使下层物料由排料边向背板方向运动，由于背板的阻挡，引导物料向上翻动。密度小的煤优先进入床层上层。上层物料受床面振动影响小，在重力和背板推力的作用下，沿表层向排料边下滑，在整个物料层上下形成正反方向速度梯度。最上层密度最小的煤首先通过排料挡板剥离出来，成为密度最小、灰分较低的产品。其余物料继续做下一周期循环运动。物料在旋转运动中的翻转剥离分选原理如图 6-7 所示。

由于振动力和连续进入分选床的物料的压力，使不断翻转的物料形成近似螺旋运动，向矸石端移动。因床面宽度逐渐减缩，上层密度相对较低的煤不断被剥离排出，物料受到多次分选，直到最后排出矸石和硫铁矿等高密度物料。

风力的作用一方面加强了物料层松散，便于按密度分层，另一方面提高了物料流态化过程，加快分离速度。

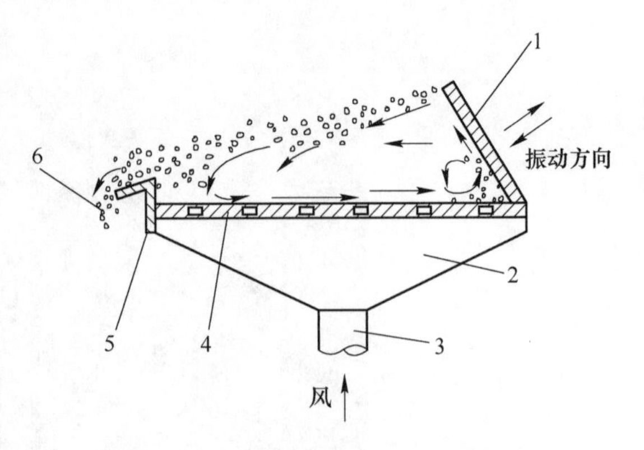

图 6-7 物料在旋转运动中的翻转剥离分选原理

1—背板；2—风室；3—风管；4—床面；5—排料挡板；6—精煤

6.3.1.2 **自生介质的分选作用**

在复合式干选机床面上，上升气流与入料中细粒煤（6~0mm）混合，形成了气固两相混合介质，形成具有一定密度且相对稳定的混合悬浮介质层。物料通过悬浮介质层时，密度低的煤上浮，而密度高的矸石下沉。可以用阿基米德原理对其做出简单的解释。随着分选过程进行，细粒粉煤不断随大粒度精煤排除，剩余粒度较粗，密度较高一些的细颗粒又与上升气流组成新的密度更高的气固悬浮体，有利于中煤和矸石的分选。自生介质的分选作用使复合式干选机分选精度提高。

6.3.1.3 **析离作用及风力作用的综合效应**

复合式干法分选机床面上物料的松散和按密度分层，是由机械振动和上升气流悬浮综合作用而实现的。物料松散度随机械振动强度和风速的提高而增大。根据热力学第二定律，任何体系都倾向于自由能降低。分层前床层的位能高于分层后的位能，只要给适当的松散条件，重矿物就要进入下层，分层即通过不同密度矿粒的再分布达到位能降低的过程。如果仅靠振动松散床层，就会出现矿粒群产生析离作用，按粒度分层，大颗粒被挤入上层，细粒煤漏到底层，达不到按密度分层的目的。如果仅有风力作用，上升气流将细粒物料吹向上层，大粒度物料落到底层，也不能按密度分层。只有在风力和振动力的综合作用下，物料才能按密度分层。复合式干选机床面振动和上升气流同时作用于物料层，有助于物料床层按密度分层。矿粒综合分层作用如图 6-8 所示。

6.3.1.4 **高密度物料颗粒相互作用产生的浮力效应强化煤和矸石分离**

复合式干选机在分选过程中会在床层底部自然形成矸石层。不同粒度的矸石颗粒在床面振动作用下相互挤压碰撞，产生一种浮力效应，混在矸石层中的密度低的煤不断被挤出矸石层。随着矸石层向矸石端移动，在矸石端形成一定宽度的矸石带。由于浮力效应，矸石带中夹带的煤继续被挤出，而中煤带的煤

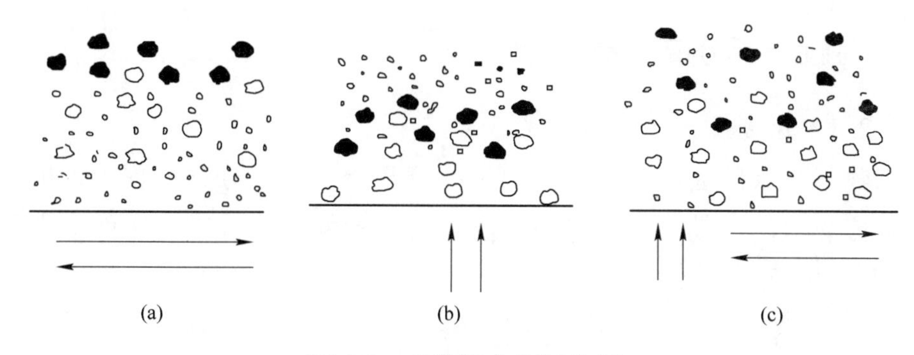

图 6-8 矿粒综合分层作用

（a）析离作用；（b）风力作用；（c）综合作用

却很难进入矸石带，从而使矸石产品得到净化。为了强化这一过程，复合式干选机设置了可调的矸石门，在原煤含矸量较少的情况下，适当调小矸石门，也可使矸石在排出前形成一定宽度的矸石带，防止煤粒混入，提高了矸石产品的纯度。

6.3.1.5 床面上隔条分选作用

在干选机床面上设置若干平行隔条，隔条高度为 40mm，与床面振动方向具有一定角度，目的在于使床层下层物料受到振动惯性力分力作用，引导物料向矸石端移动。在分选块煤时，床面入料口床层厚度增加，采用高隔条强化分选，可以提高分选效果。其分选原理类似于湿法摇床选煤原理。高隔条分选作用如图 6-9 所示。

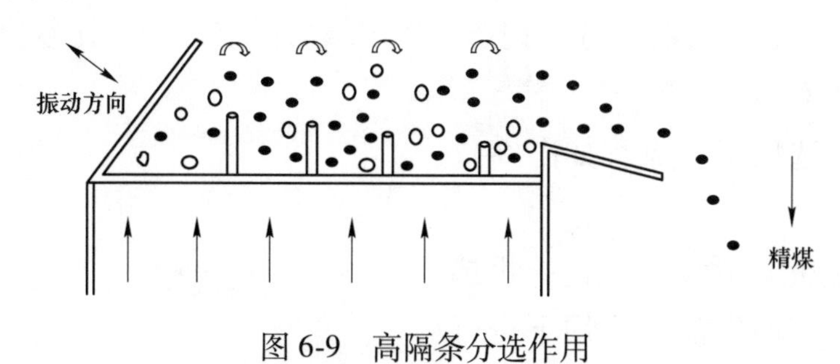

图 6-9 高隔条分选作用

分选块煤时，在床面入料口到排料边加高隔条，形成若干沟槽，大块矸石很难越过隔条滑到排料边，经过多次分选矸石将落到沟槽底部在床面振动惯性力作用下被运往矸石端。

上述五种分选原理都可以对原煤进行分选，多种分选原理复合一体就使复合式干法分选机分选精度及分选效率得到提高。

6.3.2　床面上产品分带及选煤工艺流程

6.3.2.1　床面上产品分带

入选物料进入床面后，干法选煤过程就开始了。在分选过程中，根据床面上不同密度物料的运动，大致形成可能够观察到的 4 个分带。床面上产品分带状况如图 6-10 所示。

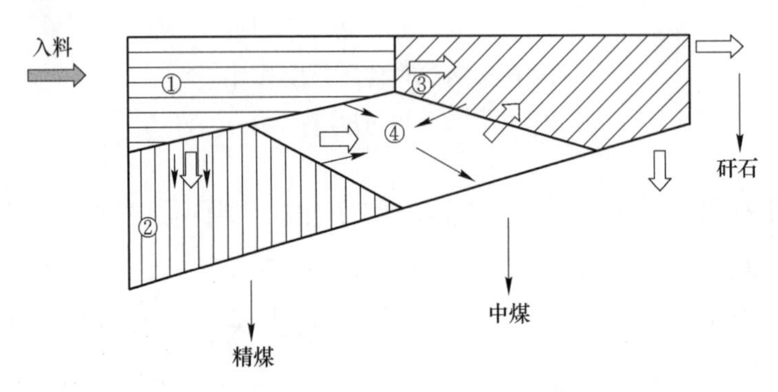

图 6-10　床面上产品分带状况

①—混合入料粗选带：位置在入料口附近，入料端背板一侧；②—精煤带：位于床面入料端粗选带与精煤排料边之间；③—矸石带：位于矸石端背板一侧；④—中煤带：位于粗选带、精煤带、矸石带和排料边的中间带

6.3.2.2　床面分带选煤工艺流程

在分选过程中，床面上所形成的 4 个分带也可看成是 4 个分选区。各分选区分别起到粗选、精选、再选、扫选的作用，从而成为一个比较完整的选煤工艺流程（见图 6-11）。

床面分带选煤工艺流程如图 6-11 所示。

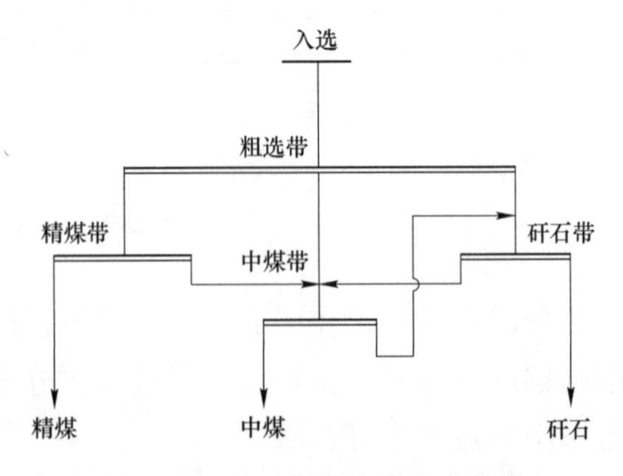

图 6-11　床面分带选煤工艺流程

（1）入料混合原煤首先进入粗选带，在风力和床面振动力作用下进行松散和分层，大块矸石沉到床面，直接进入矸石带。小粒矸石和煤在床层上部，在重力和背板推力的作用下向排料边方向下滑进入精煤带，粒度较大的矸石和中煤则排入中煤带。粗选带近似于一个小型干选机，对整个分选过程起着重要的粗选（或预选）作用。

（2）精煤带起精选作用，由粗选带进入的煤和小粒矸石在精煤带进一步分选，沉到床面的矸石在床面振动惯性力的作用下进入中煤带，排除矸石后的精煤则由精煤排料边排出，成为精煤产品。

（3）矸石带起扫选作用，由粗选带进入的大块矸石和中煤带进入的小粒矸石在矸石带形成矸石层。矸石带相当于在矸石产品排出之前实行进一步净化的分选带。主要分选原理是利用矸石带中不同粒度矸石在床面振动力作用下相互挤压碰撞产生的浮力效应，将矸石层中的煤粒挤出返回中煤带，使矸石产品更纯净，最后由矸石门排出，成为矸石产品。

（4）中煤带实际上是一个煤和矸石分离的过渡带，起着再选和过渡的作用。这个分选带的入料来自其余三个分选带：精煤带送出的矸石通过中煤带输送到矸石带；粗选带排出的中块煤矸混合物在中煤带继续分选；矸石带排出的少量煤也进入中煤带外排。最后由排料边排出的最终中煤实际上是中等粒度煤和矸石的混合物。

复合式干法选煤系统技术性能见表6-1。

表6-1　复合式干法选煤系统技术性能

项目	单位	FGX-3 型	FGX-6 型	FGX-9 型	FGX-12 型	FGX-24A 型
分选面积	m^2	3	6	9	12	24
混煤入料粒度	mm	50~0	80~0	80~0	80~0	80~0
入料外在水分	%	<8	<8	<8	<8	<8
处理能力	t/h	20~30	40~60	75~90	90~120	180~240
选煤数量效率	%	>90	>90	>90	>90	>90
系统总功率	kW	73.57	146.57	274.04	328.04	650.41
外形尺寸（长×宽×高）	m×m×m	8×8×9	11×11×9	13×12×10	15×13×10	18×13×10

注：制造厂为唐山煤炭研究院、唐山开远科技有限公司。

6.4　复合式干法选煤的分选效果

复合式干法选煤适用于动力煤排矸，可以降低选后商品的灰分，提高商品煤的发热量，还可避免湿法选煤增加产品水分、降低发热量的缺点。另一方面，对于以无机硫（硫铁矿硫）为主要含硫成分的高、中硫煤，通过复合式干选可脱除大于2mm以上单体解离的粒状、块状黄铁矿晶体、结核、连生体等，可降低商品煤硫分，保证商品煤质量稳定。

6.4.1　各种煤的干法选煤分选效果

复合式干法选煤设备已在国内外推广应用，复合式干选机主要分选效果见表 6-2。

表 6-2　各种煤分选试验效果

煤矿名称	煤种	入料粒度/mm	原煤灰分/%	精煤		中煤		尾煤	
				产率/%	灰分/%	产率/%	灰分/%	产率/%	灰分/%
辽宁朝阳边杖子煤矿	长焰煤	70~0	39.91	76.31	29.21			23.69	73.48
宁夏灵武局灵新矿	不黏煤	50~6	17.96	84.23	7.59			15.77	73.35
吉林珲春局运销公司	褐煤	50~0	38.65	74.78	29.84	13.86	45.38	11.36	69.30
湖南涟邵局芦茅江矿	无烟煤	50~6	45.67	68.44	37.58	10.28	53.81	21.28	67.71
河南鹤壁局九矿	贫煤	50~6	31.56	71.87	17.83	5.50	31.20	22.63	75.24

根据以上部分煤矿复合式干法选煤的分选效果可以看出：

（1）复合式干法选煤适于各种不同煤种。

（2）原煤经干选排矸后精煤（商品煤）灰分平均降低 10.34%，复合式干选机排除矸石较纯净，平均矸石灰分 71.82%。

（3）复合式干选机入料粒度范围宽（80~0mm）。

6.4.2　分选效果

灵新矿 FGX-3 型复合式干选系统分选效果。干选产品浮沉试验结果见表 6-3，产品产率、均方差及分配率计算见表 6-4，可选性曲线如图 6-12 所示，分配曲线如图 6-13 所示，50~6mm 粒级分选效果见表 6-5。

由可选性曲线可看出精煤灰分 $A_j=9.79\%$，精煤回收率 $y_j=80.53\%$。由表 6-3 可以看出精煤实际回收率 $r_j=74.36\%$，数量效率 $\eta=74.36/80.53=92.34\%$。

表 6-3 干选产品浮沉试验结果

产品名称	原煤		精煤			矸石			计算 原煤	
密度级 /kg · L^{-1}	产率 /%	灰分 /%	占本级 /%	占浮沉级 /%	灰分 /%	占本级 /%	占浮沉级 /%	灰分 /%	占浮沉级 /%	灰分 /%
<1.4	72.58	5.85	90.04	66.95	5.91	18.95	4.86	6.60	71.81	5.96
1.4~1.5	2.05	20.77	4.55	3.38	16.87	1.86	0.48	15.82	3.86	16.74
1.5~1.6	1.09	31.95	0.77	0.57	30.71	0.58	0.15	31.81	0.72	30.94
1.6~1.7	0.55	33.80	0.33	0.25	36.73	0.68	0.17	35.72	0.42	36.32
1.7~1.8	0.37	43.18	0.37	0.28	44.48	0.68	0.17	45.52	0.45	44.87
1.8~2.0	0.81	57.14	0.51	0.38	53.05	1.97	0.51	59.10	0.89	56.52
>2.0	22.55	86.86	3.43	2.55	84.90	75.28	19.30	87.39	21.85	87.10
去泥小计	100.00	25.41	100.00	74.36	9.79	100.00	25.64	69.24	100.00	25.03
煤泥	1.09	40.43	0.76		29.50	0.95		74.15		
总计	100.00	25.57	100.00		9.94	100.00		69.29		

注：表中精煤、矸石占浮沉级产率用格氏法计算。

表 6-4 50~6mm 粒级干法选煤产品产率、均方差及分配率计算

密度级 /kg · L^{-1}	原煤 y	精煤 j	矸石 g	$y-g=$ (2)−(4)	$j-g=$ (3)−(4)	$(j-g)^2=$ $(6)^2$	$(y-g)\cdot(j-g)=$ (5)×(6)	$r_j\%j$	$r_g\%g$	计算原煤 y'	$\Delta y'-y$	Δ^2	分配率 ε/%
(1)	(2)	(3)	(4)	(5)	(6)	(7)	(8)	(9)	(10)	(11)	(12)	(13)	(14)
<1.4	72.58	90.04	18.95	56.63	71.09	5054	3813.00	66.96	4.86	71.82	−0.76	0.58	6.77
1.4~1.5	2.05	4.55	1.86	0.19	2.69	7.24	1.00	3.38	0.48	3.86	1.81	3.28	12.44
1.5~1.6	1.09	0.77	0.58	0.51	0.19	0.04	0.00	0.57	0.15	0.72	−0.37	0.14	20.83
1.6~1.8	0.92	0.70	1.36	−0.44	−0.66	0.44	0.00	0.52	0.35	0.87	−0.05	0.00	40.23
1.8~2.0	0.81	0.51	1.97	−1.16	−1.46	2.13	2.00	0.38	0.50	0.88	0.07	0.00	56.82
>2.0	22.55	3.43	75.28	−52.73	−71.85	5162	3789.00	2.55	19.30	21.85	−0.70	0.49	88.33
合计	100.00	100.00	100.00	0.00	0.00	10226	7605.00	74.36	25.64	100.00	0.00	4.49	

注：$r_j=74.36\%$，$r_g=25.64\%$。

由分配曲线可以看出：分选密度 $\delta_p=1.823$，可能偏差 $E=0.254$。

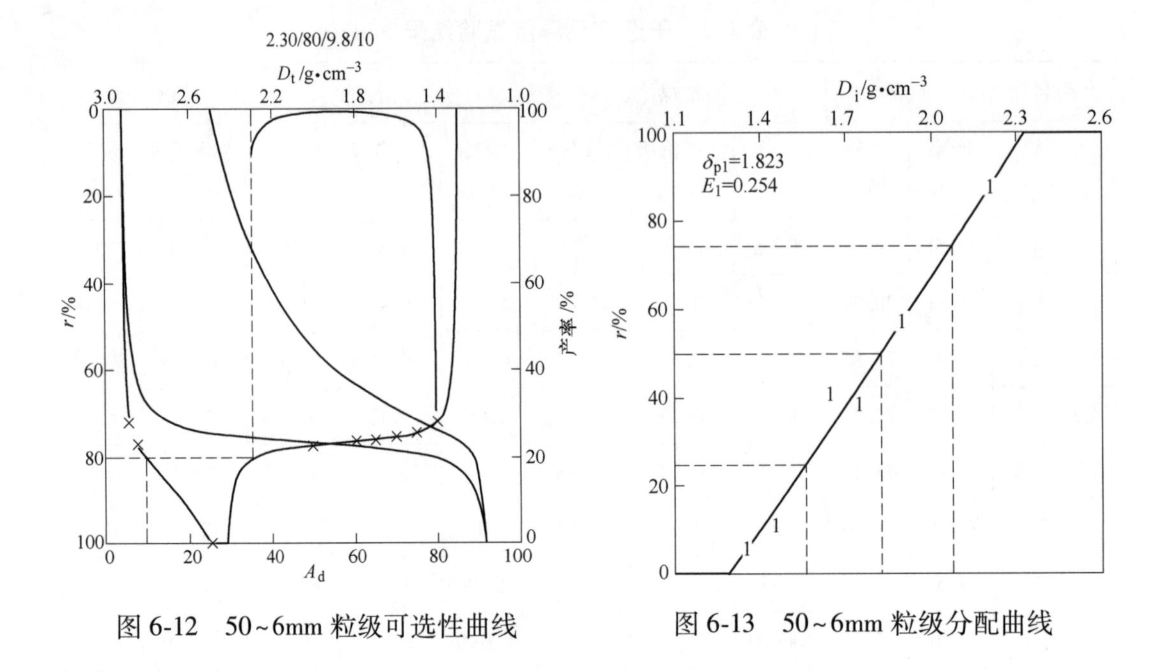

图 6-12　50~6mm 粒级可选性曲线

图 6-13　50~6mm 粒级分配曲线

表 6-5　50~6mm 粒级分选效果

粒级/mm	50~6
分选密度 δ_p/kg · L^{-1}	1. 823
可能偏差 E/kg · L^{-1}	0. 254
不完善度 I	0. 14
数量效率 η/%	92. 34

6. 5　大型复合式干选机

为了满足特大型煤炭企业需要，开发了大型 FGX-48A 型复合式干法机系统，并在生产中得到应用。

6. 5. 1　复合式干选机系统结构

FGX-48A 型复合式干选机是由两台 FGX-24 型复合式干选机组合而成的，其结构如图 6-14 所示。单层分选床面积为 24m^2，两台对称布置面积为 48m^2。

6. 5. 2　复合式干选机技术特征

复合式干选机技术特征见表 6-6。

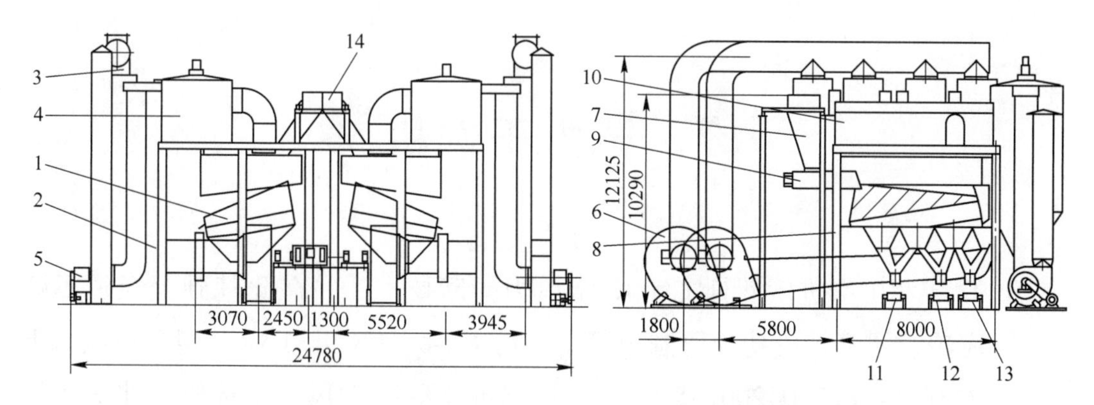

图 6-14　FGX-48A 型复合式干选系统结构

1—分选床；2—风管；3—旋风除尘器；4—袋式除尘器；5—引风机；6—主风机；7—缓冲仓；8—主机架；9—给料机；10—吸尘罩；11—精煤皮带运输机；12—中煤皮带运输机；13—矸石皮带运输；14—入煤皮带运输

表 6-6　大型复合式干选机技术特征

项目名称	单位	FGX-24 型	FGX-48A 型
分选面积	m^2	24	24×2
入料粒度	mm	80~0	
入料外水	%	<8	<8
处理能力	t/h	240	480
数量效率	%	>90	
可能偏差 E	kg/L	0.23	
床面振幅	mm	6~8	
振动频率	min^{-1}	960	
主风量	m^3/h	251936	251936×2
主风机功率	kW	500+75	2×500+150
引风机风量	m^3/h	63548	127096
引风机功率	kW	75	150
主机功率	kW	4×11	8×11
系统功率	kW	685	1458
外形尺寸（长×宽×高）	m×m×m	19×14×12	25×20×12

7 风力干选机

1992 年我国引进俄罗斯 СП-12 型风力摇床技术，并在此基础上经过不断消化、完善、提高，成功地研制出了 FX-3、FX-6、FX-9、FX-12 型系列风力干选机（专利号：ZL200420028570. 3）。1998 年 FX-12 型风力干选机在北皂矿使用，2001 年 FX-12×2 型风力干选机在崔家寨煤矿使用，通过实践证明该干选机具有处理能力大、分选效果较好等特点。

7. 1 风力干选机的结构

7. 1. 1 主机结构

风力干选机的主机结构包括分选床、激振器、纵向调坡装置、除尘装置、产品接料槽、供风装置、基础支柱。FX 型风力干选机主机结构示意图如图 7-1 所示。

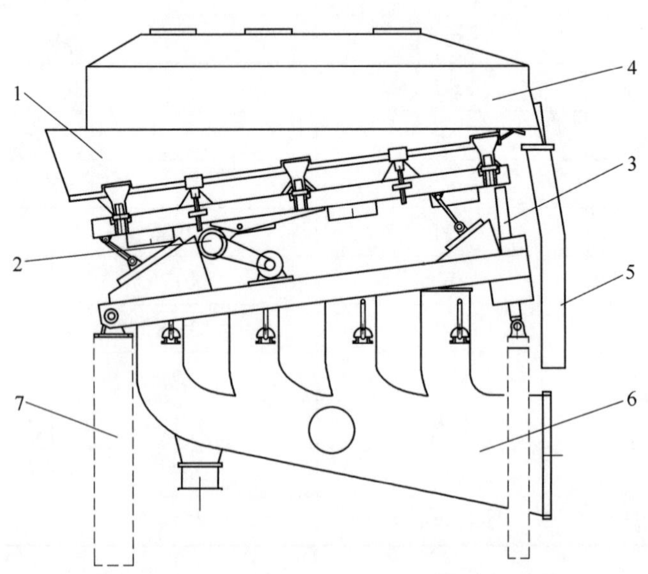

图 7-1 FX 型风力干选机主机结构示意图

1—分选床；2—激振器；3—纵向调坡装置；4—除尘装置；5—产品接料槽；6—供风装置；7—基础支柱

7.1.2 分选床体

分选床面与激振器以特定角度连接到一起形成分选床。分选床的纵向角度可以根据煤质情况及时调整，其纵向与入料端所在水平面的夹角为5°~9°，由分选床尾部的提升装置调节。

7.1.2.1 分选床面

分选床面采用矩形床面，长宽比为3，床面筛板是由多块带孔的橡胶筛板镶嵌而成，筛板上装有n个梯形隔板，形成$n+1$个平行的分选凹槽，隔板的高度（170~40mm）由入料端到出料端逐渐降低，能够形成较厚的床层，使物料充分分层。

橡胶筛板具有良好的弹性，筛孔不易堵塞，有效地保证了风路畅通；橡胶筛板呈倒锯齿型，能阻止物料后退；多块橡胶筛板组合便于维修、更换。

入料口的方向在分选床面的前部，应确保入料方向与振动方向一致，使得物料充分分选。

横向角与入料端所在水平面的夹角为-5°~-10°，由分选床侧面的调节装置进行调节。

筛板下有多个风室，每个风室都有控制风阀，用来调节各段的风量。

7.1.2.2 激振器

激振器采用了两个大小不同的偏心块，分别装在两根轴上，两根轴分别装在两个齿轮，两个齿轮绞合，主轴偏心10mm，电机带动与主轴相联接皮带轮，当启动时激振器就出现椭圆振动。大小偏心块的偏矩比M为4.5，两个齿轮传动比为1，皮带轮传动比为2。振幅大、频率低。

7.1.2.3 分选床面与激振器联接

采用四联杆把分选床面与激振器联接，角度45°左右，激振器的振动传到分选床面为直线运动，其主机动耗大。

7.1.2.4 分选床体支撑方式

分选床体支撑方式为坐落式，水泥柱支撑。该方式振动大，主机动耗大。

7.2 风力干选的系统结构

风力干法选煤系统除了主机支撑柱，原煤准备（筛分、破碎及输送）、产品运输、储存环节由用户单位根据现场情况进行设计。干选系统包括原煤缓冲仓、给料机、干选机、旋风除尘器、袋式除尘器、主风机、引风机、煤尘螺旋输送机、机架、风管、吸尘罩及电气控制柜由制造单位提供。FX-12 型风力干选设备布置图如图 7-2 所示，设备外形图如图 7-3 所示，FX 型风力干选机分选示意图如图 7-4 所示。

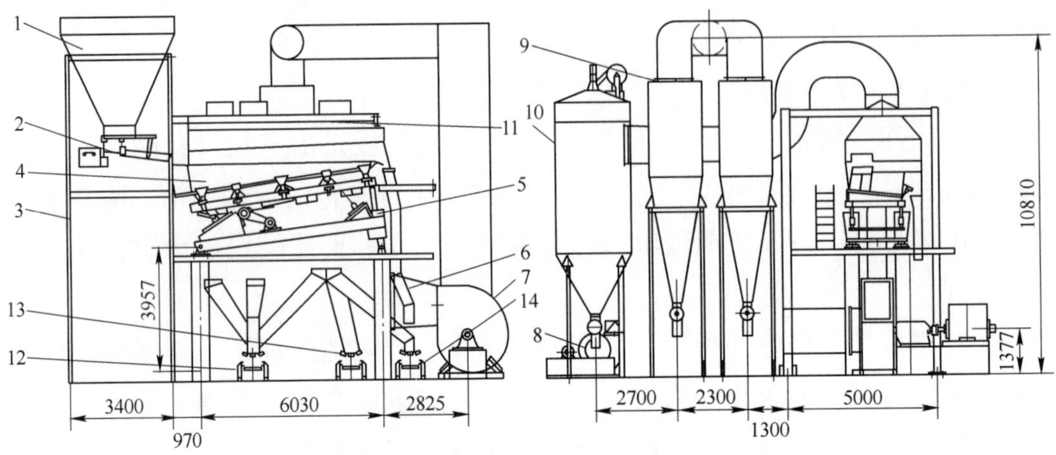

图 7-2　FX-12 型风力干选设备布置图

1—原煤缓冲仓；2—给料机；3—支撑架；4—干选机；5—支座；6—流槽；7—主风机；8—引风机；9—旋风除尘器；10—袋式除尘器；11—吸尘罩；12—精煤皮带；13—中煤皮带；14—矸石皮带

图 7-3　FX-12 型风力干选的设备外形图（杨涧煤矿）

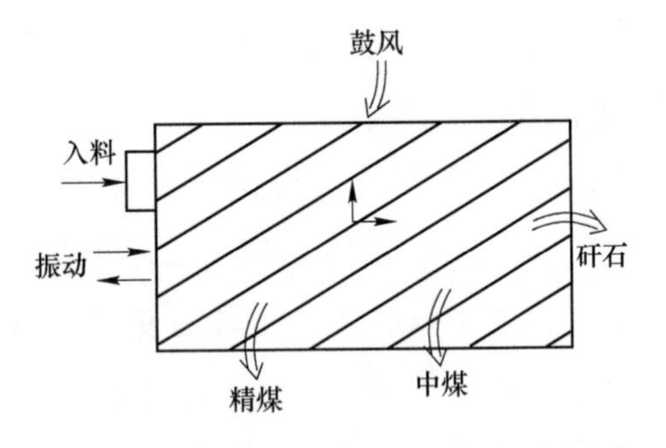

图 7-4　FX 型风力干选机分选示意图

风力干选系统技术特征见表 7-1。

表 7-1　风力干选系统技术特征

项　目	单位	FX-3 型	FX-6 型	FX-9 型	FX-12 型
分选面积	m^2	3	6	9	12
入料粒度	mm	50~0	80~0		

续表 7-1

项 目	单位	FX-3 型	FX-6 型	FX-9 型	FX-12 型
入料外水	%	<9			
处理能力	t/h	<30	40~70	70~110	90~150
数量效率	%				
可能偏差 *E*	kg/L	<0.25			
床面振幅	mm	20			
振动频率	min^{-1}	300~400			
主机功率	kW	7.5	15	18.5	30
主要设备重	t	10.1	12.7	13.9	15.2
主机外形尺寸（长×宽×高）	m×m×m	12×7×10	12×9×9	13×10×10	14×11×12
系统功率	kW	72	59	250	360
系统质量	t	26	39	47	68

注：制造厂家为唐山开远科技有限公司。

7.3 风力干选机的分选原理

风力选煤是以空气作分选介质的重力分选方法，在气流和机械振动力的作用下，使原煤按密度和粒度进行分离。

FX 型风力干选机（见图 7-4）的激振器是一个齿轮箱装两个带轴齿轮，两个轴带有大小不同的偏块，电机带动偏块进行椭圆振动。四连杆结构传到分选床。床面为矩形，上有 10 条隔板，组成 11 条平行凹槽，床面纵向由排料端向入料端往上倾斜，横向向排料端倾斜，原煤从干选机入料端进入凹槽，在摇动力和底部上升气流作用下，细粒物料和空气形成分选介质，产生一定的浮力效应，使低密度煤浮向表层。由于床面有较大的横向坡度，表面煤在重力作用下，经过平行格槽多次分选，逐渐移至排料边排出。沉入槽底的矸石从床面末端排出。

7.4 风力干选机分选效果

FX-12 型风力干选机分选效果见表 7-2。

表 7-2　FX-12 型风力干选机分选效果

煤矿名称	煤种	入料粒度/mm	原煤	精煤		尾煤	
			灰分/%	产率/%	灰分/%	产率/%	灰分/%
崔家寨煤矿	长焰煤	80~6	21.32	93.99	17.41	6.01	82.45
杨涧煤矿	动力煤	80~25	39.32	63.24	18.42	36.76	75.30
小西窑煤矿	动力煤	80~13	35.36	68.21	15.35	31.79	78.27

FX 型风力干选机分选特点：

（1）FX-12 型风力干选机选煤，只要把可调的因素利用好，分选效果就能较好。

（2）入料粒度 80~0mm，也可分选 80~25mm 粒级物料，打破了不能单选大粒度、窄级别物料的常规说法。

7.5　大型风力干选机

为了增加单台风力干选机处理能力，满足大企业的生产能力需要，开发了 FX-24A 型风力干选机大型设备。

7.5.1　风力干选机系统结构

单层分选床面积为 12m^2，两台对称布置面积为 24m^2。依据独立的 FX-12 型风力干选机配套设备进行辅助设备的选型，每个分选床配有单独的供风、引风、除尘装置，形成独立的分选系统，可单独作业，便于生产管理。同时，给料机、主机激振器都采用变频控制。FX-24A 型风力干选设备布置如图 7-5 所示。

7.5.2　风力干选机技术特征

风力干选机技术特征见表 7-3。

表 7-3　风力干选机技术特征

项目名称	单位	FX-24A 型
分选面积	m^2	24
入料粒度	mm	80~0
入料外水	%	<9

续表 7-3

项目名称	单位	FX-24A 型
处理能力	t/h	180~250
数量效率	%	>90
可能偏差 E	kg/L	0.25
床面振幅	mm	16~20
振动频率	min^{-1}	300~400
主机功率	kW	60
系统功率	kW	720
外形尺寸（长×宽×高）	m×m×m	15×27×12

注：制造厂家为唐山开远科技有限公司。

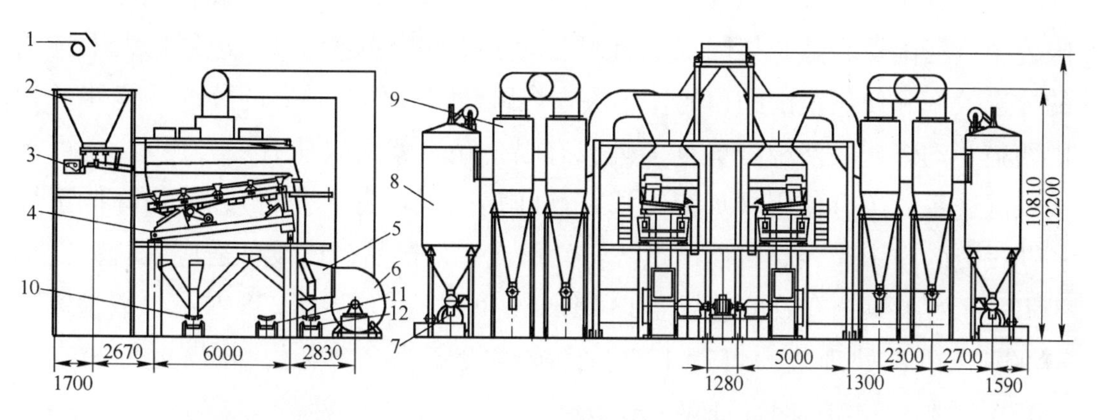

图 7-5 FX-24A 型风力干选设备布置（开滦崔家寨煤矿）

1—入料皮带；2—原煤缓冲仓；3—给料机；4—干选机；5—鼓风筒；6—主风机；7—引风机；8—旋风除尘器；9—袋式除尘器；10—精煤皮带；11—中煤皮带；12—矸石皮带

8 干法末煤跳汰机

唐山开远选煤科技有限公司自主研发专门分选末煤的全自动干法跳汰机——TFX 型干法末煤跳汰机，是借鉴湿式跳汰机工作原理研究出的新一代末煤干选设备（专利号：ZL201310370335.8）。2015 年 9 月 23 日中国煤炭工业协会鉴定其为“整体技术水平为国际先进”。现已做到 TFX-1、TFX-3、TFX-6、TFX-9、TFX-18A 系列干法末煤跳汰机，最大单台处理能力为 270t/h，该机可与块煤干选系统组合使用（如山西朔州宝丰干选厂、新疆伟泽综合能源开发有限公司、河南郑新鑫旺集团煤业有限公司、平朔东露天矿），达到扩大干选法的分选效率和使用范围的目的。干法末煤跳汰机除作为独立的分选系统外（如山西猫儿沟煤矿、洛阳国奥重工机械有限公司、蒙西煤业有限公司），还可与块煤湿选系统组合使用（如河南郑新鑫旺集团煤业有限公司），成为降低系统初期投资的技术途径。目前该跳汰机已形成系列产品。该设备适应入料粒度小于 13mm 的末煤，有效分选粒度 13~1mm，可能偏差 $E=0.238$ 左右，数量效率 $\eta<90\%$，单台处理能力可达 135t/h，吨煤投资为 2.29 元，吨煤运行成本为 1.35 元，吨煤电耗为 1.08kW·h。

8.1 干法末煤跳汰机结构

8.1.1 干法末煤跳汰机主机结构

干法末煤跳汰机主机结构包括机架、悬挂装置、分选床、摊平装置、集尘罩、激振器、可调风室、脉动供风装置、卸料装置、入料装置。干法末煤跳汰机主机结构示意图如图 8-1 所示。

8.1.2 主机结构参数

干法末煤跳汰机主机结构有激振器、入料装置、矩形床面、卸料装置、分料器、摊平装置、床箱、脉动供风装置等（见图 8-1）。

（1）分选床体：由多层筛板组成的分选床，为保证布风均匀，最上层不

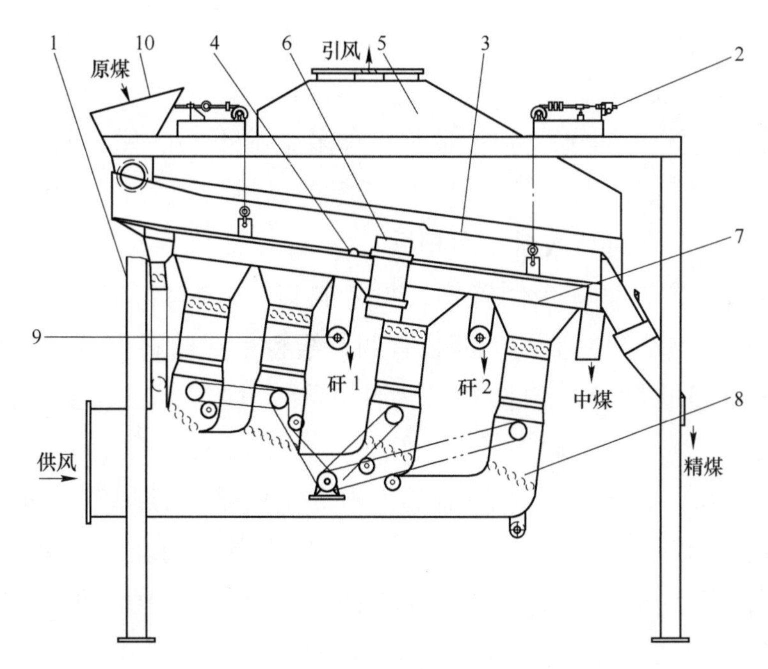

图 8-1 干法末煤跳汰机主机结构示意图

1—机架；2—悬挂装置；3—分选床；4—摊平装置；5—集尘罩；6—激振器（八级振动电机）；7—可调风室；8—脉动供风装置；9—卸料装置；10—入料装置

锈钢筛板开孔率大于 32%，孔径为 1.5mm；第二层是孔为 6mm×12mm 的筛板，两层筛板之间夹有几十个布气仓，布气仓内装有用以防止筛板堵塞和保证布风均匀的直径小于 14mm 的瓷球；第三层筛板孔径为 5mm，开孔率大于 60%，筛板既起支撑作用又起稳定风量、风压的作用。

（2）分选床面：矩形分选床面长宽比为 2∶3，分选床分为三个分选段，每段有两个风室和一个卸料装置，每段长度不同。工艺要求确保尾煤质量时，第一分选段加长；工艺要求确保精煤质量时，各分选段全部加长。

（3）激振器：由安装于床箱两侧的八级振动电机担当，振动频率由变频器控制在 450~550 次/分，振幅为 6~8mm，电机与床面的夹角为 73°~90°。振动参数可按式（8-1）计算：

$$Y_m = [0.18/(n/1000) \times 2] \times (F_m / \sum G) \tag{8-1}$$

$$A_m = F_m / \sum G$$

式中 Y_m——双振幅，mm；

n——振次，次/min；

F_m——激振力，N；

$\sum G$——参振重量，kg；

A_m——振动加速度，mm/s^2。

（4）筛下空气室：分选床下部安装有多个筛下空气室，每个空气室又分隔成若干个小空气室，大空气室和小空气室的风量均由各自的阀门控制，阀门为单侧倾斜阀门，方向与入料方向相反。

（5）入料装置：是一个倒置梯台形入料口，入料口的底部装有圆板卸料器以保证给料均匀，卸料器的上部装有调节给料量的给料控制器；料仓下有与分选床宽度相等的星形排料阀门，为使入料量均匀，料仓要在满载状态下给料。

（6）预选室：位于分选床的前部，预选室底部与鼓风筒连通，由风机提供恒定气流，并设有单独的调节风阀，分选床上部设有集尘罩防止烟尘外溢，集尘罩顶部排气孔与旋风除尘器、脉冲除尘器连通，除尘后的清洁空气由引风机排入大气。

（7）脉动鼓风装置：脉动鼓风控制器用一套传动装置带动了三个鼓风筒内开孔率为70%的有孔翻板，用以连接鼓风机与筛下空气室，鼓风筒上装有脉动鼓风控制器，脉动风的频率一般为每分钟190次，随物料的比重降低而加快，用变频器控制；鼓风筒上设有多个调节阀门，以便调节各个大风室的风量大小，鼓风筒上单独为预选室设置一风阀，为其提供恒定风量，而其他风筒的进风量中，脉动风占30%~40%，恒定风占60%~70%，鼓风筒底部设有双层卸灰阀，用于清理落入鼓风筒内的细粒物料。

（8）卸料装置：是由可调节高度的床层厚度调节堰、星形卸料器、接料槽、螺旋输送机组成。调节堰是轻重物料的分隔堰，调节堰下面的重物料被分隔至圆板卸料器排出，上层的轻物料则可以在床面上继续分选。调节堰的开口高度可调，开口高度过高，会导致矸石中带煤；开口过低，矸石排不干净。调节堰的开口高度 B 与所选原煤的最大粒 d 有关，一般设定高度 $B \geqslant (1.22\sim1.5)d$ 可调，堰高 $H \geqslant (2.5\sim3.0)d$，角度为30°~40°。分选床体底部有两个卸料装置与空气室间隔排列，卸料装置中的星形卸料器将沉入床层底部的重物料排到与之相连通的溜槽和螺旋输送机，位于床体尾部的分料器分离出精煤和中煤两种物料。分选床上共设有三个分选段、三个调节堰，预选段长度为 $0.4L$，预选段至第一堰的距离为 L，第一堰至第二堰的距离为 L，第二堰至床面尾部分料器的距离为 $0.75L$，这样才能保证物料能形成稳定的床层。经过两次底部卸料，运动到床面尾部物料再由分料器将精煤和中煤分别送入两个溜槽，完成分选。

（9）摊平装置：与分选床体联接，其作用是保证床面物料厚度均匀。摊平后的物料在床面底部脉动上升气流和床面机械振动的作用下，在向床面尾部移动的过程中逐渐分层，轻物料运动到床层的上层，重物料逐渐沉积到床层的底部，由卸料装置排出。

（10）悬挂提升装置：把分选床悬挂在机架上，分选床尾部的电动遥控螺旋提升装置可以方便地改变分选床的纵向角度，使分选床面与水平面的夹角为5.5°~10.5°（以入料边所处平面为水平面基点），以保证分选效果；床体四周设有多个橡胶弹簧，以保证分选床的振动为前后直线振动。

（11）自动控制：干法末煤跳汰机成套整体控制有PLC（见图15-3），干法末煤跳汰机上有电机，两者均由变频器控制，调节多种因素。

（12）密度测控：用物理方式测定假密度。用螺旋取样机取产品样，产品样到缓冲器，而后进入比重测定仪，容皿吊挂在天平秤架，载重的容皿在天平秤上显示重量。重量传感微机得出比重换算出灰分或含矸率，到PLC控制系统，调节给料量、供风量、卸料量、主机振动频率、主机床面角度等。

8.2 干法末煤跳汰机系统结构

8.2.1 干法末煤跳汰机分选系统

干法末煤跳汰机分选系统包括干法末煤跳汰机主机、给料系统、供风系统、除尘系统、集尘卸灰系统、排料系统等，是一个完整的干法分选系统。由于末煤粒度小，生产过程中产生的粉尘较多，为避免筛下空气室中粉尘堵塞筛孔，采用供开路脉动清风，保证风路畅通。除尘系统采用旋风除尘器、脉冲布袋除尘器及引风机串联开路除尘工艺，保证系统粉尘排放，除尘效果达到17mg/m^3。系统设备由PLC控制。

TFX-9型干法末煤跳汰选系统结构布置图如图8-2所示，设备外形图如图8-3所示，分选原理示意图如图8-4所示。

8.2.2 干法末煤跳汰机的技术性能

唐山开远科技有限公司研制的干法末煤跳汰机现已有4种规格，其型号及技术特征见表8-1。

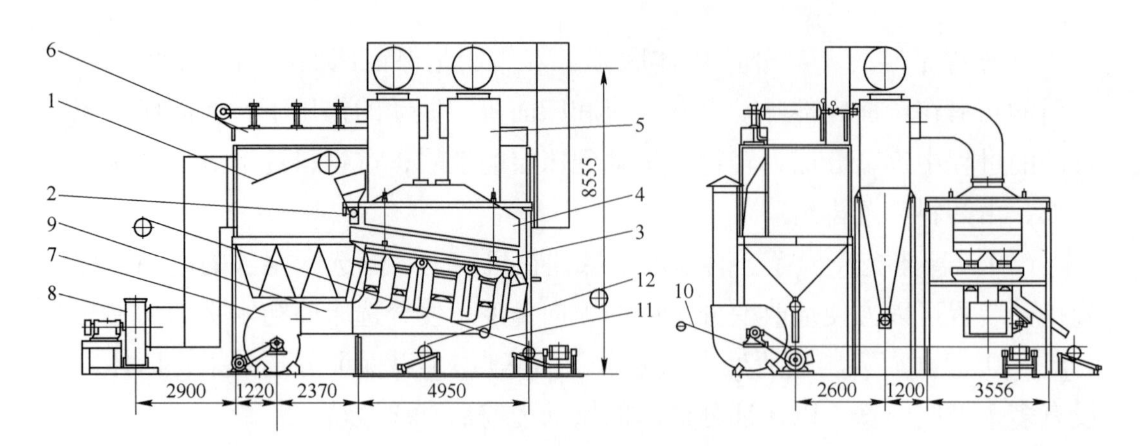

图 8-2　TFX-9 型干法末煤跳汰机设备布置图

1—入料皮带；2—给料机；3—分选机；4—吸尘罩；5—旋风除尘器；6—袋式除尘器；7—主风机；8—引风机；9—鼓风筒；10—精煤皮带；11—中煤皮带；12—矸石皮带

图 8-3　TFX-9 型干法末煤跳汰机结构外形图（蒙西煤业公司）

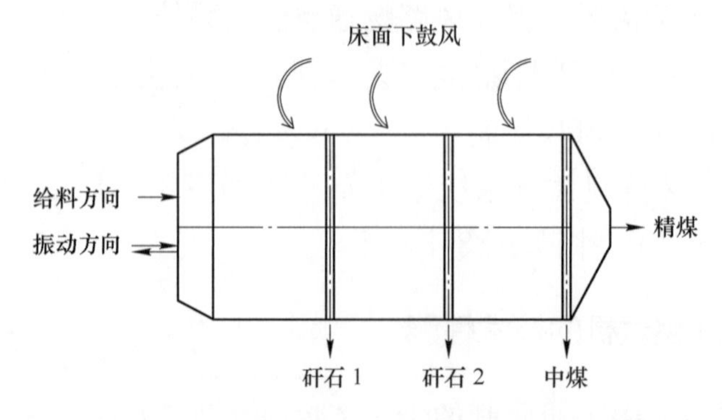

图 8-4　干法末煤跳汰机分选原理示意图

表 8-1 TFX 系列干法末煤跳汰机技术特征

型号	单位	TFX-1 型	TFX-3 型	TFX-6 型	TFX-9 型
分选床面积	m^2	1	3	6	9
处理能力	t/h	<6	<30	<80	<130
入料粒度	mm	<13	<13	<13	<13
有效分选粒度	mm	1~13	1~13	1~13	1~13
入料外水	%	<8	<8	<8	<8
可能偏差 E	kg/L	0.238	0.238	0.238	0.238
数量效率 η	%	≤90	≤90	≤90	≤90
驱动功率	kW	20	40	103	180
外形尺寸（长×宽×高）	m×m×m	6×2×3	6×5×7	9×8×8	10×9×9

注：制造厂家为唐山开远科技有限公司。

8.3 干法末煤跳汰机分选原理

干法末煤跳汰机在适当的供风系统和除尘系统下工作。物料进入分选床后，形成由重力、振动力、摩擦力及上升气流作用的三个分选过程，每个过程分选出一个重产品，最后过程选出精煤。

干法末煤跳汰机的分选原理同湿式跳汰机基本一样，只是这种跳汰机的分选介质是风而不是水而已。当细粒级混合物料进入分选床，在分选床的振动和分选床底部鼓入的上升脉动气流的共同作用下逐渐松散分层，密度较大的重物料逐渐沉入床层底部，密度较小的轻物料逐渐浮到床层的上部；在适宜的跳汰过程中，逐渐形成稳定的床层，由分选床底部卸料装置将沉积在床层底部的重物料排出，其他物料则随着分选床的振动进入下一道工序，经过两次底部卸料后得到的最终产品为矸石 1、矸石 2、中煤和精煤，如图 8-4 所示。

被分选物料（煤和矸石）按密度、粒度、形状和表面性质不同分选开，在分选机中受惯性力和重力的作用向前运动，在离析作用、分离作用及自生介质分选作用下完成了复杂的分选过程，其分选原理可以从四个方面分析。

8.3.1 惯性和重力的作用

物料在直线运动中在床面上堆积成层，最下层的颗粒直接与床面接触，受摩擦力及惯性力的作用使得颗粒向前运动，分选床角度较大，底部重物料在调节堰的阻挡下进入排料口排出，而上层轻物料受惯性力和重力的作用越过调节堰继续向前运动（见图 8-5）。

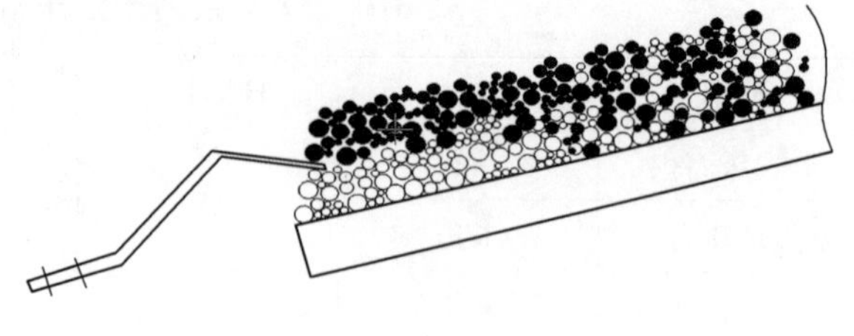

图 8-5　分选物料直线运动

8.3.2　离析作用及分离作用

床面上物料的松散与分层是由机械振动和上升气流的悬浮作用实现的，不同密度的颗粒依靠位能降低的原理而分层，这样就不可避免使矿粒形成一种类似筛孔可变的筛子，造成离析，即密度大的矿粒因其重力压强大而力图向下，密度小的颗粒则被挤入上层，而密度虽然小粒度也小的颗粒也会漏到底层。为了解决这个问题，在分选床底部加了少量的风力，一方面加强矿粒群的松散，另一方便加强了分层，使小而轻的煤被推向表层，从而使矿粒按密度分层。

8.3.3　自生介质的分选作用

干法末煤跳汰机的风选上限为 13(或 25)mm，大大突破了传统风选适应范围。细粒物料和空气组成了气固两相混合介质，在风选中形成了一种具有一定密度且相对稳定的气固悬浮体。按照阿基米德原理，小于床层密度的轻产物上浮，而大于床层密度的重产物则下沉。

综合上述，干法末煤跳汰机的分选床是在振动作用、风力作用和自身重力作用下造成床层分散。在不同区段，具有粉煤与空气形成的混合介质进行分选作用，形成一种不同于任何选煤设备的综合分选机理，在不同的分选段，各个分选机理有所侧重。干法末煤跳汰机各段的分选作用如图 8-6 所示。

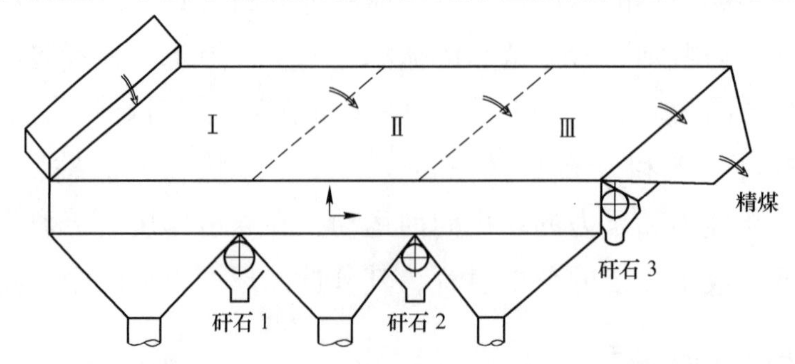

图 8-6　干法末煤跳汰机各段的分选作用

（Ⅰ为自生介质分选区；Ⅱ为离析作用分选区；Ⅲ为风力作用分选区）

8.3.4　物料分选时的受力分析

8.3.4.1　分选物料运动

矿粒在床面产生相对运动的条件是矿粒运动惯性力大于床面的摩擦力和矿粒重力分力。

物料在惯性力 F、物料的重力 G、摩擦力 f 作用下，进行轻重物料的分离，受力分析如图 8-7 所示。

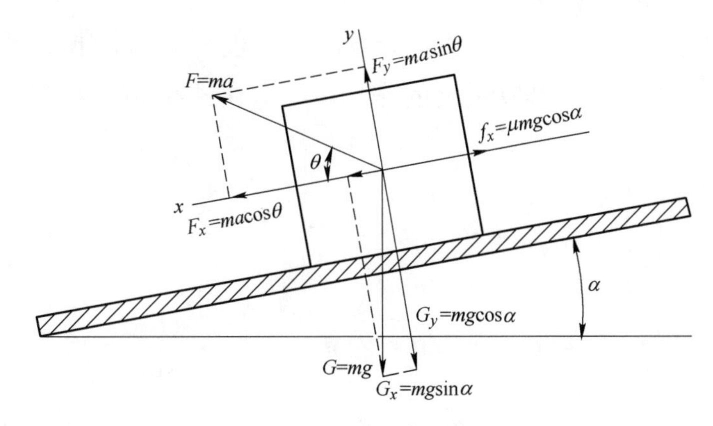

图 8-7　物料受力分析

（1）惯性力：$F=am$，$F_x=ma\cos\theta$，$F_y=ma\sin\theta$。

（2）重力：$G=mg$，$G_x=mg\sin\alpha$，$G_y=mg\cos\alpha$。

（3）摩擦力：$f=\mu mg$，$f_x=\mu mg\cos\alpha$，$f_y=0$。

矿粒运动微分方程为：

（1）x 方向力：

$$m\frac{\mathrm{d}v_x}{\mathrm{d}t}=F_x+G_x+f_x$$

$$=ma\cos\theta+mg\sin\alpha-\mu mg\cos\alpha \tag{8-2}$$

式中　ma——激振器使矿粒产生的惯性力；

μ——床面与颗粒间的运动摩擦系数；

G——重力；

a——加速度；

m——物料的质量；

α——床面与水平线夹角；

θ——激振力与床面夹角；

g——重力加速度。

当 $m\frac{dv_x}{dt}=0$ 时，$F_x=f_x-G_x$，$ma\cos\theta=\mu mg\cdot\cos\alpha-mg\sin\alpha$，则临界加速度 $a_c=g\frac{\mu\cos\alpha-\sin\alpha}{\cos\theta}$。

已知矿粒与床面的运动摩擦系数和横向坡度及激振器和风选床的夹角即可得矿粒运动所需临界加速度，进而可求出床面产生的惯性力或在已知惯性力、床面横向坡度和激振器振动角的条件下求得矿粒运动速度。

可见，a 的值与 α、θ、μ 有关。分选床角度的调整及激振器角度的调整对干法末煤跳汰机处理能力具有重要的作用。μ 是在选择筛板材料时需要考虑的系数。

（2）y 方向力：

$$m\frac{dv_y}{dt}=F_y-G_y \tag{8-3}$$

当 $m\frac{dv_y}{dt}=0$ 时，$F_y=G_y$，$a\sin\theta=g\cos\alpha$，$a_c=g\frac{\cos\alpha}{\sin\theta}$。

可见向上的 a 与 α、θ 同样有很大的关系，如果振动角和分选床角不同，当 $\sin\theta$ 小时，a 就大，物料便于松散且可达到高的质量，这就是分选床体两侧加振动电机可调角度的原因。

8.3.4.2　矿粒群的松散与分层

在无风的干式跳汰机中，不同密度矿粒依靠位能降低的原理而分层，这样就不可避免使矿粒形成一种类似筛孔可变的筛子一样的分层，造成离析分层。即密度大的矿粒因其局部重力压强大而力图向下，密度小的矿粒则被排挤入上层，但密度虽小而粒度也小的矿粒却漏到底层。

在分选床底部加适量脉冲风，一方面加强了矿粒松散，另一方面加强分层，使小而轻的煤被风力推向表层。综合作用的结果是使分选过程趋于完善，从而使矿粒按密度分层。

8.4　干法末煤跳汰机的分选效果

8.4.1　脱硫效果

干法末煤跳汰机的脱硫效果见表 8-2。

表 8-2 脱硫效果 (%)

单 位	原煤		精煤		中煤		矸石		脱硫率
	产率	全硫	产率	全硫	产率	全硫	产率	全硫	
山西马口煤矿	100	0.74	69.19	0.45	9.8	0.44	21.09	1.84	57.93
内蒙古罕台煤矿	100	1.51	89.54	0.34	2.79	2.28	7.68	14.97	80.13
重庆壁山煤矿	100	2.07	60.00	1.46	5.0	2.28	35.00	5.08	57.68

脱硫效果计算:

(1) 降硫率: 选后产品（一般指精煤）中的硫分比原煤中的硫分降低的百分数。

$$\eta_s = \frac{S_{d\cdot f} - S_{d\cdot c}}{S_{d\cdot f}} \times 100\% \tag{8-4}$$

(2) 脱硫率: 经过分选脱除的硫量占原煤中的总硫量的百分数。

$$\eta_{ds} = \frac{100\% \times S_{d\cdot f} - \gamma_c S_{d\cdot c}}{100\% S_{d\cdot f}} \times 100\% \tag{8-5}$$

(3) 脱硫完善指数: 评价不同条件下脱硫效果的综合性指标。

$$\eta_{ws} = \frac{\gamma_c (S_{d\cdot f} - S_{d\cdot c})}{S_{d\cdot f}(100\% - A_{d\cdot f} - S_{d\cdot f})} \times 100\% \tag{8-6}$$

式中 $S_{d\cdot f}$——原料煤干基硫分,%;

$S_{d\cdot c}$——精煤干基硫分,%;

$A_{d\cdot f}$——原料煤干基灰分,%;

γ_c——精煤产率,%。

8.4.2 降灰效果

干法末煤跳汰机分选不同煤抽样检查结果见表 8-3。

表 8-3 分选不同煤抽样检查结果

煤矿名称	煤种	粒度级 /mm	外在水分 /%	原煤灰分 /%	精煤		中煤		矸石	
					产率 /%	灰分 /%	产率 /%	灰分 /%	产率 /%	灰分 /%
俄罗斯吉玛煤矿	焦煤	13~0	7.29	19.75	77.49	9.10	7.50	28.43	15.01	70.41
河北林南仓煤矿	动力煤	13~0	7.81	42.53	58.73	27.26	21.93	54.88	19.39	73.47
山西和顺煤矿	动力煤	13~0	7.17	35.85	60.97	20.71	20.90	46.27	18.13	74.73
平 均			7.42	32.71		19.02		43.19		72.87

8.4.3　单机考察分选效果

8.4.3.1　分选效果

TFX-6 型干法末煤跳汰机在原煤外在水分为 7.29%，生产能力为 75t/h 的工作条件下取得的单机检查结果见表 8-4～表 8-6。相应可选性曲线如图 8-8 所示，相应分配曲线如图 8-9 所示，可能偏差及数量效率计算结果见表 8-7。从中可以看出：干法末煤跳汰机的可能偏差 $E=0.203$，不完善度 $I=0.11$，数量效率 $\eta=89.53\%$，效果比较理想。

表 8-4　单机检查煤样粒度组成

粒度级/mm	产率/%	灰分/%
13～1	86.80	18.75
<1	13.20	30.61
合　计	100.00	20.32

表 8-5　单机检查煤样 13～1mm 粒级密度组成

密度级 /kg·L^{-1}	密度组成		累　计	
	占本级产率/%	灰分/%	占本级产率/%	灰分/%
<1.3	21.95	3.29	21.95	3.29
1.3～1.4	55.68	4.33	77.63	4.04
1.4～1.5	2.73	16.45	80.36	4.46
1.5～1.6	1.13	27.69	81.49	4.78
1.6～1.7	0.84	35.97	82.33	5.10
1.7～1.8	0.73	45.82	83.06	5.46
<1.8	16.94	83.93	100.00	18.75
合　计	100.00	18.75		

表 8-6　各产品密度组成

密度级 /kg·L^{-1}	精煤			中煤			矸石		
	占全级产率/%	占本级产率/%	灰分/%	占全级产率/%	占本级产率/%	灰分/%	占全级产率/%	占本级产率/%	灰分/%
<1.3	18.89	28.30	3.28	0.08	1.21	4.54	0.08	0.59	4.47
1.3～1.4	42.01	62.95	4.28	4.27	59.64	3.98	2.05	15.91	6.13
1.4～1.5	1.92	2.88	16.36	0.27	3.74	14.68	0.17	1.29	20.52
1.5～1.6	0.65	0.97	26.98	0.18	2.52	24.13	0.16	1.24	34.52

续表 8-6

密度级 /kg·L^{-1}	精煤			中煤			矸石		
	占全级产率/%	占本级产率/%	灰分/%	占全级产率/%	占本级产率/%	灰分/%	占全级产率/%	占本级产率/%	灰分/%
1.6~1.7	0.60	0.90	35.85	0.12	1.72	36.33	0.01	0.10	37.75
1.7~1.8	0.31	0.46	45.58	0.18	2.52	45.54	0.14	1.09	46.70
<1.8	2.36	3.54	78.95	2.05	28.64	83.17	10.30	79.78	85.22
合计	66.74	100.00	7.67	7.15	100.00	29.18	12.91	100.00	70.22

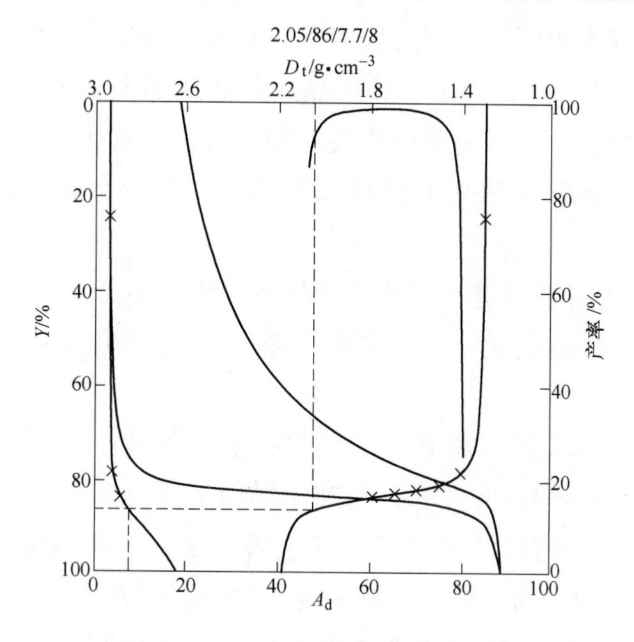

图 8-8 13~1mm 粒级可选性曲线

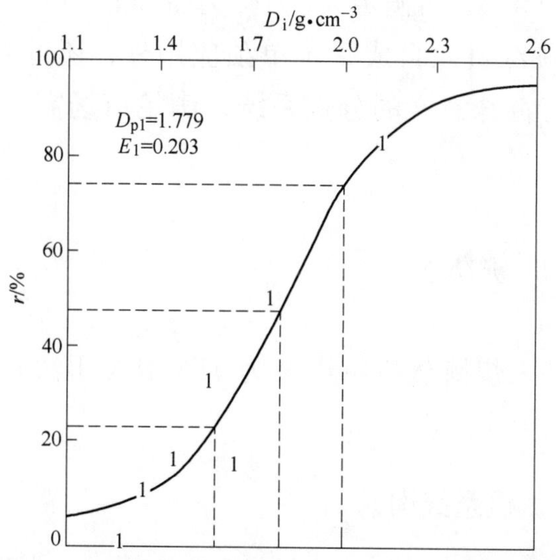

图 8-9 精煤+中煤、矸石（13~1mm）分配曲线

表 8-7　单机检查可能偏差及数量效率计算结果

精煤灰分 /%	可能偏差 E /kg · L^{-1}	不完善度 I	实际产率 /%	理论产率 /%	数量效率 /%
7.67	0.203	0.11	76.89	85.88	89.53

8.4.3.2　干法末煤跳汰机特点

干法末煤跳汰机特点为：

（1）该型跳汰机是专门针对末煤干选而研发的新产品。分选原理同湿式跳汰机分选原理基本相同，不同之处为介质是风。分选床体纵向加长，宽长比为 2，分选床体分 4 个区，产出 4 种产品。分选床加人工床层，并且分选床有大风室内置小风室。分选床的激振原为八级电机，分选床吊挂在钢结构上，主机的电机加变频器。鼓风采用开路供清风系统，确保分选床的床层风量的稳定性。

（2）该设备适用于分选粒度小于 13mm、外水小于 8%的末煤。分选13~1mm 粒级原煤，可能偏差 $E=0.203$ 左右，不完善度 $I=0.11$，数量效率 $\eta=89.53\%$左右。

（3）全套干法末煤跳汰机系统的估算投资为每吨原煤 2.34 元左右，生产电耗为每吨原煤 1.08kW · h 左右，每吨原煤加工费为 1.35 元左右。

（4）鼓风采用开路供清风系统，除尘采用旋风、布袋除尘器及引风机串联开路除尘系统，效率高，尾气排放浓度为 17mg/m^{3}左右。

（5）该设备现已形成具有 4 个规格的系列产品，TFX-9 型干法末煤跳汰机单台处理能力可达 135t/h，可满足大、中、小企业的需要。

（6）干法末煤跳汰机除自成系统单独应用外，还可与其他设备构成块、末煤联合干选等具有特殊意义的分选系统，满足市场需要，具有光明的发展前景。

8.5　大型干法末煤跳汰机

两台 TFX-9 干法末煤跳汰机可组合为 TFX-18A 干法末煤跳汰机，处理能力为 270t/h，可满足大企业需要。

8.5.1　干法末煤跳汰机系统构成

干法末煤跳汰机分选系统包括干法末煤跳汰机、给料系统、供风系统、除尘系统、集尘卸灰系统、排料系统等，是一个完整的干法分选系统。TFX-18A 干法末煤跳汰设置布置如图 8-10 所示，系统结构外形如图 8-11 所示。

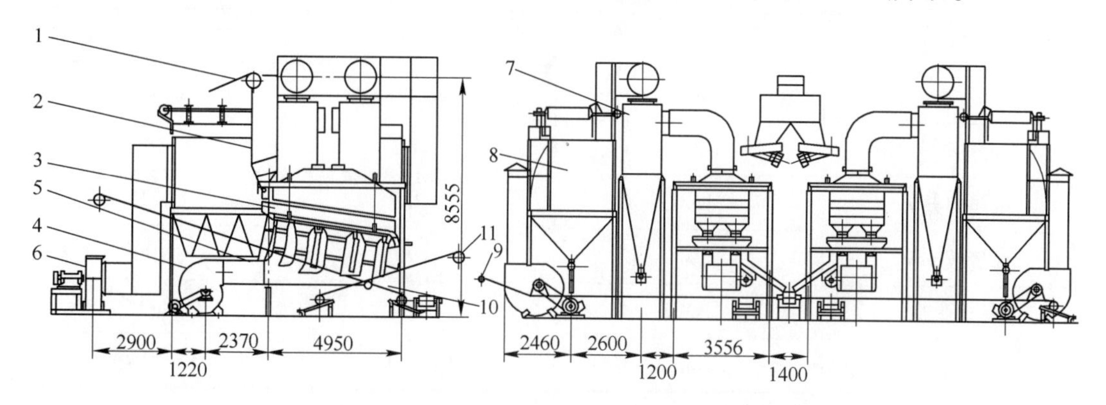

图 8-10　TFX-18A 干法末煤跳汰设备布置

1—入料皮带；2—原煤缓冲仓；3—跳汰干选机；4—主风机；5—鼓风筒；6—引风机；7—旋风除尘器；8—袋式除尘器；9—精煤皮带；10—中煤皮带；11—矸石皮带

图 8-11　TFX-18A 干法末煤跳汰系统结构外形（平朔东露天矿）

8.5.2　干法末煤跳汰机的技术特征

干法末煤跳汰机技术特征见表 8-8。

表 8-8　干法末煤跳汰机技术特征

型号	单位	TFX-9	TFX-18A
分选床面积	m^2	9	18
处理能力	t/h	<130	200~280

续表 8-8

型号	单位	TFX-9	TFX-18A
入料粒度	mm	13（或 25）~0	13（或 25）~0
有效分选粒度	mm	13（或 25）~1	13（或 25）~1
入料外水	%	<8	<8
可能偏差 E	kg/L	0.225	0.225
数量效率 η	%	≤90	≤90
驱动功率	kW	180	360
外形尺寸（长×宽×高）	m×m×m	10×9×9	15×21×9

注：制造厂家为唐山开远科技有限公司。

8.5.3　干法末煤跳汰机的分选效果

为了测定 TFX-9 干法末煤跳汰机的分选效果，进行了单机抽样检查。在原煤生产能力为 135t/h 的工作条件下取得的单机检查结果见表 8-9~表 8-12。相应可选性曲线如图 8-12 所示，相应分配曲线如图 8-13 所示，可能偏差及数量效率计算结果见表 8-13。从中可以看出：干法末煤跳汰机的可能偏差 $E=0.225$，不完善度 $I=0.118$，数量效率 $\eta=89.18\%$，效果比较理想。

8.5.3.1　13~0mm 粒级煤的分选效果

13~0mm 粒级煤的分选效果见表 8-9。

表 8-9　各产品的分选效果

名称	灰分/%	产率/%
精煤	19.21	75.8
中煤	34.23	13.05
尾煤 2	74.59	4.73
尾煤 1	78.04	6.42
合计	27.57	100
原煤	28.84	

8.5.3.2　各粒级煤的分选效果

各粒级煤的分选效果见表 8-10。

表 8-10 各粒级煤的分选效果 (%)

项目	1~0mm			3~1mm			13~3mm			合计	
	占全级产率	占本级产率	灰分 A_d	占全级产率	占本级产率	灰分 A_d	占全级产率	占本级产率	灰分 A_d	占全级产率	灰分 A_d
精煤	29.97	97.37	26.36	19.18	88.27	19.27	26.65	56.12	14.37	75.8	20.36
中煤	0.62	2.02	34.74	2.06	9.48	50	10.37	21.83	32.4	13.05	35.33
尾煤 2	0.09	0.29	43.12	0.38	1.75	75.59	4.26	8.97	73.16	4.73	72.94
尾煤 1	0.1	0.32	40.69	0.11	0.5	71.18	6.21	13.08	77.27	6.42	76.64
合计	30.78	100	26.64	21.73	100	23.47	47.49	100	31.82	100	28.41

分析表 8-10 可知：3~1mm 粒级原煤灰分 23.47%，精煤灰分 19.27%，降低 4.02%灰分；13~3mm 分析原煤 31.82%，精煤灰分 14.37%，降 17.45%灰分，效果明显；1~0mm 分析原煤 26.64%，精煤灰分 26.36%，降 0.3%灰分，基本没有分选效果。

8.5.3.3 13~3mm 粒级产品的浮沉分选效果

A 13~3mm 粒级原煤可选性

13~3mm 粒级原煤浮沉组成见表 8-11。13~3mm 粒级原煤可选性曲线如图 8-12 所示。

表 8-11 13~3mm 粒级原煤浮沉组成

密度级 /kg · L^{-1}	计算原煤 13~3mm			
	产率 γ/%	灰分 A_d/%	累计产率/%	累计灰分/%
<1.4	57.92	8.870	57.92	8.87
1.4~1.5	15.68	18.430	73.60	10.91
1.5~1.6	5.26	28.920	78.86	12.11
1.6~1.7	3.54	37.920	82.40	13.22
1.7~1.8	1.25	46.790	83.65	13.72
1.8~2.0	2.88	57.040	86.53	15.16
>2.0	13.48	81.930	100.01	24.16
合 计	100.00			

B 13~3mm 粒级产品的浮沉效果

13~3mm 粒级产品的浮沉效果见表 8-12，分配曲线如图 8-13 所示。干法末煤跳汰机单机检查可能偏差及数量效率计算结果见表 8-13。

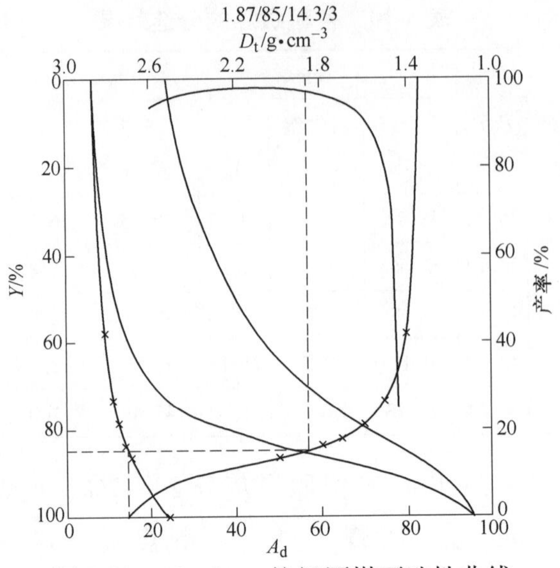

图 8-12　13~3mm 粒级原煤可选性曲线

表 8-12　13~3mm 粒级产品的浮沉试验效果

密度级 /kg · L^{-1}	精煤		中煤		尾煤 2		尾煤 1		原煤	
	产率 /%	灰分 /%	产率 /%	灰分 /%	产率 /%	灰分 /%	产率 /%	灰分 /%	产率 /%	灰分 /%
<1. 4	68. 55	8. 09	43. 59	9. 290	2. 54	13. 040	2. 37	9. 290	57. 92	8. 36
1. 4~1. 5	18. 35	16. 69	11. 91	18. 360	2. 34	16. 550	1. 58	15. 380	15. 68	16. 99
1. 5~1. 6	5. 24	28. 68	8. 55	28. 790	1. 95	29. 060	1. 19	28. 700	5. 26	28. 73
1. 6~1. 7	3. 41	38. 13	5. 8	37. 860	2. 93	37. 360	0. 92	37. 750	3. 54	37. 97
1. 7~1. 8	0. 65	45. 38	4. 04	45. 710	3. 32	45. 720	1. 06	44. 040	1. 25	45. 5
1. 8~2. 0	1. 83	57. 73	5. 8	57. 010	8. 79	60. 340	5. 01	59. 940	2. 88	58. 42
>2. 0	1. 97	79. 32	20. 31	80. 470	78. 13	82. 270	87. 87	82. 510	13. 48	81. 92
合计	100	14. 33	100. 000	32. 39	100. 000	73. 48	100. 000	77. 12	100. 00	31. 8

从表 8-12 可见，尾煤含小于 1. 5 的密度级的矸石等杂质占 0. 45/10. 47 = 4. 3%，精煤含大于 1. 8 密度级的矸石等杂质占 1. 02/26. 65 = 3. 82%，可能偏差 E=0. 225，不完善度 I=0. 118，效果较好。

表 8-13　干法末煤跳汰机单机检查可能偏差及数量效率计算结果

精煤灰分 /%	可能偏差 E /kg · L^{-1}	不完善度 I	实际产率 /%	理论产率 /%	数量效率 /%
14. 43	0. 225	0. 118	75. 8	85	89. 18

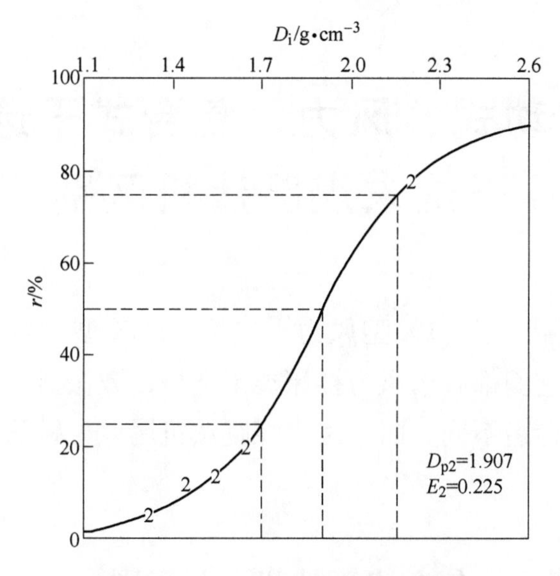

图 8-13　13～3mm 粒级分配曲线

9　差动式、风力、复合式干选机与干法末煤跳汰机区别

CFX 型差动式干选机、FX 型风力干选机、FGX 型复合式干选机的物料在分选床侧部排料，它们都属于风力摇床类干选机，激振器、分选床体及床体坐落形式不同，因而命名不同。而干法末煤跳汰机属风力跳汰类干选机，物料在分选床底部排料。

9.1　差动式、风力、复合式干选机之间区别

9.1.1　摇床类干选机结构

9.1.1.1　激振器结构

三种振动结构的分析：

（1）CFX 型差动式干选机传动结构（见图 9-1（a））。一根同步双齿皮带传动 4 根带偏心块的轴齿轮，大小偏重块对称；传动比 $i=2$，偏距比为 4.5，使得分选床面产生差动作用，有利于搬运速度加快。振动方向与床面有角度。

（2）FX 型风力干选机传动结构（见图 9-1（b））。两个齿轮与带两个大小不同偏重块的轴联接，即有两个大小不同方向相反的圆运动，实际是椭圆振动。四连杆传动装置把激振器与分选床联接，激振器以 45°向上传力，产生线性惯性运动，即直线运动。

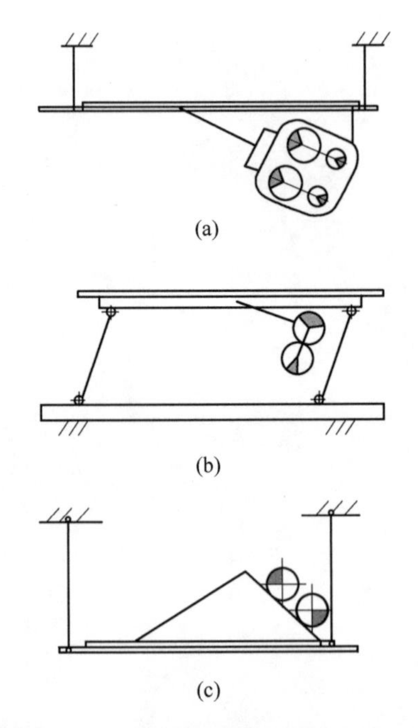

图 9-1　三种干选机传动结构示意图
（a）差动式干选机传动结构；
（b）风力干选机传动结构；
（c）复合式干选机传动结构

（3）FGX 型复合式干选机传动结构（见图 9-1（c））。两个相同振动电机偏重块夹角一样，同时向相反方向转动，使床体产生

往复直线运动。

9.1.1.2 分选床体结构

三种摇床类干选设备的分选床体结构区别见表 9-1。

表 9-1 三种摇床类干选机的分选床体结构区别

名称	激振器			床面			分选床		
	激振源	运动规律	床面振幅-振动频率	形状	筛板	隔条高度和分选床层厚度	入料方向与振动方向	分选过程	分选床空间状态和层次
CFX-12 差动式干选机	同步带传动差动式激振器，偏距比为 4.5 的两组偏心块通过同步带和传动比为 2 的齿轮传动，使其形成后退的合力大于前进的合力的差动式振动	直线运动前后不对称运动	16~22mm -300~400 r/min（可调）	长方形	由多块 340mm×480mm 带有倒锯齿形橡胶筛板组成	隔条高度 170~40mm，床层厚	一致	分选过程长	悬挂分选床，整机振动小，基础小，可做双层
FX-12 风力干选机	四联杆结构传动激振器，两根轴带有两个大小不同的偏心块（偏距比 4.5，两个齿轮传动比为 1），通过力的叠加产生振动	直线运动椭圆振动前后对称运动	16~20mm-300~400 r/min（可调）	长方形	由多块 340mm×480mm 带有倒锯齿形橡胶筛板组成	隔条高度 170~40mm，床层厚	一致	分选过程长	分选床坐落支撑，整机振动大，水泥基础大，只能做单层
FGX-12 复合式干选机	两个振动电机	前后对称直线运动直线振动	5~8mm（可调）-960r/min（不可调）	梯形	由一块 $12m^2$ 挂胶钢板制成	隔条高度 40mm，床层薄	垂直	分选过程短	悬挂分选床，整机振动小，基础小，可做双层

9.1.2　摇床类干选煤机性能及分选效果

9.1.2.1　设备性能

设备参数及适用范围见表9-2。

表 9-2　摇床类干选机参数及适用范围

技术指标	单位	CFX-12 型差动式干选机	FX-12 型风力干选机	FGX-12 型复合式干选机
分选面积	m^2	12	12	12
入料粒度	mm	<80	<80	<80
入料外水	%	≤10	<9	<9
处理能力	t/h	100～150	90～120	70～120
床面振幅	mm	<22（可调）	<20（可调）	<8（可调）
振动频率	min^{-1}	280～400（可调）	280～400（可调）	960（不调）
主机功率	kW	11	30	22

9.1.2.2　分选效果

设备分选效果见表9-3。

表 9-3　摇床类干选机分选效果

设备名称	有效分选粒度/mm	可能偏差 E/kg·L^{-1}	不完善度 I	数量效率 η/%	鉴定结果
CFX 型差动式干选机	75～6	0.17	0.08	94.4	国际先进（2008年中国煤炭协会鉴定）
FX 型风力干选机		0.25		—	外引数据
FGX 型复合式干选机	50～6	0.23	0.12	93.97	国内首创（1993年中国煤炭部鉴定）

9.1.3　摇床类干选机入料粒级范围

几种干选机都是通过分选床的振动和底部鼓入的气流使床面上的物料按比重分层，轻物料浮向床层的上层，重物料沉入床层的底部。分选床横向有一向下的倾角，轻物料在重力的作用下，自然下落首先流入溜槽的为精煤。较重物料在床面隔条和排料挡板的阻挡下，运动到床面尾部的排料端排出为尾煤，从而实现了轻、重物料的分离。

从摇床干选机工作原理分析可知，其不易分选细粒度物料，原因如下：

（1）分选床侧面排料。分选床上部的部分物料没有来得及分层就从侧面排到轻物料中，细粒级物料更是如此，无法沉入分选床上分层，这种排料方式造成细粒级分选的不合理性。

（2）有隔条。隔条能有效阻挡重物料排入轻物料中，但不利于细粒级物料返回再分选。

（3）筛孔直径大于5mm，对细粒级物料，风的分布不均。

（4）单层筛，风的分布不均。

（5）供风不是脉动风，则不利于物料的松散。

（6）入料点集中，细粒级物料散开速度更慢，分选效率低。

（7）入料范围较宽，风压、风量较大，粒度较小的重物料往往都被吹到床层的表层，从而随着轻物料排出了。这就是粒度小于13mm的物料基本没有得到分离的原因。

因此，摇床类干选机有效分选粒级范围为入料粒度小于75mm时，分选下限为13mm；入料粒度小于50mm时，分选下限为6mm。

9.2 差动式、风力、复合式干选机与干法末煤跳汰机区别

9.2.1 差动式、风力、复合式干选机

CFX型差动式、FX型风力、FGX型复合式三种干选机都属摇床干选类，有效分选粒度为75~13mm或50~6mm。因入料方式、分选床（激振器、分选床体的结构）及分选床所在空间的方式不同而命名不同。

这三种干选机应用于生产上，对于小于13（或6）mm的末煤的分选都存在着明显的不足。这主要是由于这几种干选机都是通过分选床的振动和底部鼓入的气流使床面上的物料按比重分层，轻物料浮向床层的上层，重物料沉入床层的底部；分选床横向有向下的倾角，轻物料在分选层上部，受重力的作用自然下落首先流入溜槽的为精煤。较重物料在床面隔条和排料挡板的阻挡下，运动到床面尾部的排料端排出为尾煤，从而实现轻、重物料的分离。

而其：（1）入料端到分选床精煤出料端近，首先分选床上部有的物料没有来得及分层，就排到轻物料中，细粒级物料更为如此，无法沉入分选床上分层，这种排料方式造成分选细粒级的不合理性；（2）有隔条，隔条能有效阻

挡重物料排入轻物料中，但不利于细粒级物料返回再分选；（3）筛孔直径6mm，对细粒级物料风的分布不均；（4）供风不是脉动风，不利于物料的松散；（5）入料点集中，细粒级物料散开速度更慢，分选效率低；（6）入料范围较宽，风压、风量较大，粒度较小的重物料往往都被吹到床层的表层，而随着轻物料排出了。这就是粒度小于13mm的物料基本没有得到分离的原因。

9.2.2 干法末煤跳汰机

风力跳汰机都有入料装置、带有传动装置的分选床、脉动供风装置、卸料装置、分选床固定方式用的装置等，因为这些装置的不同，出现了几种风力跳汰机。风力跳汰机的工作原理为：物料通过入料装置到带有振动装置的分选床，用脉动装置把脉动风供给分选床上的物料层，使得物料在重力、振动力、摩擦力和上升气流的压力下进行分层。重物料在分选层下部，床底的卸料装置及时把重物料排出；较轻物料在分选层上层，再进行下一步程序分选，直到重、中、轻物料分离排出。

几种风力跳汰机的不同之处在于如何使入料均匀，如何使分选床上的物料按照重、中、轻进行稳定的分层，采取何种供风方式能使得物料分层速度加快，卸料装置如何能排放均匀稳定，分选床在空间的方式是吊挂还是坐落，而这些都是决定设备性能的关键。

TFX-9型干法末煤跳汰机吸收了国外三种风力跳汰机的优点，并结合分选13（或25）~0mm粒级的末煤实践，采取了一系列改进措施。

（1）风量、风压的均匀和稳定措施：1）上层的筛板与下层小箱体的筛板夹角7.5°，之间加瓷球，克服了下端物料厚、上端物料薄的供风不均的问题。上层的不锈钢筛板孔径为1.5mm；2）分选室的每个大风室要有n个可控小风室，分别进行风量调节；3）分选床上装有摊平装置，确保物料的厚度均匀；4）星形卸料装置与舌头调节堰接料装置分别装在分选床上，确保卸料的稳定性。

（2）被选物料的松散措施：1）分选床体两侧装有带变频的8级振动电机，分选床面与激振力方向的角度可调节，物料的性质变化，而角度随时调整，同时也起搬运物料的作用，也降低了主机的高度；2）脉动供清风给分选床，不堵筛孔，有利于分散，即便物料含水量偏大也可选；3）分选床上的振动电机加变频器，可调振幅、振动频率，需根据煤质变化调节。

（3）使分选床运动平稳和料层稳定的措施：1）分选床体悬挂在钢结构架

上，振动小，运行平稳，同时分选床根据物料运行状况调节分选床体的角度，以确保物料的分层厚度；2）同时也吸取了其他跳汰干选机的优点，如脉动供风，分选床体长宽比例加大，多段分选出多种产品，分选床体用柔性悬挂装置将分选床吊在钢结构上。

（4）使给料稳定和均匀的措施：入料仓要集满，入料仓上装有星形卸料装置，星形卸料装置长度与分选床面宽度一样。

（5）供引风：采用开路脉动供清风，开路除尘引风，除尘效果好。

（6）自控：干法末煤跳汰机成套整体PLC控制，跳汰机上的电机均加变频器控制。

TFX-9型干法末煤跳汰机的特点：

（1）适应性强。入料粒度为13（或25）~0mm，外在水分不大于8%。

（2）分选效果好。有效分选粒度13~1mm，可能偏差$E=0.238$，数量效率$\eta\leqslant 90\%$。

（3）处理能力大。单位面积处理能力为14t/（m^2·h），单台处理能力可达135t/h。

（4）耗能小。用风量仅为传统风选的1/3以下，吨煤耗电1.08kW·h。

（5）经济效益。每吨原煤投资2.29元，每吨原煤加工费1.35元。

（6）环保达标。尾气排放浓度17mg/m^3。

9.2.3 干法末煤跳汰机与差动式、风力、复合式干选机区别

干法末煤跳汰机与差动式、风力、复合式干选机结构见表9-4。干法末煤跳汰机与差动式、风力、复合式干选机技术特征见表9-5。

表9-4 干法末煤跳汰机与差动式、风力、复合式干选机结构

<table>
<tr><th colspan="2" rowspan="3">设备名称</th><th rowspan="3">分选排料方式</th><th colspan="2">入料方式</th><th colspan="5">分选床</th><th colspan="2">供风方式</th></tr>
<tr><th rowspan="2">入料方向与振动方向</th><th rowspan="2">宽度/mm</th><th colspan="2">筛板</th><th rowspan="2">摊平</th><th rowspan="2">隔条/mm</th><th rowspan="2">卸料</th><th rowspan="2">恒定/脉动</th><th rowspan="2">开路/闭路</th></tr>
<tr><th>孔径/mm</th><th>层</th></tr>
<tr><td>干法末煤跳汰</td><td>TFX-9型干法末煤跳汰机</td><td>垂直下料</td><td>一致</td><td>2000（入料宽与床体宽一样）</td><td>1.5</td><td>4</td><td>有</td><td>50（无隔条/有挡板）</td><td>星形（下部）</td><td>脉动</td><td>开路</td></tr>
</table>

续表 9-4

设备名称		分选排料方式	入料方式		分选床						供风方式	
			入料方向与振动方向	宽度/mm	筛板		摊平	隔条/mm	卸料		恒定/脉动	开路/闭路
					孔径/mm	层						
摇床类干选	CFX-12型差动式干选机	侧部	一致	700（较集中）	5	1（胶）	无	170	挡板（侧部）		恒定	闭路
	FX-12型风力式干选机	侧部	一致	700（较集中）	5	1（胶）	无	170	挡板（侧部）		恒定	闭路
	FGX-12型复合式干选机	侧部	垂直	700（较集中）	5	1（挂胶）	无	40	挡板（侧部）		恒定	闭路

表 9-5 干法末煤跳汰机与差动式、风力、复合式干选机技术特征

设备名称		适应范围		处理能力/t·m^{-2}·h^{-1}	效果			电耗/kW·t^{-1}	经济效益（元/吨）		除尘效果/mg·m^{-3}	备注
		粒度/mm	水分/%		可能偏差 E/kg·L^{-1}	不完善度 I	数量效率/%		投资	运行成本		
干法末煤跳汰	TFX-9型干法末煤跳汰机	13~1 或 25~3	<8	14	0.225	0.118	89.18	1.08	2.29	1.35	17	国际先进（2015年中国煤炭协会鉴定）
摇床类干选	CFX-12型差动式干选机	75~13 或 50~6	<8	11	0.17	0.08	94.4	2.23	3.2	2.56	6.45	
	FX-12型风力干选机	75~13 或 50~6	<8	10	0.25							
	FGX-12型复合式干选机	75~13 或 50~6	<8	9	0.23	0.12	93.79	2.67	3.5	3.0		

10　影响分选效果的因素及分选效果的预测

10.1　影响分选效果的因素

影响干法选煤分选效果的因素有入选原煤性质、操作条件和用户对煤质的要求。

10.1.1　入选原煤性质对分选效果的影响

10.1.1.1　原煤的外在水分

原煤的外在水分（或称表面水分）对干法选煤分选效果影响较大，而内在水分影响很小。当外在水分过高时，入选物料颗粒间黏度增加，使粒度较小的煤和矸石难以分离，尤其是原煤中含易泥化的泥质页岩、泥岩等黏土质矿物较多时，更易结团，难以分离。曾用灵新矿原煤做了不同外在水分对干法选煤分选效果影响的试验，其结果见表10-1，同一原煤不同外在水分对干选产品的影响如图10-1所示。

表10-1　灵新矿煤样加入不同外在水后干选试验结果　　（%）

入选原煤水分		精煤		矸石		计算原煤
外在水分 M_f	全水 M_t	产率	灰分	产率	灰分	灰分
1.29	11.64	89.27	7.82	10.73	78.67	15.42
6.30	18.14	88.71	7.95	11.29	73.19	15.32
7.89	19.65	90.29	9.98	9.71	71.81	15.98
9.50	21.07	91.51	11.07	8.49	67.05	15.82
11.13	22.58	92.99	12.04	7.01	66.11	15.83
13.47	24.99	94.17	12.43	5.83	65.47	15.53

从试验结果看出：

（1）在入选原煤含泥质岩较少的情况下，原煤外在水分增加会使干选精煤产品灰分增加，矸石产品灰分降低。这说明小粒度矸石和煤对产品的污染加重。

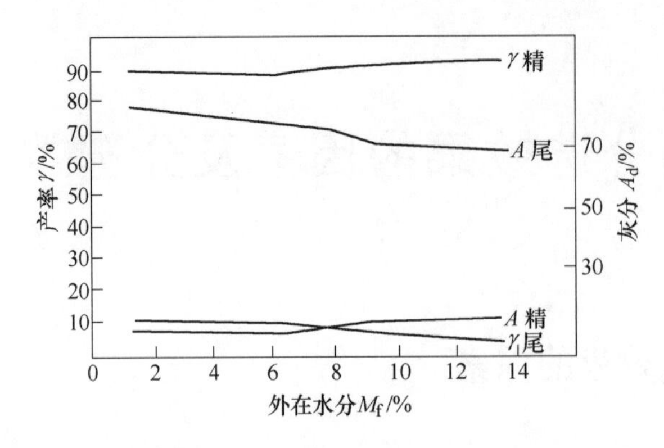

图 10-1　同一原煤不同外在水分对干选产品的影响

（2）原煤外在水分小于6%时，对分选效果基本没有影响，外在水分大于10%时，分选效果明显变差，因此要求干选原煤外在水分小于9%，最好小于7%。

（3）入选原煤的内在水分对干选效果影响较小，灵新矿原煤内在水分最低已达到10.35%。对于煤化程度较低的褐煤内水一般在20%左右，不影响干选效果。由于矸石为泥化严重的泥岩，所以进入干选的原煤的外在水分要求小于7%为宜。

10.1.1.2　**入选原煤的粒度**

摇床类干选机适于分选的粒度范围较广，主要用于分选混煤（80~0mm，50~0mm）、块煤（80~50mm，80~35mm，80~25mm）；跳汰干选机适于分选末煤（13~0mm，25~0mm）、粉煤（6~0mm）。对于各种不同粒度级范围的原煤分选，要求干选机具有与之相适应的设备结构参数和工艺参数。

A　混煤分选

摇床干选机入选原煤粒度上限定为80mm，原煤中超过80mm的大块含量多会对干选机造成不利影响，使床层松散度差，流动性差，易产生堵塞，致使干选机分选效果、处理能力都受到影响。因此，将干选机入选原煤粒度范围确定为80~0mm。由于原煤所含矸石种类、硬度不同，矸石在不同粒级原煤中的含量差异较大。常见的矸石有泥岩、炭质页岩、黏土岩、砂岩等，硬度大的矸石如砂岩不易破碎，往往存在于原煤中的大粒度级别中，容易选出；如果是泥岩，较软易碎，则会均匀分布在各粒度级别中。

混煤干选就是在较宽的粒度级别中将矸石分离出来。摇床类干选机分选的粒度下限是13（或6）mm，在水分较高、可选性较差时分选粒度下限会更高，就是说入选原煤粒度为80~0mm，其中13~0mm粒级不能有效分选。

FGX 型复合干选 50~0mm 混煤，各粒级分选效果见表 10-2。

表 10-2 某矿干选产品筛分试验结果（入料粒度 50~0mm）

粒级/mm	精煤				尾煤				计算原煤		绝对降灰量/%
	占精煤/%	占粒级/%	占全样/%	灰分/%	占尾煤/%	占粒级/%	占全样/%	灰分/%	占全样/%	灰分/%	
+6	57.49	83.62	51.36	8.10	94.25	16.38	10.06	82.52	61.42	20.29	12.19
6~3	17.52	96.96	15.65	7.86	4.60	3.04	0.49	45.57	16.14	9.00	1.14
3~0	24.99	99.47	22.32	8.74	1.15	0.53	0.12	41.92	22.44	8.92	0.18
合计	100.0		89.33	8.22	100.0		10.67	80.37	100.0	15.92	7.70

50~6mm 粒级分选结果为灰分降低 12.19%；6~3mm 粒级分选作用很小，其绝对降灰量在 1.14%；小于 3mm 粒级的物料降灰量为 0.18%，没有分选作用。

B 块煤分选

部分煤炭企业应用摇床类干选机分选块煤，以代替人工捡矸，还有部分煤炭企业用摇床类干选机分选块煤，用选后块煤进行中低温干馏，产出半焦（兰炭）。由于大块之间缝隙大，上升气流由缝隙吹出，造成风流短路，物料床层得不到松散，物料流动性差，从而造成床层厚度大，分选效果差。

因此，摇床类干选机分选块煤时，干选机的结构参数、操作参数都需要作相应调整，才能得到较好的分选效果。其中，增加主风机风量、风压，提高振动电机激振力，床面增设部分隔条，减少给料量是几项主要措施。

C 末煤分选

末煤粒度一般是 13~0mm，原动力煤选煤厂按 13mm 分级，大于 13mm 入洗，小于 13mm 末煤洗选成本高，基本不再分选加工。有部分煤矿生产的原煤易碎，小于 13mm 的末煤量大，占 70%~80%以上，需要对末煤进行干选。干法末煤跳汰机自身结构是为分选末煤而设计：（1）入料、卸料用星形刮板机，长度与分选床面宽度一样，均匀稳定；（2）分选床三筛板加瓷球，上层筛板孔径 1.5mm，分选室有多个可控小风室，分选床有摊平装置，使得风量、风压均匀和稳定；（3）分选床体装有 8 级振动电机，脉动供清风有利物料松散；（4）物料到分选床面分层后能及时排出，多段分选出多种产品不易混杂。

根据含水量、粒度组成、易选程度的煤质变化，进行影响分选因素装置调节。一般小粒物是小风量、主机振动频率高、分选床层薄、入料量少、鼓风脉动频率高、卸料速度慢。

10.1.1.3 原煤的可选性及含矸量

A 可选性

根据国家标准“煤炭可选性评定方法”的规定，按照分选难易程度，把煤炭划分为五个等级，各等级的名称及 $\delta\pm0.1$ 含量指标见表 10-3。

表 10-3 煤炭可选性等级的划分指标

$\delta\pm0.1$ 含量/%	可选性等级
≤10.0	易选
10.1~20.0	中等可选
20.1~30.0	较难选
30.1~40.0	难选
>40.0	极难选

干法选煤适于动力煤排矸，分选密度在 1.8~2.1kg/L，这也是我国大部分煤炭中煤与矸石的分界密度。当分选密度为 1.8kg/L 时，按分选密度 $\delta_p\pm0.1$ 含量法评定原煤可选性，我国大部分煤炭矸石含量不大于 10%，属易选煤。摇床类干选机和干法末煤跳汰机属风力选煤，适于分选易选煤。因此用于原煤排矸都能取得较好的分选效果，排出的矸石纯度较高。

B 原煤含矸量

原煤中的含矸量对分选效果影响较大。原煤灰分相近时，原煤中含矸量越高，煤的内在灰分越低，干选效果越明显。我国原煤含矸量平均为 15%左右，近年来普遍推广的综采放顶煤开采方法使原煤中混入的矸石量增加，必须经过分选加工才能保证煤炭质量。

干选机分选含矸量为 5%~35%的原煤时，分选效果最好；含矸量小于 5%时，分选效果不明显；含矸量大于 35%会使精煤产品中的含矸量增加。

C 干选中煤

干选机排出的中煤与重介选煤的中煤产品含义不同，干选中煤带是干选机床面上形成的精煤带和矸石带中间的过渡带。这个中煤带是煤和矸石产品的混合带，中煤量约占 10%，如果将中煤分到矸石产品中就会使矸石带煤，而分到精煤中就会使精煤产品含矸，影响干选效果。在干法选煤生产中，有三种方法解决中煤去向：（1）中煤作为一种产品；（2）在发热量达到用户要求的情况下，中煤与精煤合并作为电煤；（3）中煤返回原煤进入干选机再选。

10.1.2 操作因素对分选效果的影响

目前干选机还不是自动化程度很高的选煤设备，其分选效果的好坏与操作人员的操作有很大关系。另外，干法选煤可以直接观察到床面上产品分带状况、产品质量状况、给料状况，便于人工操作。具体操作见 14.2。

10.1.2.1 摇床类干选机可操作条件

CFX 型差动式、FX 型风力、FGX 型复合式干选机共性操作条件有 6 项：

（1）床面的横向、纵向角度；（2）床面风力分布及风量大小；（3）排料挡板的高度；（4）给料量大小、均匀程度；（5）床面振幅（冲程）、振动频率（冲次）；（6）接料槽翻板角度（卸料装置速度）。

FGX 型复合式干选机除共性操作条件 6 项外另加一项：矸石门调节排矸口大小。

10.1.2.2 TFX 型干法末煤跳汰机可操作条件

TFX 型干法末煤跳汰机可操作条件有 6 项：（1）床面的纵向角度；（2）床面风力分布及风量大小；（3）接料挡板的高度；（4）给料量大小、均匀程度；（5）床面振幅、频率；（6）卸料装置速度。

对于分选不同煤质、不同粒度、不同水分、不同含矸量的入选原煤，需要调节各操作参数，使之与分选原煤性质相适应。各操作因素是相互关联、相辅相成的，如选块煤时需要振幅大、风量大、给料量少、床面横向角度小，排料挡板高。

对于煤质稳定、变化不大的情况，不需要经常调节，保持一套最佳操作参数配合即可。

10.1.3 用户对干选产品质量要求

干法选煤的目的是提高商品煤质量，满足用户的要求。分选精度低于湿法选煤，因此采用干法选煤不能满足用户对干选产品的质量要求时，要从原煤性质、干选机分选精度两个方面全面考虑，不能简单认为达不到用户要求就是干选机分选效果不好。

用户对干选产品质量要求主要有以下几方面：

（1）排除原煤中的矸石，降低商品煤的灰分，提高商品煤的发热量。排除的矸石纯净基本不含煤。

（2）排除部分中、高硫煤中的硫铁矿，降低商品煤硫分。

（3）回收劣质煤和煤矸石中的煤炭，提高企业经济效益，减少煤矸石自燃带来的环境污染。

（4）与炼焦煤选煤厂配套，在矿井设干选系统预先排除出矸石，提高选煤厂效益。

10.2　分选效果的预测

干法选煤是否适于用户使用，分选效果是否能满足用户要求是决定是否使用干法选煤的先决条件。干法选煤设备制造厂设立干选试验车间和煤质化验室，用小型干选机对用户的生产煤样进行实际分选试验，从而取得干选效果的生产数据。可以比较准确地提供分选效果的各项数据及试验报告，作为领导决策的依据。

对于一些亟须使用干法选煤的煤炭企业，由于条件限制不能做干选试验，又不能提出生产煤样的筛分试验及浮沉试验报告，可以采用灰分量平衡法对干法选煤效果作简单的预算。但必须提供预算基础数据，包括原煤灰分、原煤含矸量、矸石灰分。

对于一些大型重点煤矿以及国外的煤矿，不能及时做干选试验，但可以提供生产原煤的筛分试验及浮沉试验报告，根据这些数据采用正态分布近似公式法预算，也可以得到比较接近实际生产的干选效果数据。以下分述两种干法选煤效果的预算方法。

10.2.1　灰分量平衡法

当用户要求干法选煤后只产出精煤（商品煤）、矸石两种产品时，用灰分量平衡法可计算产品产率。根据数量和质量平衡原则，干选机入料的产率应等于产品产率之和。设入料产率为 100%，则有：

$$\gamma_j + \gamma_w = 100\% \tag{10-1}$$

同理，产品灰分量之和应等于入料灰分量，即

$$\gamma_j A_j + \gamma_w A_w = 100\% A_y \tag{10-2}$$

式中，A_j、A_w、A_y为精煤、尾煤（矸石）、原煤的灰分，%；γ_j、γ_w为精煤、尾煤的产率，%。

解联立方程：

$$\gamma_j A_j + \gamma_w A_w = 100\% A_y \tag{10-3}$$

$$\gamma_j + \gamma_w = 100\% \tag{10-4}$$

得：
$$\gamma_j = \frac{A_w - A_y}{A_w - A_j} \times 100\% \tag{10-5}$$
$$\gamma_w = 100\% - \gamma_j \tag{10-6}$$

已知原煤、精煤、尾煤（矸石）的灰分，可根据式（10-5）和式（10-6）计算出各产品产率。当已知原煤灰分、原煤中含矸率（+1.8 密度级含量）、矸石灰分时，要根据干选经验，用灰分量平衡预算干选结果。

例如：已知某煤矿生产的原煤灰分 $A_y = 30\%$，原煤中+1.8kg/L 密度级矸石含量为 15%，灰分为 70%，计算干选效果。

根据干法选煤经验：（1）排出的矸石产品中含 20%中煤（包含中煤产品），中煤灰分近似原煤。（2）矸石产品的产率与原煤含量基本相同。

按这个经验，$\gamma_w = 15\%$，$A_{矸} = 70\%$，$A_{中} = A_y$。

计算过程如下：

矸石产品中，矸石的灰分量为：
$$\gamma_w \times 80\% \times A_{矸} = 15\% \times 0.8 \times 70\% = 8.4\% \tag{10-7}$$

在矸石产品中，中煤的灰分量为：
$$\gamma_w \times 20\% \times A_y = 15\% \times 0.2 \times 30\% = 0.9\% \tag{10-8}$$

精煤灰分量为 $(1-\gamma_w) \times A_j$；原煤灰分量为 $1 \times A_y$。按灰分量平衡原则，原煤灰分量=精煤灰分量+矸石产品灰分量，即
$$1 \times A_y = (1 - \gamma_w) \times A_j + \gamma_w \times 80\% \times A_{矸} + \gamma_w \times 20\% \times A_y \tag{10-9}$$

代入 A_y、γ_w、$A_{矸}$数据后，可得精煤灰分为：$A_j = (1\times30\% - 8.4\% - 0.9\%) \div (1-15\%) = 24.35\%$，精煤产率为 85%，矸石灰分为 $A_w = (8.4\% + 0.9\%) \div 15\% = 62\%$，矸石产品产率为 15%。

以上计算是根据干选经验的估算，比较粗糙、保守。实际生产中，中煤产品可返回干选机再选，不直接混入精煤或矸石产品中。

10.2.2　正态分布近似公式法

采用正态累计分布积分曲线作为重力选煤分配曲线的数学模型（近似公式法），已知入选原煤的浮沉试验结果，只要给定不完善度 I 值以及分选密度，便可从变换了的正态累计分布曲线上求出各密度级的分配率。

根据原煤浮沉试验中各密度级产率和灰分，查附表 2~附表 9 得出各密度级产品分配率，计算出选煤产品的产率和灰分。

近似公式法是目前设计部门应用较为普遍的一种预算方法。“煤炭洗选工

程设计规范”（GB 50399—2005）5.18 条规定：重力产品的计算，在有条件的情况下可采用实际分配率计算，不具备条件时采用正态分布近似法计算。

采用不完善度 I 值表示湿法重力选煤跳汰机或干选机的工作误差，可以避免可能偏差 E 值对分选密度 δ_p 的依赖关系。因为跳汰机或干选机分选过程中，可能偏差 E 值随着分选密度 δ_p 改变而变化。只要选定了分选密度 δ_p，并确定了不完善度 I 值就可以查附表 2～附表 9 得出分选产品在各密度级的分配率 ε 值。

这里需要说明干选机的 I 值与湿法跳汰机 I 值不同，跳汰机分选介质是水，密度为 1g/cm^3，而干选机分选介质是空气，密度近似为 0g/cm^3，故将可能偏差 E 值换算成不完善度 I 值：

$$I = \frac{E}{\delta_p - \Delta} \tag{10-10}$$

式中，Δ 为介质密度；水的密度为 1；空气的密度为 0。

湿式跳汰机：

$$I = \frac{E}{\delta_p - 1} \tag{10-11}$$

干选机：

$$I = \frac{E}{\delta_p} \tag{10-12}$$

干选机分配指标的制定：

（1）根据 I、δ_p、$\delta_{(平均)}$ 进行 t 值计算，t 值为中间计算值，根据 t 值查高斯积分表可得分配指标。其中，

湿式跳汰机：

$$t = \frac{1.553}{I}\lg\frac{\delta - 1}{\delta_p - 1} \tag{10-13}$$

干选机：

$$t = \frac{1.553}{I}\lg\frac{\delta}{\delta_p} \tag{10-14}$$

干选机 I 值由 0.08 到 0.15，δ_p 值由 1.70 到 2.40，$\delta_{平均}$ 由 1.2 到 2.35。

（2）算出 t 值后，查 t 为正值的分配指标表，见附表 1，从表中即得相应于平均密度级的分配指标。

（3）为便于应用，根据不同的不完善度 I 值和不同分选密度 δ_p 编制了若干组干选机分配指标表（见附表 2～附表 9），应用时按不同密度级查得相应的分配率 ε。

10.2.2.1 灵武矿务局灵新矿

FGX-3 型复合式干选系统，预算过程见表 10-4，预算结果与实际生产结果比较见表 10-5。

表 10-4 灵新矿干选原煤密度组成及产品预算过程

密度/kg · L^{-1}		原煤浮沉		预算结果（矸石段）$I=0.12$，$\delta_{p=1.8}$		
密度级	平均	产率/%	灰分/%	分配率/%	产率/%	灰分/%
-1.4	1.35	72.58	5.85	5.30	3.85	5.85
1.4~1.5	1.45	2.05	20.77	11.21	0.23	20.77
1.5~1.6	1.55	1.09	31.95	20.05	0.22	31.95
1.6~1.7	1.65	0.55	33.80	31.24	0.17	33.80
1.7~1.8	1.75	0.37	43.18	43.72	0.16	43.18
1.8~2.0	1.90	0.81	57.14	61.94	0.50	57.14
+2.0	2.25	22.55	86.86	89.52	20.19	86.86
合　计		100.00	25.41		25.32	72.25

表 10-5 灵新矿干选生产结果与预算结果比较 （%）

产品	实际生产		干选预算	
	产率	灰分	产率	灰分
精煤	74.36	9.79	74.68	9.53
矸石	25.64	69.44	25.32	72.25
原煤	100.00	25.03	100.00	25.41

根据复合式干选机性能，确定两产品分选的不完善度 $I=0.12$，分选密度 $\delta_{p=1.8}$，查分配指标表得各密度级分配率 ε，与入选原煤各密度级产率相乘，计算出矸石密度产率。再计算出矸石产品各密度级累计产率为 25.32%，灰分为 72.25%。用灰分量平衡算出精煤产品的灰分。

精煤产品灰分计算：

$$100\% \times 25.41\% = 25.32\% \times 72.25\% + (100\% - 25.32\%) \times A_d \qquad (10\text{-}15)$$

由式（10-15）得 $A_d=9.53\%$，精煤产率 $\gamma=74.68\%$。

10.2.2.2 某矿干选系统预算分选结果

某矿干选系统预算过程见表 10-6，预算比较见表 10-7。

表 10-6　某矿干选原煤密度组成及产品预算过程

密度/kg · L^{-1}		原煤浮沉		预算结果（矸石段）$I=0.12$，$\delta_{p=1.8}$		
密度级	平均	产率/%	灰分/%	分配率/%	产率/%	灰分/%
-1.4	1.35	70.77	5.00	2.62	1.85	5.00
1.4~1.5	1.45	2.43	27.28	7.24	0.18	27.28
1.5~1.6	1.55	0.68	40.93	15.69	0.11	40.93
1.6~1.7	1.65	0.44	39.93	27.86	0.12	39.93
1.7~1.8	1.75	0.51	46.57	42.47	0.22	46.57
+1.8	2.15	25.17	89.81	88.47	22.27	89.81
合　计		100.00	27.50		24.74	82.17

表 10-7　某矿干选生产结果与预算比较　（%）

产品	实际生产		干选预算	
	产率	灰分	产率	灰分
精煤	78.05	12.13	75.26	9.52
矸石	21.95	82.18	24.74	82.17
原煤	100.00	27.51	100.00	27.50

11 干法选煤成套设备产品的研发

干法选煤设备不断进行改进和创新，并开发出适应大、中、小型不同煤炭企业应用的33个规格型号的4种干选机系列产品，全部产品都在各类型煤矿成功应用。在新产品的研制开发过程中，不断吸取用户反馈的意见和建议，不断改进设备的性能，拓宽了干法选煤的应用范围。新产品的开发可按生产能力、结构形式、入选煤粒度、完善工艺性能、拓展其他用途五个方面进行分类：

11.1 不同处理能力的几种型号干选机

为了适应不同规模煤炭企业的需求，研制并开发生产能力从10t/h到480t/h的30种规格系列产品，包括CFX型差动式干选机9种，FGX型复合式干选机9种，FX型风力干选机5种，TFX型干法末煤跳汰干选机7种。

11.2 不同结构的几种型号干选机

按干选机结构形式开发出的单机型、组合型、移动型干选系统具体如下：

（1）CFX型差动式干选机已开发出单机型1型、3型、6型、9型、12型、24型6种，双机组合型18A型、24A型、48A型3种。

（2）FGX型复合式干选机已开发出单机型1型、3型、6型、9型、12型、24型6种，双机组合型18A型、24A型、48A型3种。

（3）FX型风力干选机已开发出单机型3型、6型、9型、12型4种，双机组合型24A型1种。

（4）TFX型干法末煤跳汰机已开发出单机型1型、3型、6型、9型4种，双机组合型12A型、18A型2种。

（5）移动型干选系统。对于大型露天贮煤场、煤矸石山，用户要求干选系统能在一处煤堆分选一段时间后可移动到另一处煤堆分选。为满足此要求，开发了可移动型干选系统，即将干选系统的设备、机架安装在一个有槽钢结构的底盘上，需要移动时拉动底盘即可在煤场内整体移动，而不需要拆卸再安装。这种可移动干选系统仅用于 12 型以下单机型干选系统。有些用户由于地面松软，也采用了有底盘的干选系统，不需要再做基础。另一种可移动型干选系统，就是干选试验车，将 0.1 型、1 型干选系统的设备安装在汽车运输的集装箱内。此外，试验车备有电源电缆，可开赴全国各地，在现场进行干选试验，为煤炭企业领导提供决策依据。小型干法末煤跳汰试验机如图 11-1 所示。

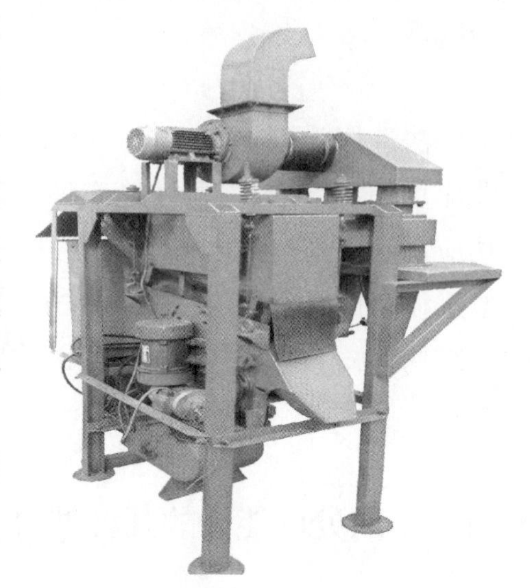

图 11-1　小型干法末煤跳汰试验机

对于二、三、四台大型单机组合成的一套组合干选机，其优点为：

（1）系统生产能力可提高 2～4 倍。

（2）组合型两台干选机共用一套原煤、产品输送设备。

（3）组合型两台干选机安装于一套机架之内，设备布置紧凑合理。

（4）在处理量相同的条件下，组合型中的干选机尺寸小，便于运输安装。

11.3　分选不同粒度煤的几种型号干选机

11.3.1　混煤型干选机

混煤型干选机是使用最广泛的风力摇床类干选机（差动式干选机、俄式干选机、复合式干选机），入料原煤粒度 80～0mm。干选机的床面结构、振动参数、风量大小、风力分布等设计参数均按分选混煤的要求确定。

11.3.2　块煤型干选机

对于分选 25mm 以上的块煤的干选机（差动式干选机、风力干选机、复合式干选机），由于大块之间缝隙大，造成上升气流短路由缝隙直接吹出，不能使床面松散，按密度分层效果差、流动性差，分选效果不好。为此，开发了用于块煤分选的摇床类干选机，其特点是：

（1）增加风量。在分选床入料口的第一风室增加一台专用高压离心通风机，解决入料口物料堆积问题，并强制松散床层。

（2）增加隔条高度，强化分选。

（3）加大激振力，加大床面振幅，加快床面物料搬运速度。改进后的块煤型干选机得到广泛应用。

11.3.3　末煤干选机

末煤干选机是指干法末煤跳汰机，专用于分选小于13(或25)mm粒级末煤的干选机，其特点为：（1）入料、卸料用星形刮板机，长度与分选床面宽度一样，物料均匀稳定；（2）分选床有多层稳压的小孔筛板；（3）分选床脉动清风有利于物料松散，物料到分选床面分层后能及时排出不易混杂。

11.4　性能和结构不断完善的干选机

11.4.1　自动控制型干选机

干选机初始阶段电气控制均为手动操作。按工艺流程要求启动设备，主风机启动达到正常转速后再手动打开总风门。经过不断改进完善，已达到自动控制水平，包括以下五个方面：

（1）开、停车按规定程序自动连锁启动运行。

（2）停车后自动防共振电力制动。

（3）事故自动报警。

（4）节能运行，用于短时间断煤运行。

（5）床面角度、接料翻板电动调节、遥控。

11.4.2　防尘型干选机

防尘型干选机主机、落煤点、卸尘点等封闭并加负压，必要全套设备封闭见图11-2。

11.4.3　高原型干选机

摇床干选机要求风机风压在6000Pa左右，干法末煤跳汰机要求风机风压

图 11-2　TFX-9 型干法末煤跳汰厂房封闭

在 3500Pa 左右，在平原地区和海拔 1000m 以下地区都属正常使用范围。但在海拔 2000m 以上的青海高原使用干选机选煤就很难适应。由于高原气压低、空气密度小，风机产生的风压低，达不到选煤要求。为此，开发了适于高原地区使用的摇床干选机，即高原型干选机。

高原型干选机随海拔高度变化时的大气压力和空气密度变化见表 11-1。

表 11-1　大气压力和空气密度变化关系

海拔高度/m	大气压力/kPa	空气密度/kg · m^{-3}
0	101.33	1.2
1000	89.86	1.06
2000	79.47	0.94
2300	77.40	0.912
3600	65.74	0.769

在高原用于干法选煤的干选机，风机规格必须重新设计，电气控制元件也要重新选定。

12 型摇床类干选机用于青海地区，主风机型号 G4-73-14D 需改成 G6-51-16D 型，这样才能适应海拔 3600m 的高原。该型风机在平原地区流量为 106000m^3/h，全压为 10803Pa，用于高原时，流量不变，全压可达 6913Pa。高原干法末煤跳汰机要求风机比一般平原高一级即是正常选型压力的 1.5 倍。

11.4.4 防冻型干选机

防冻型干选机除将干选机主机部分设置封闭体外，封闭体内干选机主机部分加热风。采用方法是在主风机进风口加热风，防止床面冻结。由热风炉供热风，除尘器的煤尘可作热风炉燃料供给。使床面温度保持在10°左右。

封闭型干选机：该封闭体用压制成型的薄铁板组装而成，封闭体内面喷涂发泡塑料层保温，较低噪音，其优点是：

（1）北方冬季厂房内保温，干选系统安装在厂房内时，干选系统的引风机将干选机吸尘罩内的含尘气体及干选机周围空气抽送到布袋除尘器除尘，净化后的空气排出厂外。如果没有封闭体，厂房内大量空气将被抽出厂外，无法保证北方严寒冬季厂房内取暖保温。设置封闭体后，从厂房外将空气直接引入封闭体，由引风机经袋式除尘器后排出厂外，厂房内空气温度不受影响，保证冬季采暖。

（2）保证车间环境清洁。分选过程产生的煤尘就在封闭体内部被引风机抽出送至布袋除尘器除尘，不会向封闭体外扩散。

（3）降低生产过程产生的噪声。由于封闭体内涂有发泡塑料，其对噪声声波有较强的吸附作用，可以使分选机产生的噪声强度明显降低。

（4）防雨。对于露天安装的干选系统，特别是南方雨季对于干选机分选过程影响较大，操作人员冒雨操作困难。设置封闭体后，操作人员不受降雨影响，生产过程能照常进行。

11.5 其他用途干选机

在推广应用过程中，开发了干选机的新用途。

11.5.1 炉渣分选

应用干选机分选炉渣，可从炉渣中选出块状、粒状金属，选出粉状氧化钙用作水泥熟料。

11.5.2 生活垃圾分选

生活垃圾经熟化筛分后，小于30mm的原料用干选机做分选试验，可分出成品和废品两种产品。成品中有机质含量为75.33%，如果将成品中小于3mm

的细粒土（地煤灰）筛除，成品中的有机质含量可高达 97%。废品中无机质的含量由原样中的 9. 11%增加到 32. 2%，有机质为树叶、菜叶、水果皮、骨块、腐烂食物等，无机质为石块、水泥块、瓷块、玻璃块、电池等，还有塑料废物。用干选机对城市生活垃圾分类有一定意义，但用量不大。

11. 5. 3　废旧电（线）路板分选

2005 年中国矿业大学（北京）化学与环境工程学院应用干选机对废旧电（线）路板分选试验取得成功。随着社会进步，电脑、家用电器、手机、电子产品大量使用及快速更新换代，电子垃圾迅速增加。其中废旧电（线）路板中含有金、铜、银、铝、锡等各种金属近 20 种，回收价值高，经济意义大。另一方面电子垃圾中含铅、汞、镉等 6 种有害物质对环境危害极大，因此各国都非常重视电子垃圾的回收、处理。我国对废旧电（线）路板资源化的研究起步比较晚，但进展较快。

11. 6　开发大型干选机的技术关键

开发大型干选机可以适应国家重点大型煤矿及大型火力发电厂煤炭分选加工的需要。摇床类干选机已做到 48A 型，单台处理能力 600t/h，为世界最大的风选设备。干法末煤跳汰机已做到 18A 型，单台处理能力 270t/h，为世界最大的风力跳汰机分选细粒选煤设备。

在研制过程中摇床类干法选煤系统需要解决的技术关键从以下几个方面说明。

（1）CFX 型差动式、FX 型风力、FGX 型复合式干选机大型化要解决的共性技术关键：

1）大型干选机处理能力达 300~480t/h，大量原煤集中进入床面必然产生堆积现象，造成局部床层过厚，使风力松散床层困难，影响分选效果和处理能力。必须减少堆积，加强床层松散，才能使分选过程正常进行。

2）大型干选机配套供风，除尘设备也需要大型化，必须研制适合大型干选机的旋风除尘器。一要保证设备体积不要过大，二要保证除尘效果，三要避免严寒冬季煤尘在器壁内冻结，四要减少煤尘对器壁的磨损。

3）大型干选系统对电气控制要求更严格、更全面。主风机功率 2×500kW，需要高压（6000V 或 10000V）启动，而引风机、辅助风机需要低压软启动。要求电气自动控制，包括程序控制、防共振控制、给料量控制、自动报警、紧急停车、节能运行等，功能较为齐全。

4）大型干选机处理量大，煤尘量也大，要求引风机风量大（$2\times6.4\times10^4m^3/h$）以产生足够的负压，使煤尘不从干选机内外溢。如果干选机设置在厂房内，这么大风量排出厂外，很难保证厂房内正常采暖通风。因此需要设计一个干选机封闭体，保证煤尘不外溢，又使厂房内达到正常采暖通风。

5）大型干选机分选床的床面面积大，为了床面各部分都能按需要供风（即合理的风力分布），就必须多设风室，而多风室位置排列不规则，一台主风机很难保证按要求给每个风室供风，这就需要在进风管内配置进风导向板、各风室风阀配置等做出相应设计，使各风室风力分布、风量大小可控制调节。

6）大型干选机床体重，处理量大。其操作条件如床面角度调节、接料翻板调节等不能采用手动方式，需要采用电动遥控，进一步做到自动控制。

7）大型干选机床体体积大，运输过程中会产生超宽超高的问题，需要考虑床体分割组合而不影响床体结构强度和整体刚度。

（2）FGX-48A 复合式干选机除解决共性技术关键外还需解决以下几个问题。

1）需要解决大型振动设备的结构设计。参振分选床是外形尺寸大（7.17m×5.35m×2.55m）、形状不规则的焊接体，需要保证床体各部分具有足够的强度，还要保证各处均为直线运动且振幅一致。这就需要有合理的振动床体结构设计。

2）大型振动床体需要实施整体去应力热处理，以消除焊接造成的应力集中现象，避免振动过程中产生裂痕，提高设备运转可靠性。

3）振动床体总重达 20.6t，设计所需最大激振力为 700000N，而国内生产的振动电机最大激振力为 160000N，必须采用多台振动电机联动，保证床体振动性能达到设计要求。

（3）CFX-48A 大型差动式干选机结构设计除解决共性技术关键外还应注意：

1）分选床体外形尺寸大（长 8.5m、宽 3.3m），分选床支撑梁的强度，调节分选床的横向角装置、支撑板、提升杆强度，确保大梁强度不变形，调节床面角度自如，同时要保证激振点的集中，床体各处振幅一致，这就需要有合理的振动床体结构设计。

2）激振器床体总重 17.68t，振幅 22mm，振动频率 350r/min，振动大，采用小差动式激振器两台并联组合，防止皮带断裂，保证床体振动性能达到使用要求。

3）激振器的架子需要去应力热处理，以消除焊接造成的应力集中现象，避免振动过程中产生裂迹。

（4）FX-24 大型风力干选机除解决共性技术关键外还应注意：

1）结构设计。除共性关键技术外，还有分选床体梁的强度，调节分选床的横向角装置、支撑板、提升杆强度，确保梁不变形，调节床面角度自如，同时要保证激振点的集中，保证床体各处均振幅一致，这就需要有合理的振动床体结构设计。

2）激振器的齿轮箱封闭要严密，不得漏油。

（5）TFX-18A 大型干法末煤跳汰机系统除解决摇床干选机共性技术关键外还应注意：

1）长方形分选床外形尺寸（长 6.3m、宽 2.4m）大，要保证各部分具有足够的强度和刚度，还要保证各处的振幅一致，同时保证给料装置、卸料装置、排料装置、分选床体内的均匀布风装置及摊平装置正常运转，要有一个合理的振动床体结构设计。

2）振动床体总重 4.8t，采用 8 级 4.2kW 两个振动电机，保证床体振动性能达到设计要求。

3）摊平装置强度设计。摊平装置参振速度慢，床体振动速度快，出现叠加现象，因此摊平装置与床体连接的轴强度要加强。

上述问题现在都已经得到解决。

12 干法选煤工艺流程的确定

12.1 干法选煤系统工艺原则流程

12.1.1 摇床类干法选煤系统工艺原则流程

干法选煤系统是指由制造厂生产钢结构的装配式干选系统。该系统包括给料部分（缓冲仓、给料机）、分选部分（干选机、接料槽、机架、工作平台）、供风除尘部分（离心通风机、吸尘罩、旋风除尘器、袋式除尘器、引风机、风管、风门等）、电气控制部分（降压启动柜、设备电气控制柜），是一个比较完整的组合式干选系统。其工艺原则流程如图 12-1 所示。

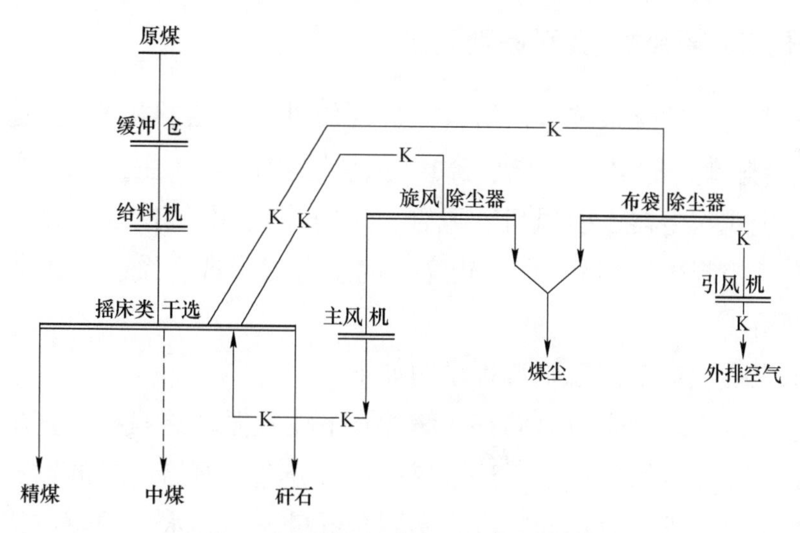

图 12-1　摇床类干选工艺原则流程

摇床类干选工艺流程说明如下。

入选原煤进入缓冲仓暂时储存，缓冲仓下设置振动给料机，其主要作用是保证有足够的原煤量均匀供给干选机分选，以解决原煤皮带机供煤时大时小给量不均的问题。而给料机的输送量是根据干选机要求，对不同粒度、不同含矸量、不同水分的煤质情况可做适当的调节，但一定保证给料量均匀。

原煤进入干选机后就得到分选，形成明显的精煤、中煤、矸石分带。调节产品接料槽中的接料翻板的角度，可以比较准确地将各种分带产品引入相对应的产品皮带运输机上。

干选机供风由离心通风机（主风机）按要求的风量、风压，将空气输送到分选床下的多个风室，调节各风室的风门即可控制分选床床面各部分的风力分布和风量大小。完成分选后，含有煤尘的空气通过吸尘罩，引入旋风除尘器，将大部分煤尘收集排出，经过净化的空气返回主风机，形成一个闭路循环。旋风除尘器的作用在于除去含尘气体中的大于10μm以上的较粗粉尘颗粒，保护风机叶轮，减少叶片磨损。

为了使干选机周围环境清洁，在干选机吸尘罩上方另设一个平行风管，将含尘空气引入袋式除尘器。由引风机将净化后的空气排入大气。袋式除尘器除尘效率高达99.5%，外排净化空气含尘量小于50mg/m^3，低于国家三废排放标准，符合环保要求。袋式除尘器的风源是由干选机四周通过密封胶帘的缝隙进入干选机形成负压，干选机内含尘气体不能外溢，保证了工作环境清洁。

12.1.2　干法末煤跳汰选工艺原则流程

干法末煤跳汰选煤系统包括给料部分（缓冲仓、给料机）、分选主机部分（干选机、接料槽、机架、工作平台）、供风除尘部分（主风机、吸尘罩、旋风除尘器、袋式除尘器、引风机、风管、风门等）、电气控制部分（降压启动柜、设备电气控制柜），是一个比较完整的组合式干选系统。其工艺原则流程如图12-2所示。

干法末煤跳汰选工艺原则流程说明如下。

入选原煤进入缓冲仓暂时储存，缓冲仓下设置振动给料机，其主要作用是保证有足够的原煤量均匀供给干法末煤跳汰机分选。而给料机的输送量是根据干法末煤跳汰机要求，对不同粒度、不同含矸量、不同水分的煤质情况做适当的调节，但一定保证给料量及粒度的均匀。

原煤进入干法末煤跳汰选后，到预选区、矸石区、中煤区、精煤区分选带进行分选。在分选中调节产品接料板和卸料装置，可以比较准确地将各种分带产品引入相对应的产品皮带运输机上。

离心通风机（主风机）开路供风给干选机，根据要求的风量、风压，将空气输送到分选床下的多个风室，调节各风室的风门即可控制分选床床面各部分的风力分布和风量大小。完成分选后，含有煤尘的空气通过吸尘罩，引入旋

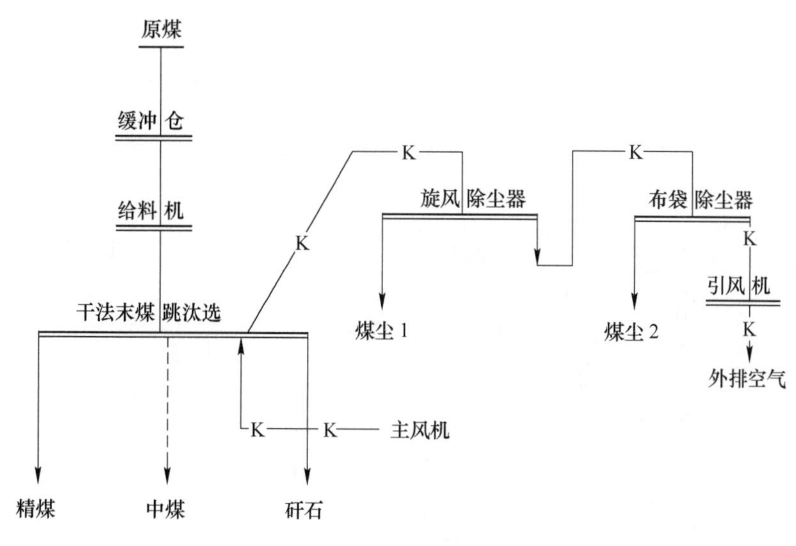

图 12-2　干法末煤跳汰选工艺原则流程

风除尘器—袋式除尘器—引风机，最后到大气。旋风除尘器的作用在于除去含尘气体中的大于 10um 以上的较粗粉尘颗粒，将大部分煤尘收集排出。袋式除尘器除尘效率高达 99.5%，外排净化空气含尘量小于 50mg/m^3，低于国家三废排放标准，符合环保要求。

12.2　干法选煤一般生产设备流程

12.2.1　摇床类干法选煤生产设备流程

在生产应用中需要根据原煤粒度和对产品质量的要求，补充完善干法选煤工艺流程。

由于干选机入料粒度范围是 80~0mm，因此入选前需要将原煤按 80mm 分级，大于 80mm 大块可设手选皮带，人工拣矸，拣出块煤产品。不需要块煤产品时，可将大于 80mm 块煤进入双辊齿破碎机破碎到小于 80mm，与筛下物合并进入干选机分选。

在有特殊要求时，如选后产品需要按粒度分级，可设选后筛分作业；如果只出两种产品，又要保证精煤、矸石质量时，可设中煤再选工艺，即将中煤产品返回干选机再选。如果原煤质量合格，不需要分选，可不进干选系统，直接进入商品煤仓。现场应用的干法选煤设备流程如图 12-3 所示。

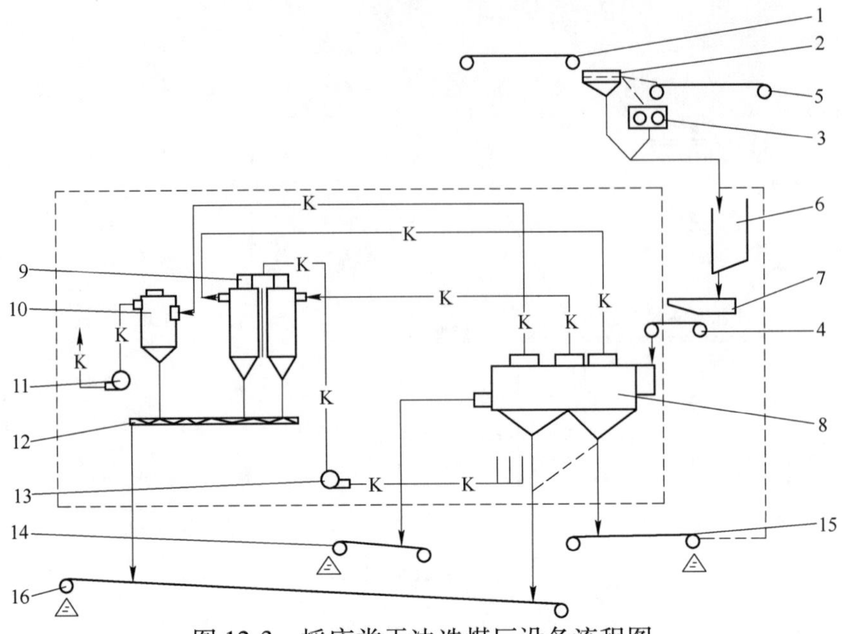

图 12-3　摇床类干法选煤厂设备流程图

（点划线框内为干选系统）

1—原煤皮带运输机；2—振动筛；3—双齿棍破碎机；4—入选原煤皮带运输机；5—块煤手选皮带机；6—缓冲仓；7—振动给料机；8—干选机；9—旋风除尘器；10—袋式除尘器；11—引风机；12—煤尘螺旋输送机；13—主风机；14—矸石皮带运输机；15—中煤皮带运输机；16—精煤皮带运输机

12.2.2　干法末煤跳汰选生产设备流程

在生产应用中需要根据原煤粒度以及对产品质量的要求，确定干法选煤工艺流程。

由于干法末煤跳汰机入料粒度范围是小于 13（或 25）mm，因此入选前需要将原煤分级，小于 13（或 25）mm 粒级煤干法末煤跳汰选，大于 13（或 25）mm 块煤可单独处理（湿法选、摇床类干选）或块煤破碎到小于 13（或 25）mm 粒级与筛下物合并进入跳汰干选机分选。如果只出两种产品，既要保证精煤质量又要保证尾煤质量，可将中煤再选。现场应用的干法选煤设备流程如图 12-4 所示。

干法末煤跳汰选生产设备流程说明如下。

入选原煤进入缓冲仓暂时储存，缓冲仓下设置振动给料机，原煤量均匀供给干选机分选。

离心通风机（主风机）开路供风给干选机，含有煤尘的空气通过吸尘罩—旋风除尘器—袋式除尘器—引风机开路到大气。

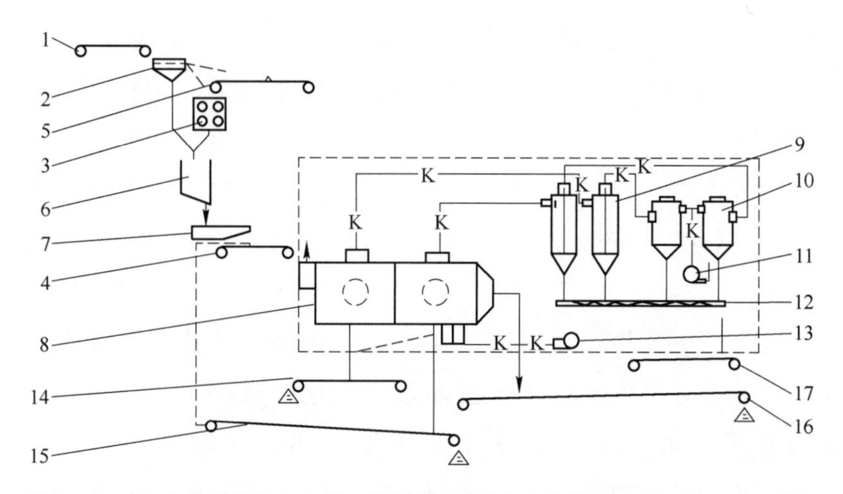

图 12-4 干法末煤跳汰选煤厂设备流程图（点划线框内为干选系统）

1—原煤皮带运输机；2—振动筛；3—双层双齿棍破碎机；4—入选原煤皮带运输机；5—块煤手选皮带机；6—缓冲仓；7—振动给料机；8—干选机；9—旋风除尘器；10—袋式除尘器；11—引风机；12—煤尘螺旋输送机；13—主风机；14—矸石皮带运输机；15—中煤皮带运输机；16—精煤皮带运输机；17—煤尘皮带运输机

12.3 干法选煤与其他选煤方法联合工艺流程

干法选煤技术是动力煤排矸的经济有效的选煤方法。多数情况下是独立的分选方法，但在大面积推广应用过程中，创造了与其他选煤方法组织成了联合分选工艺。该联合分选工艺具有优势互补的特点，分选效果更好，经济效益更高。

12.3.1 湿法选—干法选联合工艺流程

湿法选—干法选联合工艺流程的特点：

（1）节约水资源。我国西部地区水资源匮乏，尤其鄂尔多斯矿区，吨煤工业用水费高达 5 元，按水洗煤耗水量 0.3m^3/t 计算，仅耗水量一项，吨煤生产成本就达 1.5 元。采用干法选煤不用水，节约水资源，适合西部干旱地区煤炭加工。

（2）为解决泥化严重的动力煤选煤厂的难题提供了新的技术途径。动力煤选煤厂入厂原煤煤种泥化现象严重时，会造成煤泥水处理困难，不仅影响产品质量，煤泥水还可能造成环境污染。块煤湿选泥化少，而干法选煤不用水，矸石不产生泥化，不需要复杂的煤泥水处理系统。

（3）产品水分低。湿选后块煤产品水分较低，而干法选煤产品水分更低。因此选煤厂选后产品排除了原煤中的矸石，降低了灰分，提高了发热量，与水洗相比更有优势。

（4）生产成本低。干法末煤跳汰选吨煤生产成本仅 1. 35 元左右，差动式干选吨煤生产成本仅 2. 56 元左右。湿选吨煤生产成本大于 8 元 ，总生产成本会大幅度降低。

综上所述，干法选与湿法选联合工艺是一项值得推广的新工艺。

12. 3. 1. 1　块煤重介浅槽湿法选和混煤干法选联合选煤工艺

+50mm 块煤用重介质浅槽分选机分选，－50mm 混煤用摇床类干选机的联合选煤工艺。这种工艺用水少，泥化少，干选不用水，不产生泥化，不污染环境，生产成本低。浅槽重介湿选—摇床类干选工艺原则流程如图 12-5 所示。

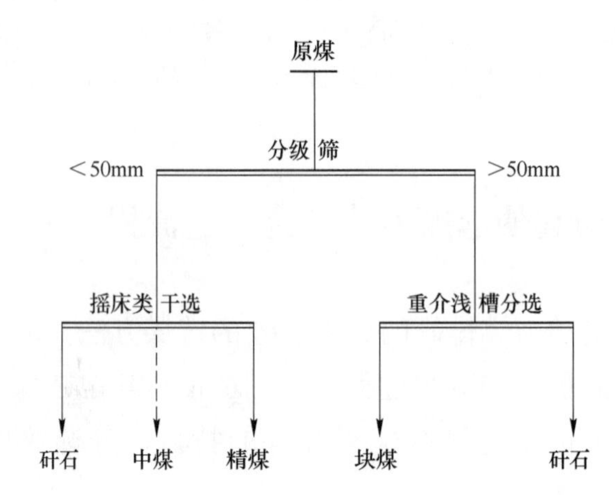

图 12-5　浅槽重介湿选—摇床类干选工艺原则流程

12. 3. 1. 2　动筛跳汰选—摇床类干法选联合工艺

吴四圪堵煤矿建有年生产能力 300 万吨洗煤厂，+50mm 块煤用动筛跳汰分选，－50mm 混煤用 CFX-48A 型差动式干选分选的联合选煤工艺。这种工艺分选后粒度组成不变，水资源匮乏地区使用效果好。动筛跳汰湿选—差动式干选工艺原则流程如图 12-6 所示。

12. 3. 1. 3　湿选跳汰（重介旋流器）—干法末煤跳汰选联合工艺

郑新鑫旺煤业公司原煤分级，+13mm 煤用湿式跳汰分选，－13mm 末煤用干法末煤跳汰分选的联合选煤工艺。这种工艺用在粉煤较多原煤的分选。湿式跳汰—干法末煤跳汰选工艺原则流程如图 12-7 所示。

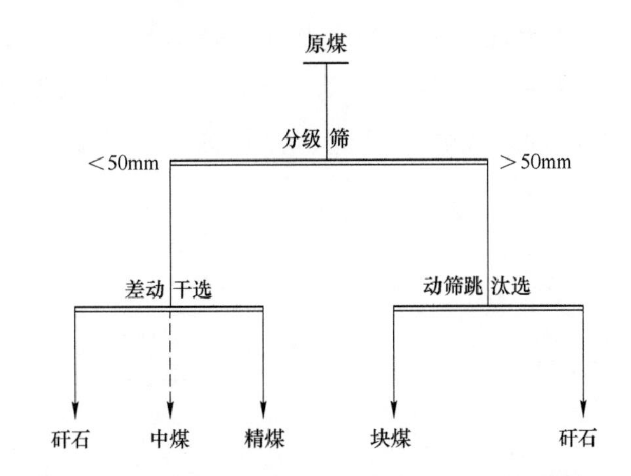

图 12-6 动筛跳汰湿选—差动式干选工艺原则流程

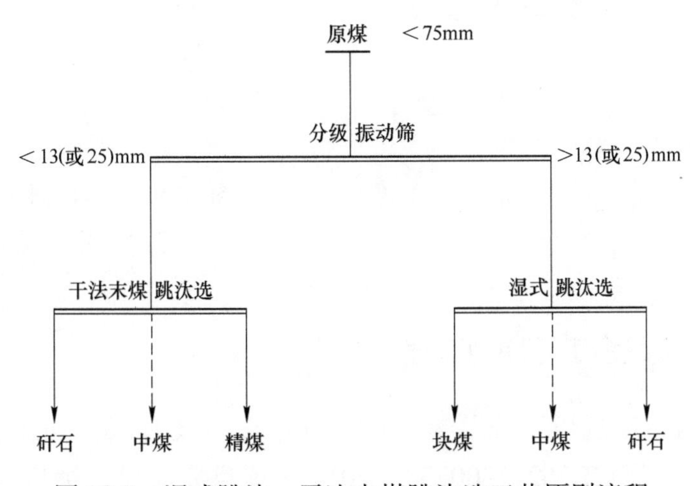

图 12-7 湿式跳汰—干法末煤跳汰选工艺原则流程

12.3.1.4 摇床类干选预排矸和重介旋流器联合工艺

干法选煤技术用于重介质旋流器选煤厂预排矸的选煤工艺已得到广泛应用，多数情况是在煤矿井设置摇床类干选系统，将进入选煤厂的原煤在煤矿井口预排矸。排矸后原煤再由皮带运输机或公路铁路运输运到选煤厂。可以将干选和重介看做两个独立系统，也可将二者看做干选和重介旋流器分选的联合工艺。

这种联合工艺应用在含矸量大的煤的分选。摇床类干选预排矸优点有：(1) 以低成本排除矸石，降低选煤成本；(2) 预排矸，相对增加选煤厂的处理能力，提高精煤质量，提高选煤效率。复合式干法选煤与重介质旋流器选煤厂联合选煤工艺流程如图 12-8 所示。

12.3.1.5　摇床类干选—中煤跳汰湿选联合工艺

燎原煤业公司用75~0mm原煤差动式干选，差动式干选中煤用湿式跳汰分选（见图12-9）。所处理原煤属于易选、含矸多、粉煤多，靠中煤量调节差动式干选的精煤、尾煤。

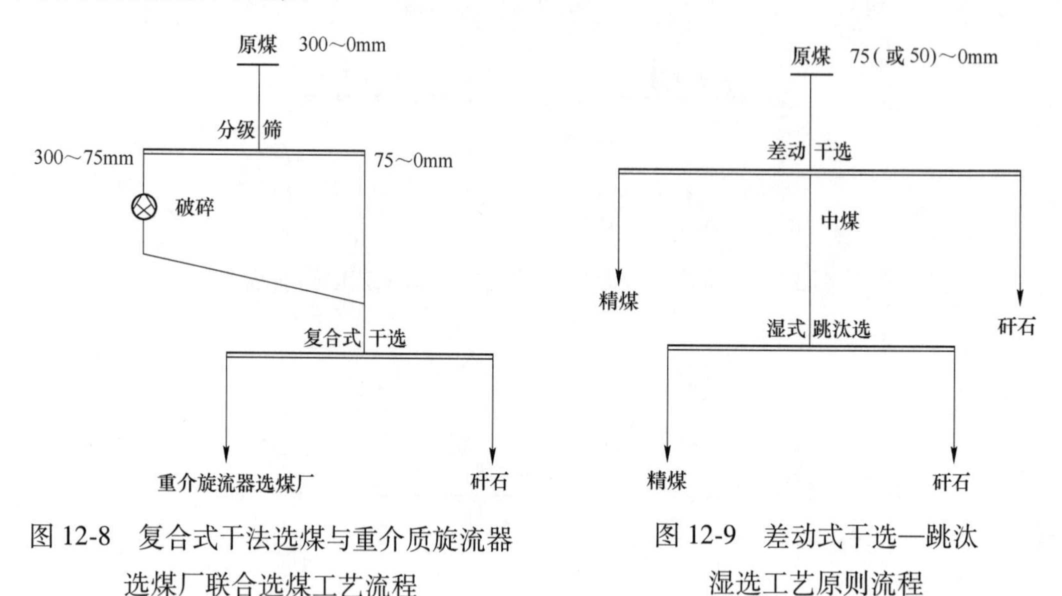

图12-8　复合式干法选煤与重介质旋流器选煤厂联合选煤工艺流程

图12-9　差动式干选—跳汰湿选工艺原则流程

12.3.2　干法选联合工艺原则流程

“末、块煤干法选煤系统”是唐山开远选煤科技有限公司承担的国家创新项目，立项代码为12C26211300733。2014年项目完成时，销售收入为3211万元，超额完成预期任务。

12.3.2.1　摇床类干选混煤—混精煤分级—干法末煤跳汰选联合工艺

小于75mm粒级煤差动式干选，对分选的混精煤进行筛分，13~0mm粒级煤进入干法末煤跳汰选。这种工艺用在工程煤、末煤（发热量低）提高发热量工艺上。哈萨克斯坦干选厂用差动式干选机分选75~0mm粒级混煤，而精煤分级，13~0mm粒级煤用干法末煤跳汰机分选。差动干选—分级—干法末煤跳汰选工艺原则流程如图12-10所示。

12.3.2.2　摇床类干选块煤—跳汰干选末煤联合工艺

新疆伟泽煤业公司、山西宝峰干选厂用此工艺。小于75mm粒级混煤筛分，大于13mm粒级煤进入差动式干选，小于13mm粒级煤进入干法末煤跳汰选。这种工艺发挥了各个干选机作用，分选效果好，用于较硬煤的提质分选工艺上。该工艺原则流程如图12-11所示。

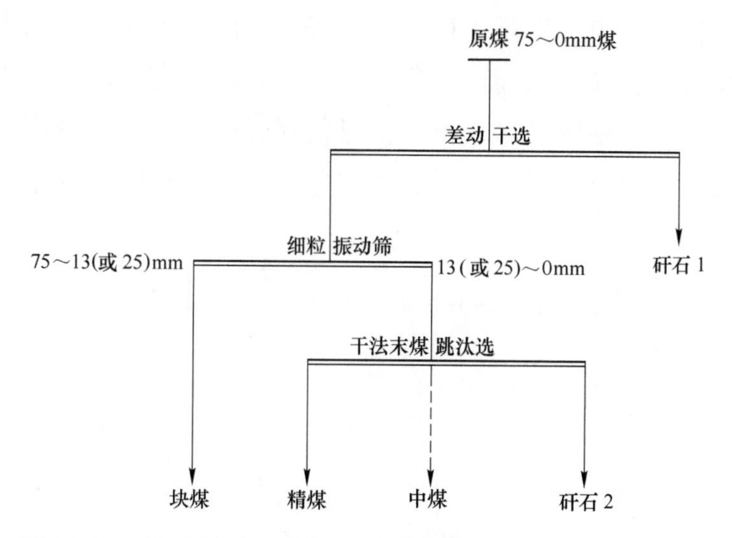

图 12-10　差动干选—分级—干法末煤跳汰选工艺原则流程

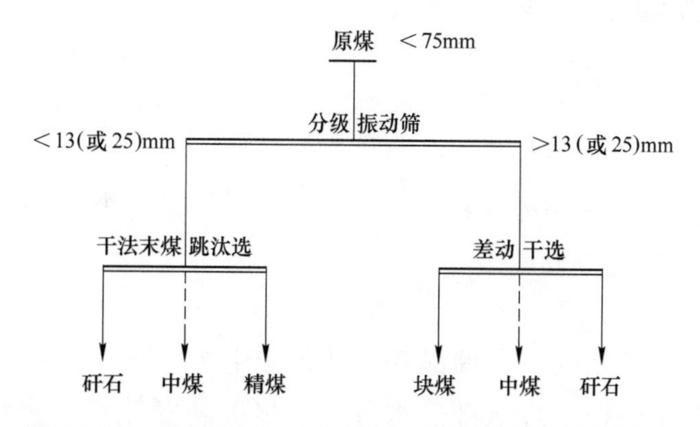

图 12-11　差动干选—干法末煤跳汰选工艺原则流程

12.3.2.3　摇床类干选混煤—破碎—干法末煤跳汰选末煤联合工艺

小于 75mm 粒级煤用差动式干选机选，将分选的混精煤进行破碎，碎到小于 13mm 粒级煤进入干法末煤跳汰选。这种工艺用于结核体内浸染状煤以及矸石较多煤的提质上。该联合工艺原则流程如图 12-12 所示。

12.3.2.4　破碎—干法末煤跳汰选联合工艺

猫儿沟煤矿干选厂和乌兹别克斯坦用原煤破碎到小于 13mm 粒级煤进入干法末煤跳汰选工艺。这种工艺用在浸染状煤的提质上。该工艺原则流程如图 12-13 所示。

12.3.3　用于褐煤提质的干燥干选联合工艺流程

我国褐煤主要分布于内蒙古东部、黑龙江、吉林东部、新疆及云南，有内蒙古东部地区陈旗煤田、大雁煤田、扎赉诺尔煤田、平庄元宝山煤田、霍林河煤田、伊敏煤田、胜利煤田、白音华煤田以及新疆哈密大南湖煤田等。国家计划在这些地区实现大规模开采，由于褐煤化程度低，内在水分高，易泥化、风化，发热量低，需要对褐煤进行干法选煤分选加工，排除原煤中的矸石，以提高发热量。

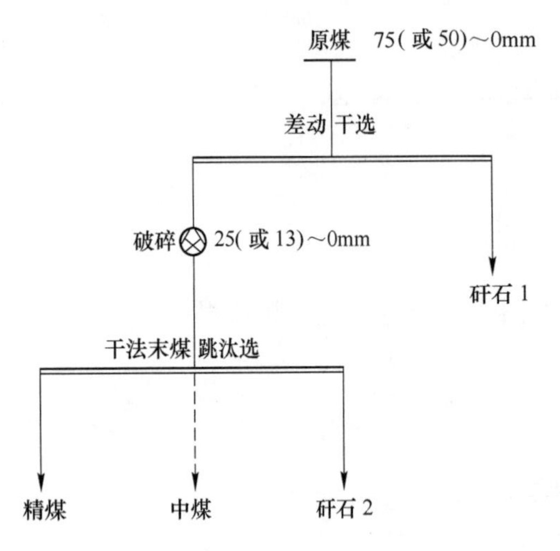

图 12-12　差动干选—破碎—干法末煤跳汰选工艺原则流程

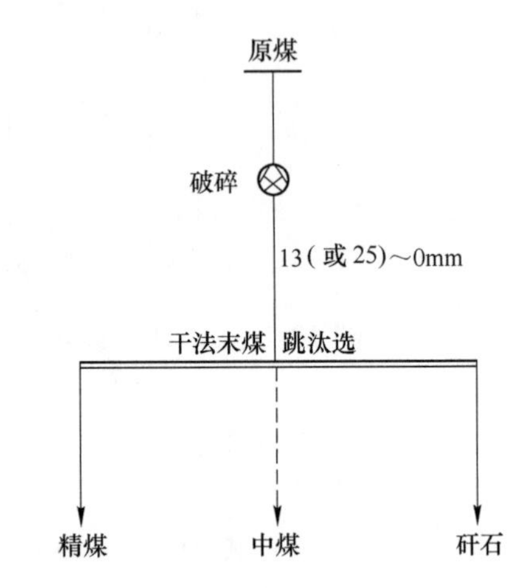

图 12-13　干法末煤跳汰选工艺原则流程

由于褐煤内在水分高，对商品煤发热量影响大。如果将含水量高的褐煤原煤先进行低温干燥处理，降低部分水分，初步提高发热量，再将干燥后的原煤进入复合式干选系统分选排除矸石，褐煤的发热量再次提高就会取得更好的褐煤提质效果。

12.3.4　γ射线自动选矸机与干法选煤联合工艺流程

γ射线煤矸石自动分选机适用于大块煤和矸石分选，也是一种干法选煤设备。如果与干法选煤组成联合选煤工艺流程，就是完全不用水的全级干法选煤，对干旱缺水地区大型露天矿开采块煤量大、粒度大的原煤更有意义。γ射线选矸机与干选机联合工艺原则流程如图 12-14 所示。

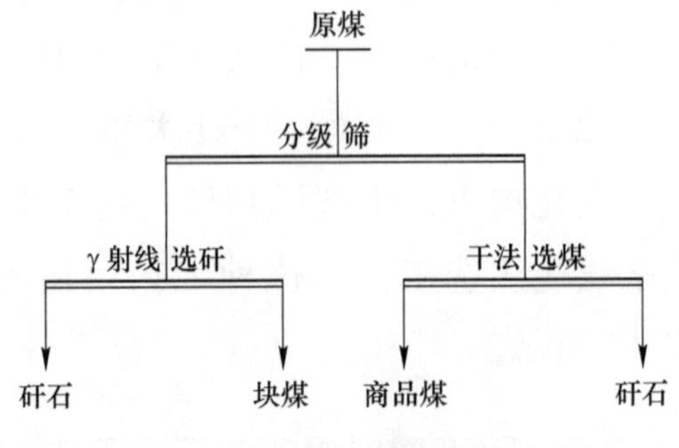

图 12-14　γ射线选矸机与干选机联合工艺原则流程

12.4 干选工艺可选性确定

本着净化煤质、降低成本、提高效益而优化分选工艺的宗旨，确定可选性方案。

12.4.1 应用原则

干选工艺的一般应用原则为：

（1）原煤可选性：易选煤、极易选煤及中等易选煤分选具有好的效果，一般来说分选高密度煤效果更好。

（2）水源：如果不缺水，应计算干/湿选产量及效益上的差异。

（3）入料外水：煤与矸石不能粘连团块。

（4）设备（主附属）：绝大多数干选设备都无法处理100mm以上或者1.0mm以下的入料。因此，为控制入料粒度，需要安装保证稳定供料的设备。

12.4.2 评估优势

干法选煤的评估优势有以下几个方面：

（1）矿区水费昂贵或极端缺水。

（2）原煤的分选密度高，较易分选。

（3）因煤中杂质（矿物）较多而导致煤在矿区被废弃。

（4）废弃物中仍然有煤颗粒。

（5）运输费高于就地分选的费用。

（6）湿选造成的外水增加量多于灰分减少量。

（7）主要目的在于脱硫。

（8）原煤入水易泥化。

13　干选系统主要配套设备

一个完整的干法选煤系统（干法选煤厂）应包括原煤准备部分（分级振动筛、破碎机、给料机）、分选部分（干选机）、供风除尘部分（离心通风机、旋风除尘器、袋式除尘器、引风机）、原煤及产品输送部分（胶带输送机、螺旋输送机）等多种设备组成。除了干选机外，其他设备均为干选系统配套设备。

13.1　离心式通风机

13.1.1　干选系统的风机

工业中实际应用的干法选煤是风力选煤。原煤在干选机中的分选、除尘都必须通过离心通风机供风、引风才能完成。干选系统的风机包括主风机、引风机、反吹风机和辅助风机。

13.1.1.1　主风机

主风机的作用是将空气由离心式风机形成一定压力、流量的上升气流，通过床面作用于分选物料床层，使床层得以松散，并按密度不同分层，从而达到分选的目的。风力还能使床层形成流态化，提高物料的流动性，进而提高干选机生产能力。

主风机与干选机、旋风除尘器形成闭路循环，循环线路为主风机→干选机进风管（风力分布器）→风室→床面→吸尘罩→旋风除尘器→主风机。

主风机的选型是根据干选机分选时对风量的要求，并对分选、除尘管道系统总阻力进行计算，由管道内各段局部阻力系数计算系统压头损失。

根据要求的风量和系统总压头损失，选定离心通风机规格型号。考虑复杂的生产条件，风机的风量及全压都必须比计算值大一些（需乘以一个不均匀系数）。

13.1.1.2　引风机

引风机的作用是将干选机内部分含尘气体抽出，通过袋式除尘器除尘后，得到净化空气，由引风机排入大气。引风机与袋式除尘器、干选机形成开路。由于引风机的作用，在干选机周围形成负压。干选机周围的空气由于负压的作用，通过密封胶帘的缝隙进入干选机吸尘罩，使干选机内的含尘气体不能外溢，保证了工作环境的清洁。

袋式除尘器是过滤除尘，除尘效率高达 99.5%，可以使旋风除尘器不能清除的极细粉尘得以回收，保证整个除尘系统的除尘效率。

引风机的选型是根据干选机的总风量大小，按总风量的 30%抽取含尘气体形成足够的负压，根据此风量选定引风机规格型号。而袋式除尘器的过滤面积、过滤风速和处理风量必须满足引风机抽取的风量要求。

13.1.1.3 反吹风机

干选系统系列的袋式除尘器采用 ZC 型（LHF 型）回转反吹扁袋除尘器。当含尘气体经滤袋过滤，煤尘聚集于滤袋外，使过滤阻力增大时，就需要清灰。清灰过程由设置在除尘器顶部的反吹风机完成。反吹风机将具有足够动量的反吹气流由旋臂喷口吹入滤袋导口，阻挡过滤气流并改变袋内压力工况，引起滤袋膨胀、振动、抖落煤尘。旋臂喷口慢速旋转对滤袋逐个反吹清灰，当滤袋阻力降到下限时，反吹风机自动停止工作。

13.1.1.4 辅助风机

当干选系统用于大粒度块煤分选及煤矸石分选时，干选机的主风机风量偏小。由于大块物料重，并且大块物料之间缝隙大而漏风，造成床层难以松散，难以按密度分选，甚至在干选机入料口附近堆积，恶化分选效果。主要解决办法是在干选机入料口的第一风室下设置辅助风机，即小型高压离心通风机。在最易堆积物料的干选机入料口附近，对其下方第一风室强制给风，松散物料床层，提高流动性避免堆积。

辅助风机的选型，应选全压高且流量适合的高压离心通风机。

13.1.2 离心式通风机的结构

风机是气体输送设备，按产生压力的高低，可分为通风机、鼓风机和压风机。离心通风机产生的压力不大于 15000Pa。

13.1.2.1 离心式通风机的型号、规格

离心式通风机的型号编制包括名称、型号、机号、传动方式、旋转方向和出风口位置等六部分内容，按顺序排列如图 13-1 所示。

以 G4-73-11NO14D 右 180°为例（与 12 型摇床类干选机配套），说明图

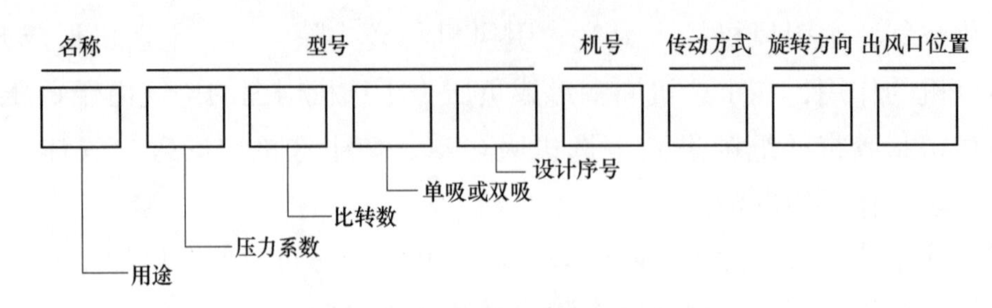

图 13-1　离心式通风机的型号编制

13-1 中的型号规格含义：

（1）名称：指通风机用途。“G”代表锅炉通风机。

（2）型号：由基本型号和补充型号组成，共分三组，中间用横线隔开，基本型号占两组。示例中“4”表示通风机压力系数乘 10 后化整数；“73”表示该通风机的比转数，比转数是用来衡量不同类型通风机转速大小的参数；补充型号“11”第一个数字“1”指该通风机采用单侧进气结构，第二个数字“1”指该通风机为第一次设计。

（3）机号：用通风机叶轮的直径（cm）表示，数字前冠以符号“NO”，示例中“14”指通风机叶轮直径为 1. 4m。

（4）传动方式：示例中的“D”表示悬臂支撑，用联轴器传动。

（5）旋转方向：示例中的“右”字表示从原动机一端看，叶轮旋转为顺时针方向，习惯称为右旋。反时针方向称为左旋。

（6）出风口位置：示例中的“180°”表示出风口位置位于 180°处。

13. 1. 2. 2　**离心式通风机的结构**

离心式通风机结构简单，叶轮和蜗壳一般都用钢板制成，通常都采用焊接。图 13-2 是干选机配套离心通风机简图。

离心通风机出风口角度位置可根据用户要求选定，规定了八个基本出风口位置如图 13-3 所示。

离心通风机的传动方式有 6 种，如图 13-4 所示，具体如下：

（1）A 式为悬臂支撑，电动机直接传动。

（2）B 式为悬臂支撑，胶带轮在两轴中间，三角带传动。

（3）C 式为悬臂支撑，胶带轮在一侧，三角胶带传动。

（4）D 式为悬臂支撑，联轴器直接传动。

（5）E 式为双支撑，胶带轮在外侧，三角胶带传动。

（6）F 式为双支撑，联轴器直接传动。

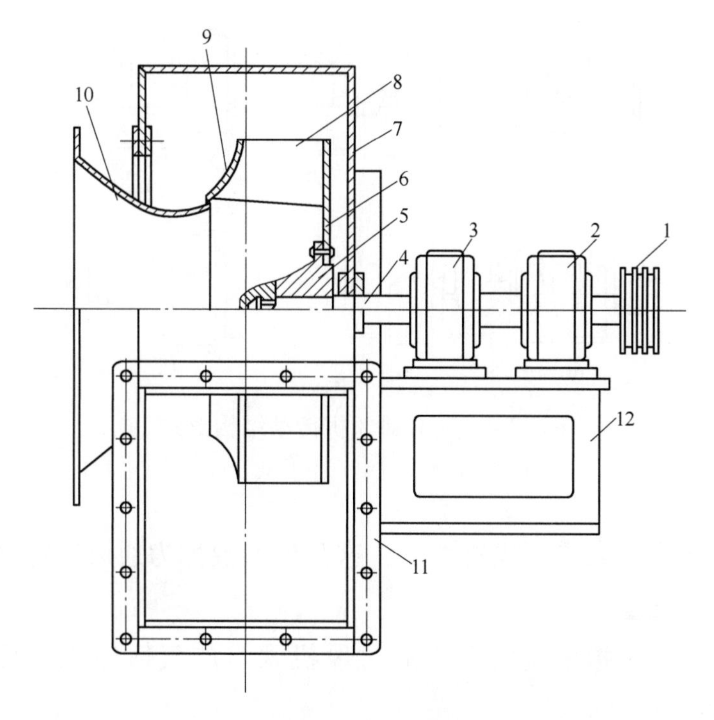

图 13-2　离心通风机结构示意图

1—三角皮带轮；2，3—轴承座；4—主轴；5—轴盘；6—后盘；
7—蜗壳；8—叶片；9—前盘；10—进风口；11—出风口；12—底座

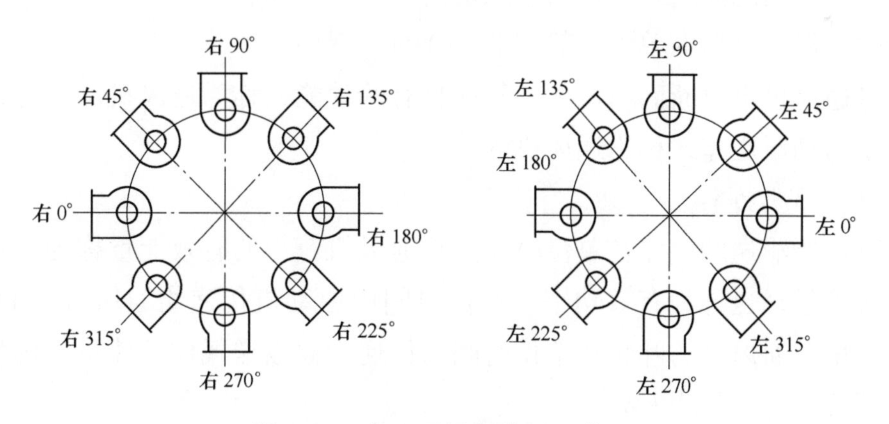

图 13-3　离心通风机出风口位置

干选机配套风机采用 A 式、C 式、D 式。

13.1.3　离心式通风机的特性参数

离心式通风机的性能，通常是指在标准状态（大气压力 $p=101325\text{Pa}$，大气温度 $t=20℃$，空气密度 $\gamma=1.2\text{kg/m}^3$）下的性能，并以流量、全压、主轴

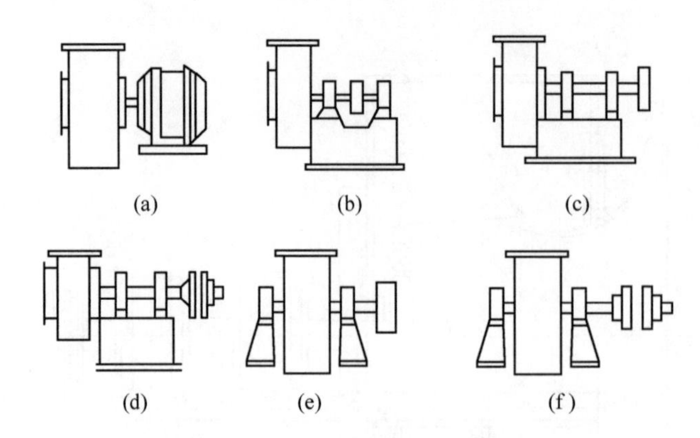

图 13-4　离心通风机传动结构形式

(a) A 式；(b) B 式；(c) C 式；(d) D 式；(e) E 式；(f) F 式

转数、功率、效率等来表示风机性能，这几种参数称为通风机特性参数。

13.1.3.1　流量

通风机的流量是指单位时间内通过风机入口的气体体积，又称为体积流量，单位一般用 m^3/h。

13.1.3.2　全压

流过通风机出口断面单位体积气体具有的总能与流过通风机入口断面单位体积气体具有的总能之差，称为通风机的全压。它代表单位体积气体流过风机时获得的总能。全压的单位一般用 Pa（$1Pa=1N/m^2$）。

流过通风机出口断面单位体积气体具有的动能，称为通风机的动压，通风机的全压与动压之差，称为通风机的静压。

13.1.3.3　功率

通风机所输送的气体在单位时间内从通风机获得的有效能量称为通风机的全压有效能量，也称为有效功率。单位时间内原动机传递给通风机轴的能量，称为轴功率。通风机的叶轮在单位时间内传递给被输送气体的能量，称为通风机的内部功率，单位为 kW。

如风机使用条件与标准状态不符时，离心式通风机的全压、流量、轴功率按公式（13-1）~公式（13-3）计算。

全压：
$$H = H_1 \times \frac{\rho}{1.2} = H_1 \times \frac{B}{101325} \times \frac{273 + 20}{273 + t} \tag{13-1}$$

流量：
$$Q = Q_1 \tag{13-2}$$

轴功率：
$$N = N_1 \times \frac{\rho}{1.2} = N_1 \times \frac{B}{101325} \times \frac{273 + 20}{273 + t} \tag{13-3}$$

式中 H_1——性能表 13-1 中查出的全压，Pa；

Q_1——性能表 13-1 中查出的流量，m^3/h；

N_1——性能表 13-1 中查出的轴功率，kW；

B——使用地方的大气压力，Pa；

t——输送气体的温度，℃；

ρ——输送气体的密度，kg/m^3；

H——使用条件下风机所产生的全压，Pa；

Q——使用条件下风机所产生的流量，m^3/h；

N——使用条件下风机所需的轴功率，kW。

内部功率 N_i 等于有效功率 N_e 加上在通风机内部损失掉的所有功率，也等于轴功率 N 减去轴承机械损失所消耗的功率。

离心式通风机的功率按式（13-4）计算：

$$N = \frac{KQH}{367.2\eta\eta_m} \tag{13-4}$$

式中 N——风机所需功率，kW；

Q——风机的流量，m^3/h；

H——风机的全压，Pa；

η——风机的全压内效率，%；

η_m——风机机械传动效率，电动机直接传动 $\eta_m = 1.00$，联轴器直接传动 $\eta_m = 0.98$，三角带传动（滚动轴承）$\eta_m = 0.95$；

K——电机储备系数，对于 Y 系列电机取 $K = 1.1$，其他电机 $K = 1.15$。

13.1.3.4 效率

通风机的全压有效功率与轴功率的比值，称为通风机的总效率，以 η 表示，见式（13-5）。

$$\eta = \frac{N_e}{N} = \frac{PQ}{102N} \tag{13-5}$$

通风机内部效率以 η_i 表示，见式（13-6）。

$$\eta_i = \frac{N_e}{N_i} = \frac{PQ}{102N_i} \tag{13-6}$$

式中 N_e——有效功率，kW；

N——轴功率，kW；

N_i——内部功率，kW；

P——全压，N/m^2；

Q——流量，m^3/s。

13.1.3.5　转速

通风机的流量、压力、功率等参数都随着通风机转速而改变，所以风机转速也是一个特性参数，通常用 n 表示，单位为 r/min。

13.1.4　摇床类干选机、干法末煤跳汰机配套离心式通风机性能

13.1.4.1　与差动式、风力干选系列配套的离心式通风机性能

与差动式、风力干选系列配套的离心式通风机有主风机、引风机、反吹风机和辅助风机四种用途。为了便于查阅，把各型复合式干选机配套风机的性能列于表 13-1。

表 13-1　差动式、风力干选机配套风机性能

CFX、FX干选机型号	离心通风机型号	风机用途	转速 /r·min^{-1}	流量 /m^3·h^{-1}	全压 /Pa	电动机	
						型号	功率/kW
3 型	G4-73-11D	鼓风机	1450	41999	4003	YE2-250M-4	55
	Y5-47-5C	引风机	2900	9870	1550	YE2-132S$_2$-2	7.5
	9-19-4.5A	反吹风机	2900	2504	4112	YE2-132S$_1$-2	5.5
6 型	4-68-12.5D	鼓风机	1450	5041	81512	YE2-315S-4	110
	Y5-48-8C	引风机	1450	23058	1952	YE2-180L-4	22
	9-19-4.5A	反吹风机	2900	2504	4112	YE2-132S$_1$-2	5.5
9 型	4-68-14D	鼓风机	1450	6541	102772	YE2-315S-4	200
	4-72-8C	引风机	1800	36427	2302	YE2-225S-4	37
	9-19-5A	反吹风机	2900	3166	5323	YE2-132S$_2$-2	7.5
12 型	G4-73-14.5D	鼓风机	1450	182710	4990	YE2-355L$_1$-4	280
	4-68-10D	引风机	1450	61179	2422	YE2-250M-4	55
	9-19-5 A	反吹风机	2900	3488	5080	YE2-160M$_1$-2	11
24 型	G4-73-20D	鼓风机	960	254670	5334	YKK-450-6	500
	Y5-48-12.5C	引风机	1250	61444	2335	YE2-280S-4	75
	9-26-10D	辅助风机	1450	27905	5309	YE2-280S-4	75
	9-19-5.6A	反吹风机	2900	4901	6400	YE2-160L-2	18.5

13.1.4.2　与复合式干选系列配套的离心式通风机性能

与复合式干选系列配套的离心式通风机有主风机、引风机、反吹风机和辅

助风机四种用途。为了便于查阅，把各型复合式干选机配套风机的性能列于表13-2。

表 13-2 复合式干选机配套风机性能

复合式干选机型号	离心通风机型号	风机用途	转速 /r · min^{-1}	流量 /m^3 · h^{-1}	全压 /Pa	电动机	
						型号	功率/kW
1 型	9-19-3.3A	主风机	2900	4509	9219	Y160L-2	18.5
	4-72-3.6A	引风机	2900	3405	1531	Y100L-2	3.0
3 型	9-26-10D	主风机	1450	21465	5920	Y250M-4	55
	4-72-4.5A	引风机	2900	7785	2320	Y132S_1-2	7.5
	9-19-4.5A	反吹风机	2900	2281	4297	Y132S_1-2	5.5
6 型	Y5-47-12.4D	主风机	1480	45953	6096	Y315S_1-4	110
	4-72-6C	引风机	2240	13251	2637	Y160L-4	15
9 型	10SMP25N	主风机	1490	78960	6300	Y315L_2-4	200
	4-72-8C	引风机	1800	30834	2754	Y200L_2-2	37
	9-19-5.6A	反吹风机	2900	2174	7273	Y160M_1-2	11
12 型	G4-73-14D	主风机	1450	109550	6442	Y355M-4	250
	4-72-8C	引风机	1800	30834	2754	Y200L_2-2	37
	9-26-6.3A	辅助风机	2900	9415	9616	Y225M-2	45
24 型	G4-73-20D	主风机	960	233070	5598	YKK450-4-6	500
	4-72-12C	引风机	1120	63548	2601	Y280S-4	75
	9-26-10D	辅助风机	1450	21465	5920	Y250M-4	55

注：12 型、24 型复合式干选机用袋式除尘器配套反吹风机，型号为 9-19-5.6A。

13.1.4.3 与干法末煤跳汰选系列配套的离心式通风机性能

与干法末煤跳汰选系列配套的离心式通风机有主风机、引风机。为了便于查阅，把各型干法末煤跳汰选系列配套风机的性能列于表 13-3。

表 13-3 TFX 型干法末煤跳汰机配套风机性能

干法末煤跳汰机型号	离心通风机型号	风机用途	流量 /m^3 · h^{-1}	全压 /Pa	电动机	
					型号	功率/kW
1 型	G4-72-4.5A	主风机	5712~10562	2554~1673	YE2-2P	7.5
	Y4-72-5A	引风机	8792	3834~3294	YE2-2P	15.0
3 型	G4-72-6c	主风机	15471	2233	YE2-4P	15
	Y5-48-8C	引风机	17827	2678	YE2-4P	30

续表 13-3

干法末煤跳汰机型号	离心通风机型号	风机用途	流量 $/m^3 \cdot h^{-1}$	全压 /Pa	电动机	
					型号	功率/kW
6 型	G4-72-8C	主风机	32266	2611	YE2-4P	37
	Y5-48-10C	引风机	46014	2859	YE2-4P	75
9 型	G4-73-10C	主风机	46043	2747	YE2-4P	55
	Y4-73-11D	引风机	61000	3301	YE2-4P	110

13. 1. 4. 4　高原风机的性能

从 2004 年开始，在青海高原地区推广应用摇床式干法选煤。由于青海煤矿地处海拔 2300~3600m，空气密度低、气压低，风机压力不足，造成分选效果不佳。

摇床类干选机所需风量、风压是一定的，在海拔小于 1000m 的平原、山地使用在标准状态下（大气压力 $p=101.325$kPa，大气温度 $t=20$℃，空气密度$\gamma=1.2\text{kg/m}^3$）测定的风机性能特性参数是可以满足干法选煤要求的。在青海高原大气压力低、空气密度低，离心通风机的全压降低，由于风机全压的下降而使其工作点的改变又会使风机流量改变。为了满足高原地区摇床类干选机选煤的要求必须重新选择风机。以青海当地海拔高度 3600m，大气压力 68kPa，空气密度 0.74kg/m^3，用 12 型干选系统的风机选型为例。

（1）12 型干选系统原配主风机型号：G4-73-14D。流量 $10955\text{m}^3/\text{h}$，全压 6442Pa，转速 1450r/min，电动功率 250kW。

（2）当用于海拔 3600m 高原时，风机全压下降。

$$p_2 = p_1 \times \frac{\rho_2}{\rho_1} = 6442 \times \frac{0.74}{1.2} = 3972\text{Pa}$$

不能满足干选要求，必须重新选型。

（3）选用 G6-51-16D 型风机在标准状态时，风机性能为流量 $106000\text{m}^3/\text{h}$，全压为 10803Pa，转速 1450r/min，电机功率 500kW。当用于海拔 3600m 高原时，风机性能流量 $106000\text{m}^3/\text{h}$，全压为 6706Pa，转速 1450r/min，电机功率 355kW。可以满足 12 型摇床类干选机在 3600m 高原选煤的要求。

13. 1. 5　离心通风机的安装、操作与维护

13. 1. 5. 1　风机的安装、调试

在风机安装前首先应准备好安装用材料工具，并对风机各部分的机件进行

检查，对叶轮、主轴和轴承等机件更应严格检查，如发现损伤，应予以维修，然后用煤油清洗轴承箱内部。

在进行安装操作的过程中必须注意以下几点：

（1）在一些接合面上，为了防止生锈，减少拆卸困难，应涂上一些润滑脂或机油。

（2）在安装上接合面的螺栓时，如有定位销钉，应先上好定位销钉，打紧后再拧紧螺栓。

（3）检查机壳及其他壳体内部，不应有掉入或遗留的工具和杂物。

A 安装要求

风机的安装要求如下：

（1）按图纸所示的位置及尺寸进行安装。为得到高效率，特别要保证进风口与叶轮的间隙尺寸。

（2）保证主轴的水平位置，并测量风机主轴与电机轴的同心度及联轴器两端面的不平行度。两轴不同心度允许误差小于0.05mm。联轴器端面的不平行度允许误差小于0.05mm。

（3）安装调节门，注意不要装反，要保持进气方向与叶轮旋转方向一致。

（4）风机安装后，用手或杠杆拨动转子，检查是否有过紧或与固定部分碰撞现象。

（5）安装风机进口和出口管道时，重量不应加在机壳上。

（6）全部安装后，进行总检查，符合要求之后再进行运转试验。

B 风机的试运转

机械运转试验首先在无载荷（关闭进风口管道的闸门或调节门）的情况下进行，如运转情况良好，则在满载荷的正常工况（规定的全压和流量）的情况下连续运转，运转至规定时间后，如无异常现象发生，经检查合格后，方可投入生产。在正常工况下的连续运转时间为修理安装后试运转不少于30min，新安装后试运转不少于2h。

13.1.5.2 风机的操作

风机的操作步骤及注意事项如下。

（1）风机启动前，应作下列准备工作：

1）关闭调节门。

2）检查风机各部分的间隙尺寸，转动部分与固定部分有无碰撞及摩擦现象。

3）联轴器应加防护罩。

4）检查轴承的油位是否在最高与最低油位之间。

5）检查电器线路及仪表是否正常。

（2）风机启动后，逐渐开大调节门达到正常工况。运转过程中，轴承温升不得比周围环境温度高40℃。

（3）下列情况，必须紧急停车：

1）发觉风机有剧烈的噪声。

2）轴承温度迅速上升。

3）风机发生剧烈振动和撞击。

13.1.5.3 风机的维护

风机维护中应注意的问题：

（1）风机维护工作注意事项：

1）只有在风机设备完全正常的情况下方可运转。

2）如果风机设备在检修后开动，则需注意风机各部位是否正常。

3）定期清除风机内部积灰、污垢及水等杂质，并防止生锈。

4）对风机设备的修理，不许在运转中进行。

（2）风机正常运转中的注意事项：

1）如发现流量过大不符合使用要求或短时间内需要较少的流量，可利用调节门进行调整，以达到使用要求。

2）对温度计及油标的灵敏性应定期进行检查。

3）在风机的开车、停车或运转过程中，如发现不正常现象应立即进行检查。

4）对检查发现的小故障，应及时查明原因消除故障。发现大故障时，应立即进行检修。

5）每次拆修后应更换润滑油，正常情况下3~6个月更换一次润滑油。

（3）风机的主要故障：

1）轴承箱剧烈振动。

2）承轴温升过高。

3）电动机电流过大和温升过高。

4）叶轮磨损。

13.1.5.4 风机叶轮磨损

与摇床类干选机配套的主风机磨损情况如下所述：输送的气体含尘浓度较

高，虽然经过旋风除尘器将含尘气体预先除尘再进入风机，但由于旋风除尘器除尘效率有限，仍有大量微粒粉尘进入风机。在叶轮高速旋转时，气流中的微粒就会撞击和摩擦叶轮的叶片及后盘叶片根部，造成磨损，尤其是机翼型叶片，叶片头部磨损后，叶片空腔中极易进入煤灰，破坏转子平衡，引起振动。

解决叶轮磨损的措施：

（1）注意提高旋风除尘器除尘效率，避免旋风除尘器因堵塞或其他原因造成除尘效率下降。

（2）提高叶轮叶片的耐磨性能。目前采用的方法有在易磨损部位用耐磨焊条堆焊；在叶片易磨损部位贴耐磨瓷块；在叶片上用等离子喷镀方法喷镀上一定厚度的硬质合金层。

13.2 除尘器

除尘器是风力干法选煤系统的重要组成部分，干选系统的除尘工艺是采用旋风除尘器和袋式除尘器并列除尘。旋风除尘器与干选机、风机组成闭路循环，主要作用是将干选机产生的含尘气体净化，除去较大颗粒煤尘，保护风机叶轮，减少磨损。袋式除尘器除尘效率高，能满足严格的环境保护要求，将干选机产生的部分含尘气体过滤净化后由引风机排入大气，形成开路。风源来自干选机周围，由于负压作用，干选机内的煤尘不会外溢。

13.2.1 旋风除尘器

旋风除尘器是利用旋转的含尘气体所产生的离心力，将粉尘从气流中分离出来的一种干式气-固分离装置。旋风除尘器用于工业生产已有百余年历史。广泛用于捕集、分离 10μm 以上粉尘颗粒。

13.2.1.1 旋风除尘器的特点

旋风除尘器的特点为：

（1）优点：结构简单，没有运动部件，占地面积小，制造、管理方便，投资少，操作维护简便。

（2）缺点：卸灰阀漏风会严重影响除尘效率。对黏、湿粉尘易产生堵塞现象；对于高浓度或琢磨性大的粉尘，在入口处和锥体部位容易磨损；除尘效率不高，特别是大直径旋风除尘器处理大风量、高浓度粉尘时尤为明显。

13.2.1.2 影响旋风除尘器性能的主要因素

影响旋风除尘器性能的主要因素有几何尺寸和气体参数。

（1）旋风除尘器几何尺寸的影响：旋风除尘器的直径、气体进口及排气管的形状与大小为最主要影响因素。旋风除尘器直径越小，除尘效率越高。摇床类干选机要求处理风量大，采用多管旋风除尘器。但筒体小对于水分大的黏性粉尘容易引起堵塞，所以大型干选机采用大直径（2m）旋风除尘器组，用以处理大风量含尘气体。灰斗是旋风除尘器设计中不容忽视的部分，因为在除尘器底口处气流处于湍流状态，而粉尘也由此排除，容易出现二次夹带。如果设计不当，造成灰斗漏气，就会使粉尘二次飞扬加剧，影响除尘效率。

常用旋风除尘器几何尺寸的比例关系见表 13-4 和图 13-5。

表 13-4　旋风除尘器各部分间几何尺寸的比例关系（D_0 为外筒直径）

项　目	标准除尘器比例	常用旋风除尘器比例
直筒长	$L_1=2D_0$	$L_1=(1.5\sim2)D_0$
锥筒长	$L_2=2D_0$	$L_2=(2\sim2.5)D_0$
出口直径	$D_e=D_0/2$	$D_e=(0.3\sim0.5)D_0$
入口高	$H=D_0/2$	$H=(0.4\sim0.5)D_0$
入口宽	$B=D_0/4$	$B=(0.2\sim0.25)D_0$
灰尘出口直径	$D_d=D_0/4$	$D_d=(0.15\sim0.4)D_0$
内筒长	$L=D_0/3$	$L=(0.3\sim0.75)D_0$

（2）气体参数对除尘器性能的影响：

1）气体流量的影响。气体流量大小取决于除尘器入口气体流速。入口流速增加，能增加尘粒的离心力，易于分离，因而除尘效率提高。当入口风速超过临界值时，紊流的影响就比分离作用增加更快，影响除尘效率。因此，旋风除尘器的入口风速宜选取 18～23m/s，低于 18m/s 时，除尘效率下降；高于 23m/s 时，除尘效率提高不明显，但阻力损失增加，耗电量增高。

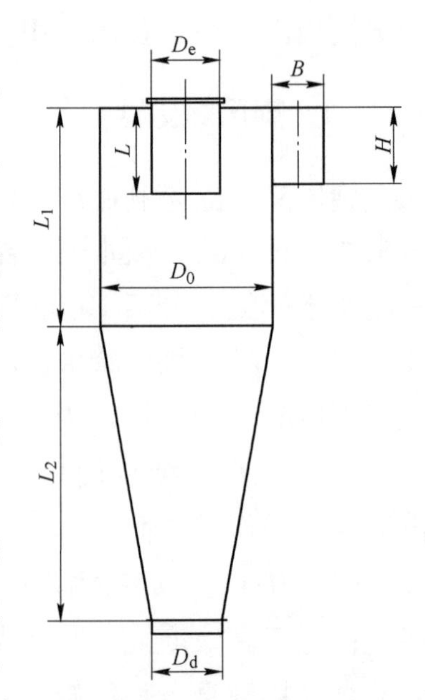

图 13-5　旋风除尘器各部分比例关系

2）气体含尘浓度的影响。旋风除尘器的除尘效率，随粉尘浓度增加而提高。这是因为含尘浓度大时，粉尘的凝聚与团聚性能提高，使较小的尘粒凝聚在一起而被捕集。但值得注意的是，含尘浓度增加后除尘效率虽有提高，而排气管排出的净化气体中粉尘的绝对量也会大大增加。

3）气体含尘水分的影响。如果气体含湿量增加，对于-10μm细颗粒含量为30%~40%的分散度高的细粉尘，在旋风除尘器中可互相黏结成比较大的颗粒，有利气体的净化。如果煤尘颗粒粗，含水分高，含尘浓度大，由于离心力的作用，就有可能在旋风除尘器内壁上黏结、堵塞。

13.2.1.3 摇床类干选系统应用的旋风除尘器

摇床类干选系统中旋风除尘器与干选机和主风机组成闭路循环，其特点是将干洗机产生的煤尘中的较粗颗粒（大于10mm）分离捕集，保护主风机叶轮，减少磨损。所采用的旋风除尘器有以下两种形式。

A CLT/A型旋风除尘器

CLT/A型旋风除尘器是应用最早的旋风除尘器，其结构简单，制造容易，压力损失小，处理气量大，除尘效率为50%~80%，适于捕集重度和颗粒较大且干燥的非纤维性粉尘。其特点符合干选系统要求。

CLT/A型旋风除尘器是CLT型旋风除尘器的一种改进型。它的结构特点是具有向下倾斜的螺旋切线型气体进口，顶板为螺旋形的导向板。导向板的角度越大，压力损失越小，但除尘效率降低。由于气体从切向进入又有导向板的作用，可消除进入气体向上流动而形成的小漩涡气流，减少动能消耗，提高除尘效率。由于摇床类干选机风量大，单筒CLT/A型旋风除尘器处理风量不能满足要求，因此采用四筒组合。CLT/A型旋风除尘器四筒组合如图13-6所示。

B CLK型扩散式旋风除尘器

扩散式旋风除尘器与一般旋风除尘器的区别是前者具有呈倒锥体形状的锥体，并在锥体的底部装有反射屏。扩散式旋风除尘器包括排气管、进气管、筒体、锥体、反射屏和灰斗。

倒圆锥体的直径上小下大，使含尘气体的旋流速度越往下越低，这样可以减少返混并减轻器壁磨损。而反射屏的设立使已经被分离的粉尘沿着反射屏与锥体之间的环缝落入灰斗，有效防止了上升的净化气体重新把粉尘卷起带走，因而提高了除尘效率。总除尘效率可达88%~92%。扩散式旋风除尘器结构如图13-7所示。

反射屏的锥角一般采用60°，反射屏顶部的透气孔直径取0.05倍筒体直径时除尘效率最佳。透气孔中心线不对中或孔面不水平，对除尘效率都有显著影响。

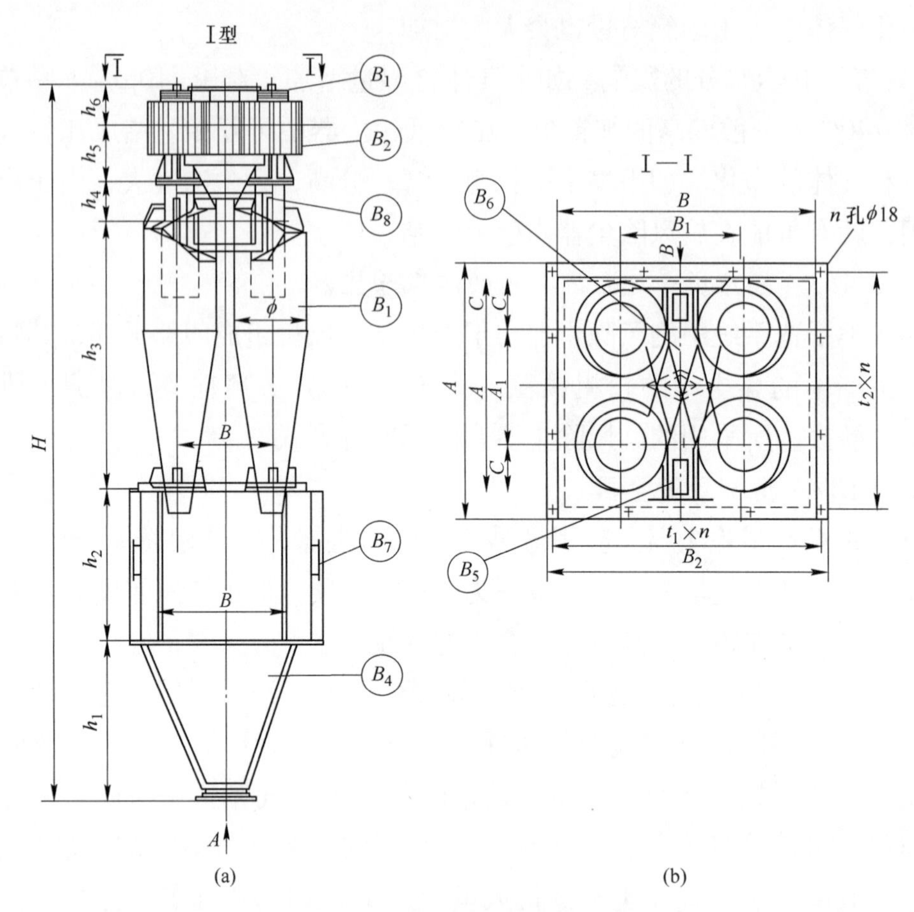

图 13-6　CLT/A 型旋风除尘器四筒组合

（a）主视图；（b）俯视图

扩散式除尘器另一特点是有一个较大灰斗，其圆柱体直径一般取 1.65D，灰面越高，则气流带出的粉尘量越大，所以要及时清灰或连续排灰。

13.2.2　袋式除尘器

干法选煤系统采用袋式除尘器和旋风除尘器并列除尘。袋式除尘器除尘效率高，能满足环境保护要求，因此将其作为环境保护的关键设备。

13.2.2.1　LHF 型回转反吹扁袋式除尘器

摇床类干选系统选用 LHF 型回转反吹扁袋式除尘器，其特点是：

（1）外滤式。含尘气体由滤袋外侧流向内侧，粉尘沉积在滤袋表面上，其滤袋内设支撑骨架。

（2）扁袋式。滤袋形状为扁平形，优点是单位容积的过滤面积大，但清灰、换袋较复杂。

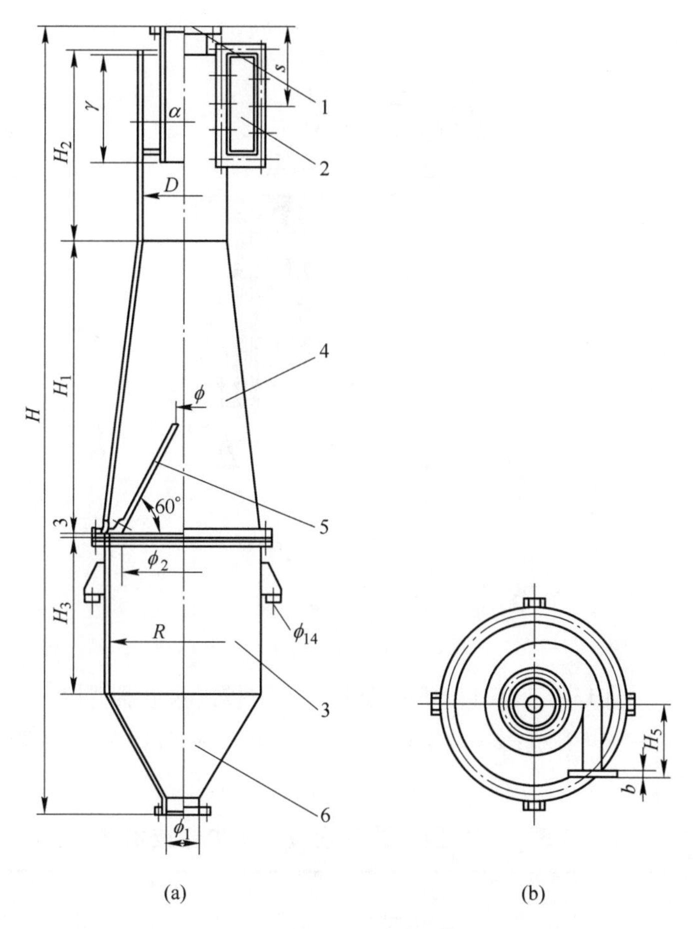

图 13-7 扩散式旋风除尘器结构示意图

（a）主视图；（b）俯视图

1—排气管；2—进气管；3—筒体；4—锥体；5—反射屏；6—灰斗

（3）负压式。引风机置于除尘器之后，除尘器在负压状态下工作，由于含尘气体经净化后再进入引风机，对风机磨损很小。

（4）喷嘴反吹清灰式。喷嘴为条形或圆形，经回转运动，依次与各滤袋出口相对，进行反吹清灰。

（5）上进风式。除尘器进风口按旋风除尘器设计，有利于捕集大颗粒粉尘。上进风气流方向与粉尘方向一致，有利于粉尘沉降，减少设备阻力。

（6）滤布为“208”涤纶绒布。该绒布以涤纶线为原料织成滤布后拉绒，表面形成浓密绒毛，以提高滤布的过滤、耐磨和透气性能。

13.2.2.2 ZC（LHF）型回转反吹袋式除尘器

ZC(LHF) 型回转反吹袋式除尘器的结构如图 13-8 所示。

与摇床类干选机配套的 LHF 型回转反吹袋式除尘器技术性能见表 13-5。

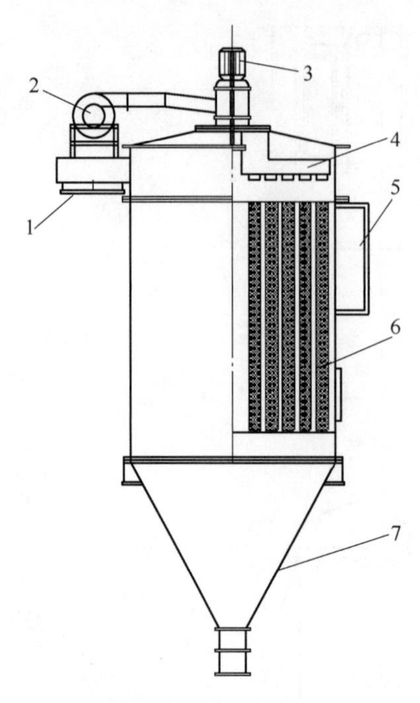

图 13-8　ZC（LHF）型回转反吹袋式除尘器结构

1—出风口；2—反吹风机；3—减速电机；4—旋转臂；5—进风口；6—布袋；7—灰斗

表 13-5　LHF 型回转反吹袋式除尘器技术性能

摇床类干选机型号	3 型	6 型	9 型	12 型	24 型
袋式除尘器型号	LHF24-300	LHF72-300	LHF72-400	LHF72-430	LHF144-500
过滤面积/m^2	60	170	230	248	570
滤袋数/个	24	72	72	72	144
滤袋长/m	3	3	4	4. 3	5
圈数	1	2	2	2	3
过滤风速/$m \cdot min^{-1}$	2	2	2	2	2
处理风量/$m^3 \cdot h^{-1}$	7200	20400	27600	29760	68400

注：除尘效率为 99. 2%～99. 75%；入口粉尘浓度小于 15g/m^3。

13. 2. 2. 3　脉冲喷吹袋式除尘器

脉冲喷吹袋式除尘器是以压缩空气为清灰动力，利用脉冲喷吹机构在瞬间放出压缩空气，诱导数倍的二次空气高速射入滤袋，使滤袋急剧膨胀，依靠冲击振动和反向气流而清灰的袋式除尘器。脉冲喷吹袋式除尘器是一种高效除尘净化设备，采用脉冲喷吹的清灰方式，具有清灰效果好、净化率高、处理气量大、滤袋寿命长、维修工作量小以及运行安全可靠等优点。

摇床类干选系统开始采用LCPM型侧喷脉冲袋式除尘器（见图13-9）逐渐取代回转反吹袋式除尘器。而干法末煤跳汰机用FMQD离线气箱脉冲袋式除尘器，如图13-10所示，设备性能参数见表13-6。

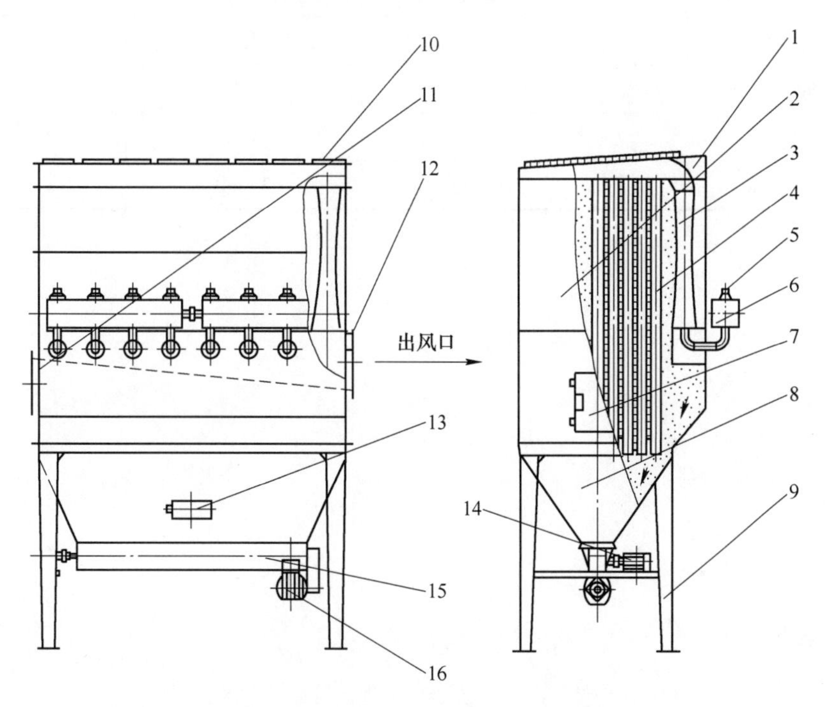

图13-9 LCPM型侧喷脉冲袋式除尘器构造原理图

1—箱体；2—中箱体；3—矩形诱导管；4—布袋笼骨组合；5—脉冲电磁阀；6—低压气包；7—中箱检查门；8—下箱体及灰斗；9—支腿；10—上掀盖；11—进风口；12—出风口；13—灰斗检查门；14—螺旋输送机电机；15—螺旋输送机；16—出灰阀

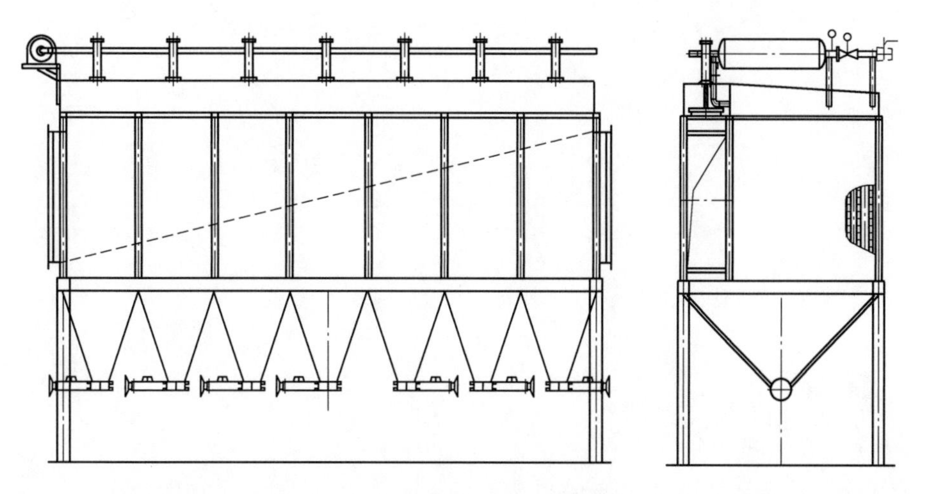

图13-10 FMQD离线气箱脉冲袋式除尘器构造原理图

表 13-6　FMQD 离线气箱脉冲袋式除尘器性能参数

干法末煤跳汰机型号	3 型	6 型	9 型
袋式除尘器型号	FMQD36×6	FMQD 64×6	FMQD 96×7
过滤面积/m^2	216	384	672
滤袋数/个	216	384	672
滤袋长/m	3	2.45	2.45
过滤风速/$m \cdot min^{-1}$	1.2	1.2	1.2
处理风量/$m^3 \cdot h^{-1}$	15552	34560	60480

14　干法选煤系统的安装、操作、维护及生产经验

14.1　干选系统的安装

干选系统为钢结构、装配式选煤厂。中、小型干选系统一般不建厂房，用户只需按基础布置图铺设一块水泥地面，即可安装设备。在北方，为了冬季采暖，许多大型煤矿要求对大型干选系统建设厂房，由设计院提供设计。因此存在露天和厂房内安装的两种形式。

14.1.1　厂址和厂型

干选系统厂址选择应遵循以下原则：

（1）露天干选系统厂址应选择在煤矿地面生产系统附近，一般建立在原煤上仓皮带运输机附近，入选原煤从原煤皮带机下进入干选机分选，选后产品又回到原煤上仓皮带机，其优点在于：

1）不影响原生产系统，在煤质合格不需要干选时可直接上仓。干选系统停车时不影响煤矿生产。

2）减少投资，尽量利用原有贮煤，减少输送系统设备。

3）便于管理，因干选系统操作人员少，由原地面生产系统管理即可。

4）干选系统供电电源可就地解决。行政、生活设施不需要重建。

5）需要建立集中控制室，其位置设在干选系统附近。集控室内设置电气控制柜、配电柜，要求清洁、干燥并有较好的采光和隔音设施。

（2）厂房内干选系统一般由设计院提供厂房及系统布置设计。干选系统安装在厂房内的优点为：

1）适于北方严寒地区冬季生产需要，厂房内设置采暖设施，便于操作人员工作；

2）减少风管、除尘器内煤尘冻结而造成的堵塞现象；

3）防风、防雨，为干选系统创造良好的生产条件；

4）便于生产管理，文明生产。

厂房内干选系统的布置及厂房建设应注意以下几个方面：

（1）设置干选机封闭体，其具有保温、防尘、降噪、安全、外观整洁等优点。从厂房外直接将新鲜冷空气通过风管引入封闭体，由引风机将封闭体内的含尘气体引入袋式除尘器净化后排出厂外，冷空气不进入厂房内，不影响车间采暖，保证封闭体内干选机和各产品落煤点产生煤尘不会外溢到厂房内。

（2）设置冲洗地面用的给水栓及排水沟。每班清洗地面设备上的积尘，防止二次扬尘。

（3）在厂房上部或顶部设置通风装置减少厂房内悬浮煤尘。

（4）厂房设计应注意车间内采光。

14.1.2 设备安装

设备安装是指干选系统的设备包括干选系统的缓冲仓、给料机、干选机、风机、除尘器、电气控制柜，按生产厂家提供的设备基础图、设备安装布置图、电气控制线路图进行施工及安装。对于不同企业、不同情况，选择不同的工艺流程，如是否需要配置原煤分级筛、破碎机、手选皮带机等。产品输送的方式地点、原煤及产品贮存要求、电源及电压情况等都需要按照设计的工艺流程要求进行统一施工。

14.1.2.1 图纸准备

干选系统制造厂根据现场状况，提供所预订的干选系统型号的设备基础图、设备安装布置图、电气控制线路图。

（1）CFX-12 型差动式干选系统设备基础图如图 14-1 所示。

（2）CFX-12、9、6、3 型差动式干选系统设备安装图如图 14-2 所示，定位尺寸见表 14-1。

（3）CFX-12 型差动式干选系统设备电气控制线路图如图 14-3 所示。

（4）FGX-12 型复合式干选系统设备基础图如图 14-4 所示。

（5）FGX-12 型复合式干选系统设备安装图如图 14-5 所示。

（6）FGX-12 型复合式干选系统设备电气控制线路图如图 14-6 所示。

（7）FX-12 型风力干选系统设备基础图如图 14-7 所示。

（8）FX-12 型风力干选系统设备安装图如图 14-8 所示。

（9）FX-12 型风力干选系统设备电气控制线路图如图 14-9 所示。

（10）TFX-9 型干法末煤跳汰选系统设备基础图如图 14-10 所示。

（11）TFX-9、6、3、1 型干法末煤跳汰选系统设备安装图如图 14-11 所示，其定位尺寸见表 14-2。

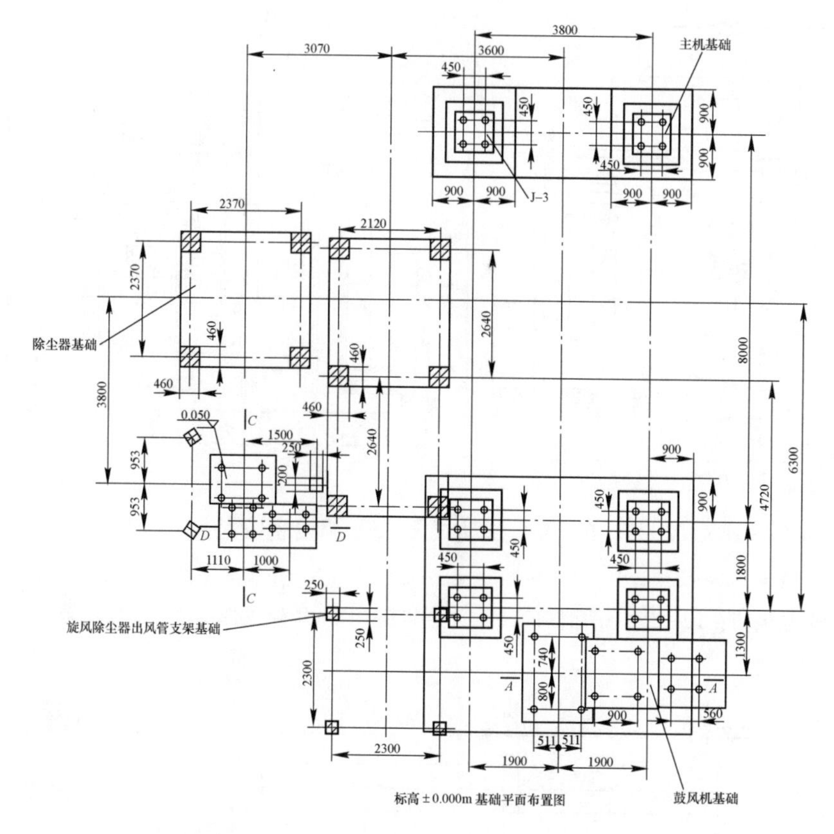

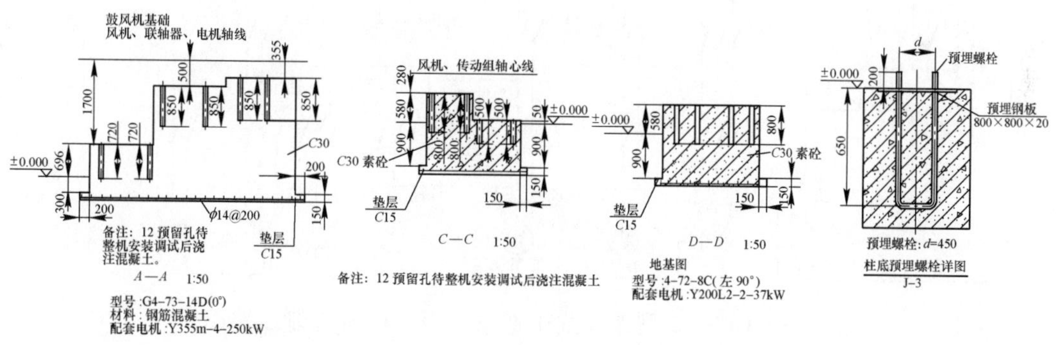

图 14-1 CFX-12 型差动式干选系统设备基础图

表 14-1 CFX-12、9、6、3 型差动式干选系统设备定位尺寸 (mm)

产品	A	B	C	D	E	F	G	H	J	K	M	N	P	R
CFX-12	1300	1800	8000	13640	2370	2120	3800	2396	6400	7560	10700	1760	640	825
CFX-9	1300	1800	7430	11700	2400	1700	3300	1720	5750	6780	10200	1628	700	780
CFX-6	1300	1800	5910	11390	1920	1600	3000	1500	4710	5890	8700	1040	500	685
CFX-3	1100	1500	4150	9030	1850	1330	1950	1335	3070	4080	7240	1660	690	0

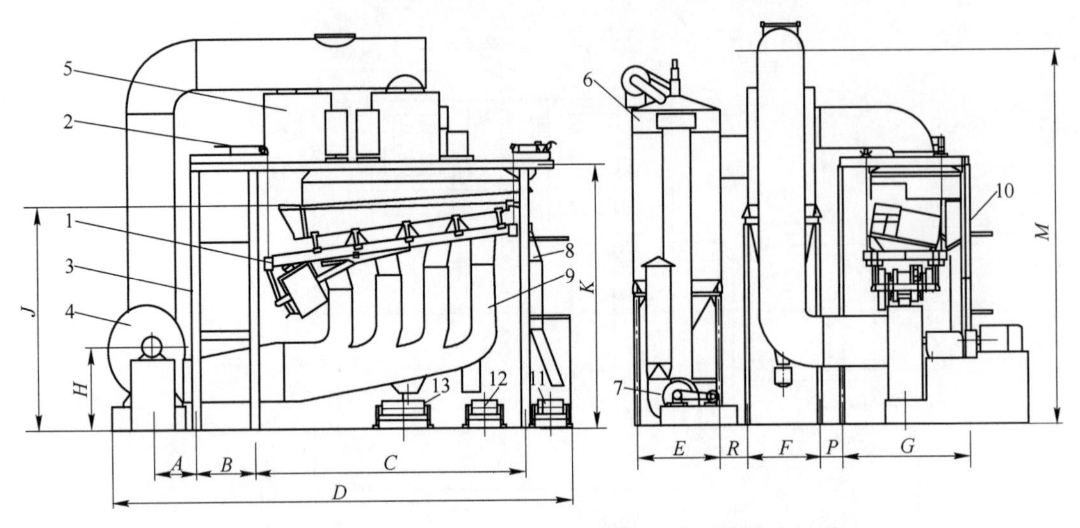

图 14-2　CFX-12、9、6、3 型差动式干选系统设备安装图

1—分选床；2—吊挂装置；3—支架；4—鼓风机；5—旋风除尘器；6—布袋除尘器；7—引风机；8—尾煤溜槽；9—鼓风筒；10—精中煤溜槽；11—尾煤皮带；12—中煤皮带；13—精煤皮带

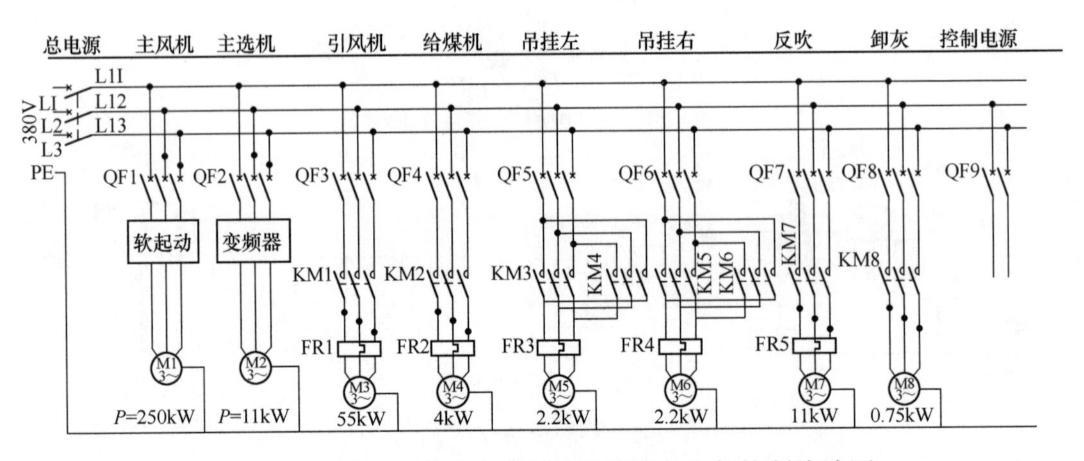

图 14-3　CFX-12 型差动式干选系统设备电气控制线路图

表 14-2　TFX-9、6、3、1 型干法末煤跳汰选系统设备定位尺寸　（mm）

产品	A	B	C	D	E	F	G	J	K	M	N	S	T	V	X	Y	Z
TFX-9	14940	11240	6400	9000	3524	2540	5800	1200	1575	800	2980	3600	1935	2345	4730	5310	427
TFX-6	11250	7230	4740	7500	1610	2510	4000	1000	1100	510	2700	3050	1368	2060	3700	4420	640
TFX-3	7080	6980	3170	7200	1000	1500	3900	0	740	580	2150	2800	724	1800	1080	3990	1370
TFX-1	5970	4435	3300	5355	792	916	2850	0	735	340	1550	1200	1530	1077	3360	3010	610

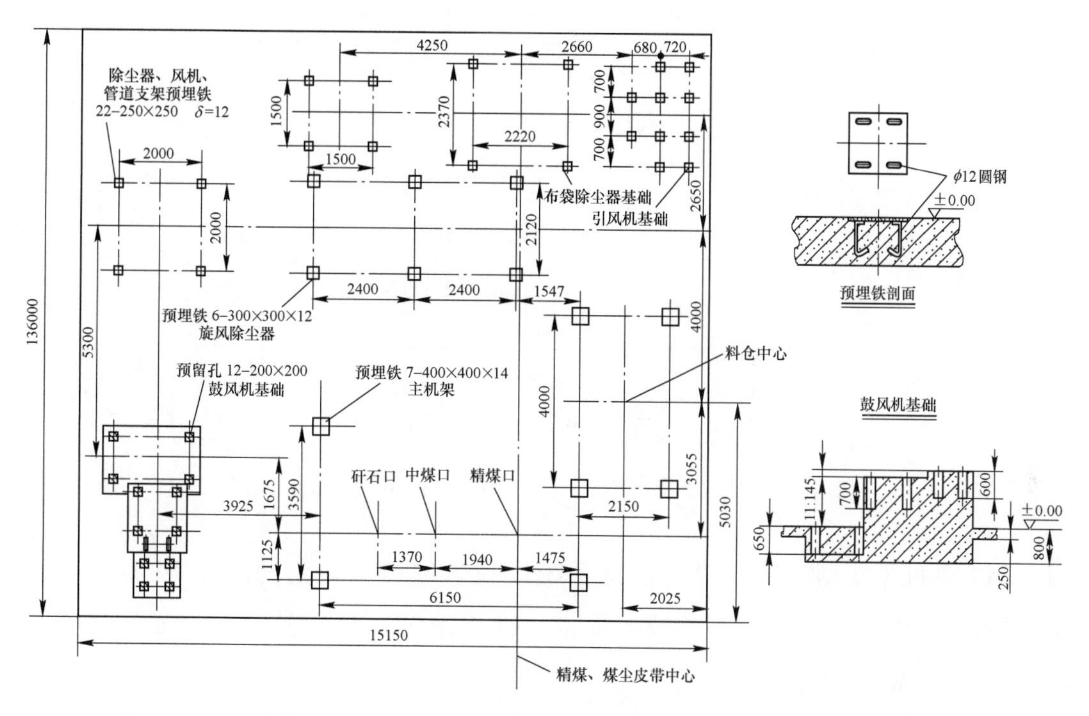

图 14-4　FGX-12 型复合式干选系统设备基础图

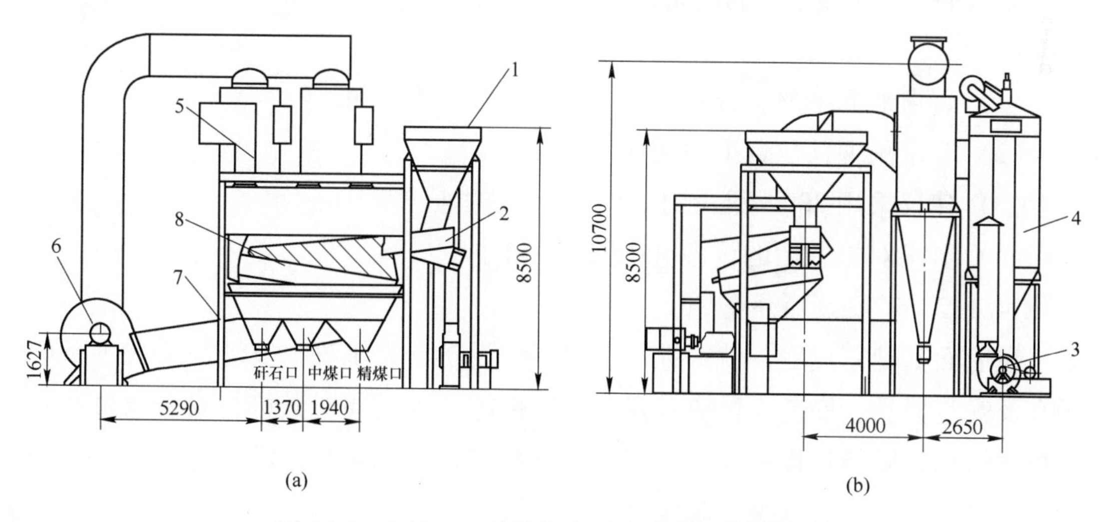

图 14-5　FGX-12 型复合式干选系统设备安装图

(a) 主视图；(b) 右视图

1—缓冲仓；2—振动给料机；3—引风机；4—袋式除尘器；5—旋风除尘器；

6—主风机；7—机架；8—复合式干选机

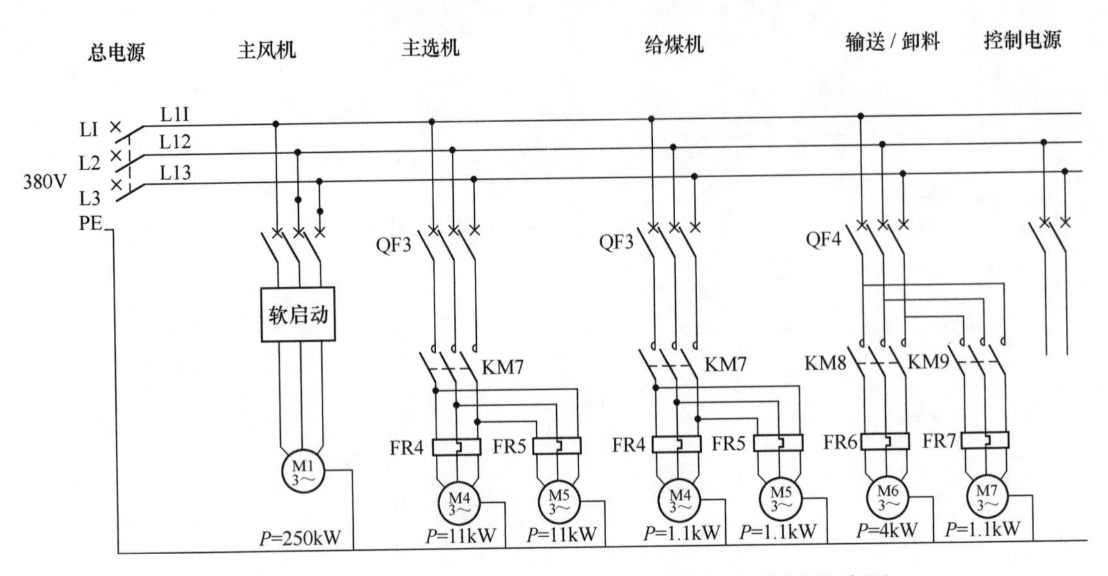

图 14-6　FGX-12 型复合式干选系统设备电气控制线路图

（12）TFX-9 型干法末煤跳汰选系统设备电气控制线路图如图 14-12 所示。

用户按设备基础图和安装技术要求，在确定的厂址位置做好设备安装基础以及供电电源和电气控制室。

14.1.2.2　地面基础

在确定干选系统厂址位置后，按设备基础图的技术要求进行施工技术要求如下：

（1）要求地面平整，夯实。

（2）要求预埋铁位置准确无误。

（3）建议采用 200 号混凝土。

（4）要求对施工后的设备基础保养和维护。

14.1.2.3　安装顺序

在地面基础完成后，就可进行干选系统设备安装工程。安装前需要准备好吊车及安装器具。安装人员应有安全保护措施，且需要对其进行安全教育和安全技术培训，安装过程中要严格遵守安全规程，注意装好运动部件防护罩、防护栏等安全防护装置以保证安全。

安装顺序为：(1) 机架安装；(2) 主机安装；(3) 袋式除尘器安装；(4) 旋风除尘器安装；(5) 缓冲仓、给料机安装；(6) 风机安装；(7) 风管安装；(8) 原煤及产品皮带输送机安装；(9) 电控柜安装。

干选系统安装示意图如图 14-13 所示。

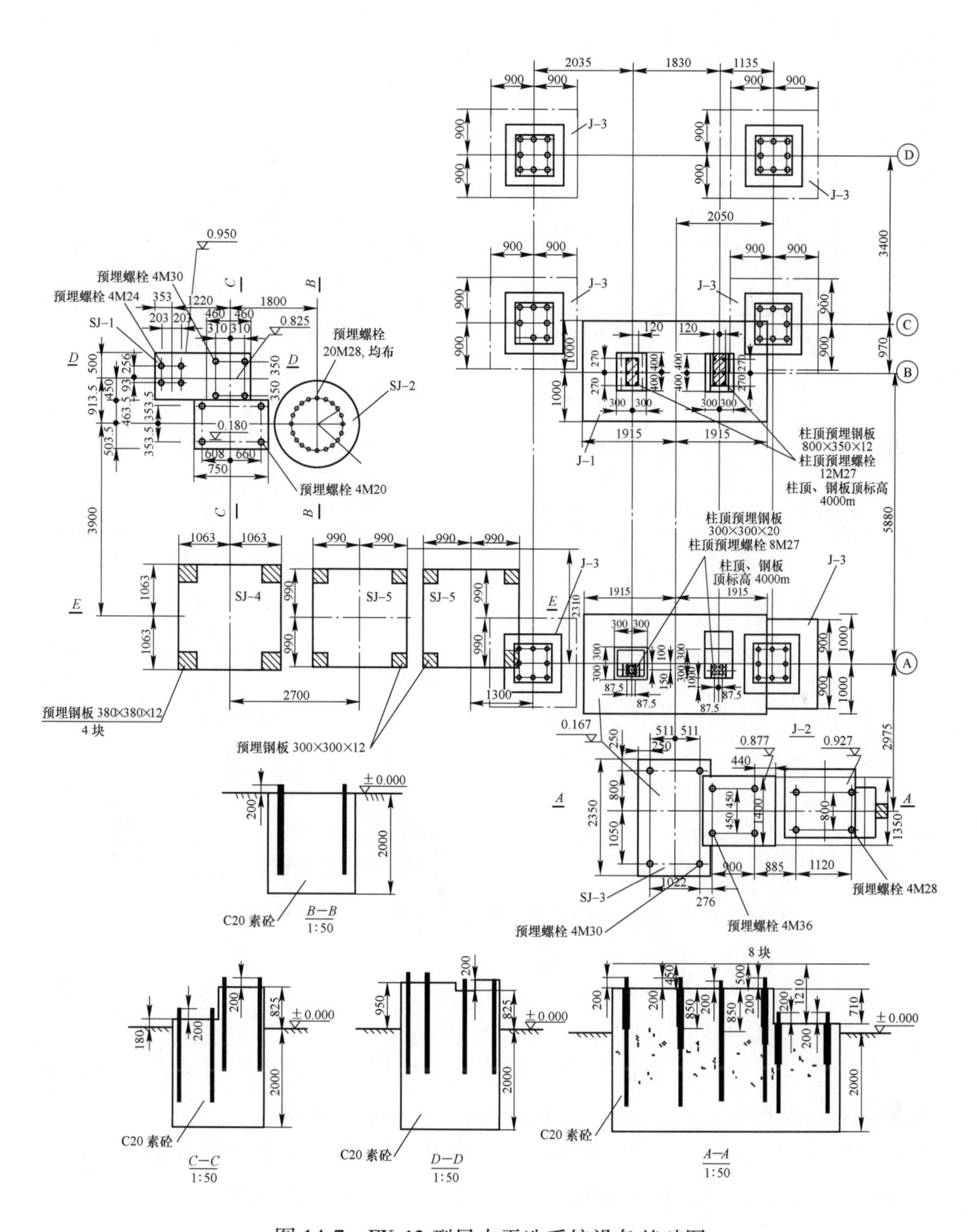

图 14-7　FX-12 型风力干选系统设备基础图

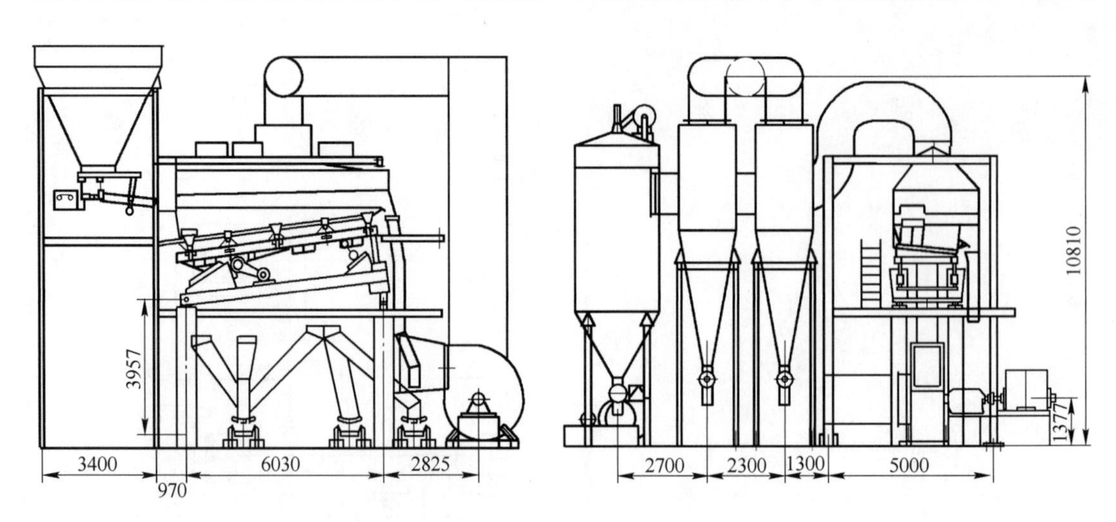

图 14-8　FX-12 型风力干选系统设备安装图

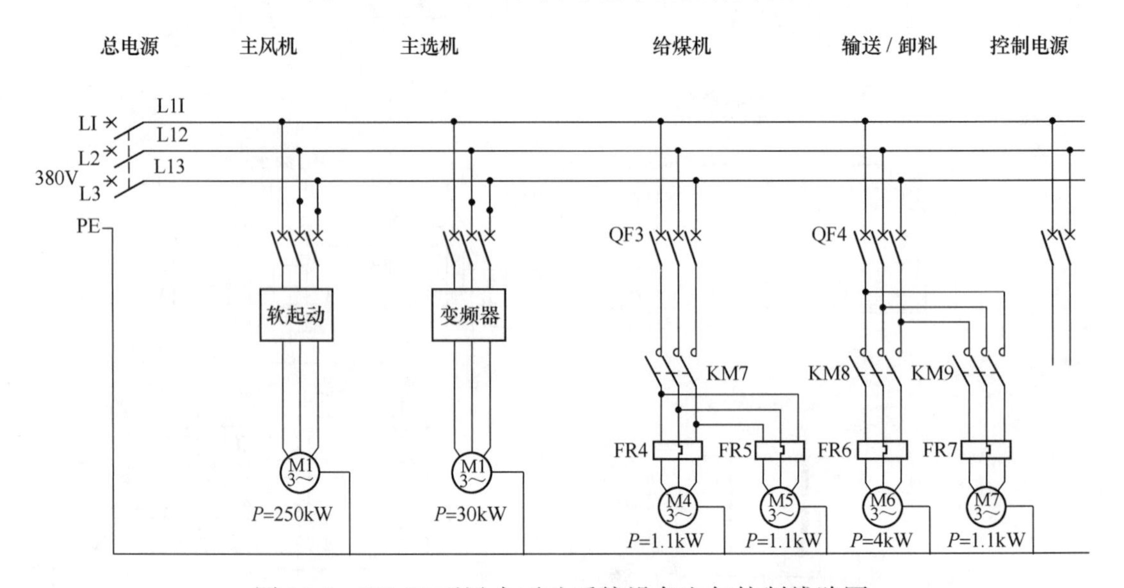

图 14-9　FX-12 型风力干选系统设备电气控制线路图

14.1.2.4　安装要求及注意事项

安装要求及注意事项如下：

（1）机架安装。按地面基础位置安装主机机架及除尘器机架。在各设备安装就绪且风管安装完成后，再将机架柱脚与基础预埋铁固定。

（2）主机安装。主机机架装好后，将吸尘罩吊装固定在机架下，装好四组吊挂装置，将床体吊挂在吊挂装置上，调好床面角度和位置。

（3）风机安装。

1）按风机说明书图纸位置及尺寸进行安装，特别要保证进风口与叶轮的间隙尺寸。

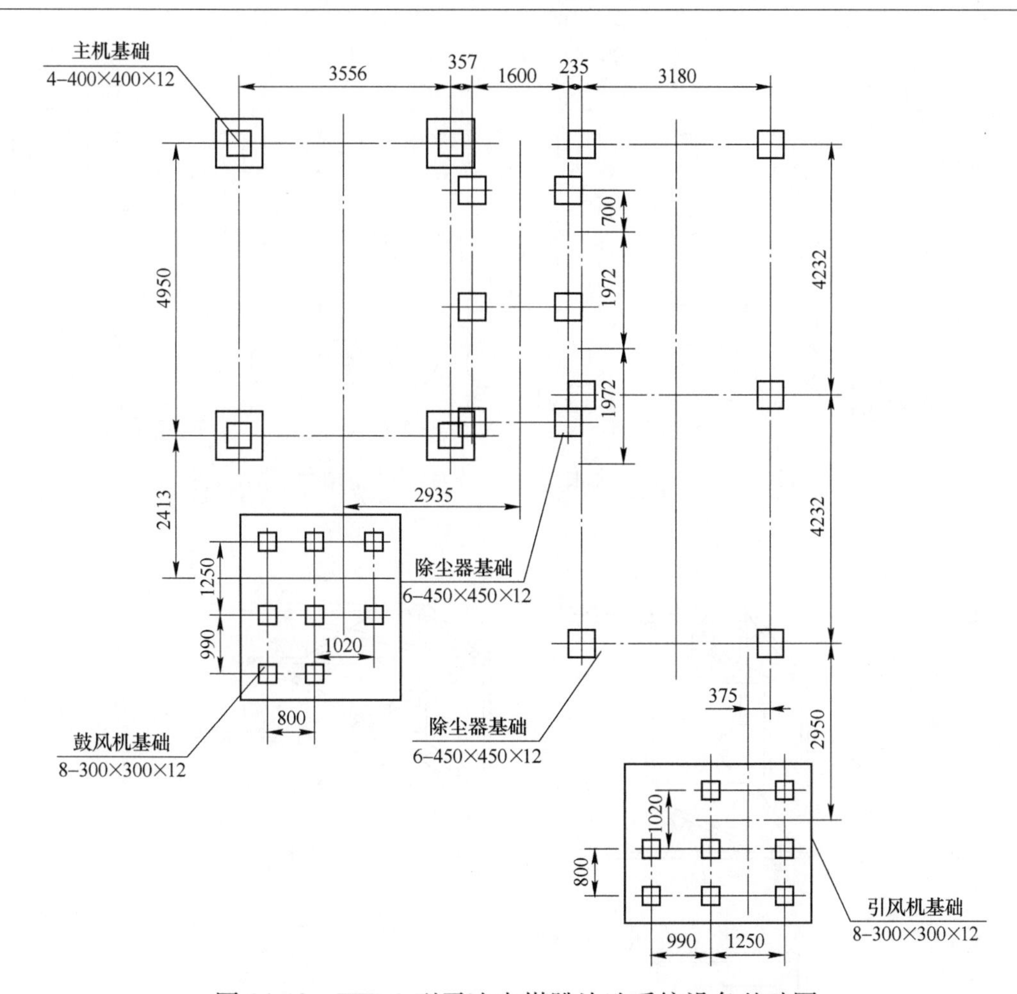

图 14-10 TFX-9 型干法末煤跳汰选系统设备基础图

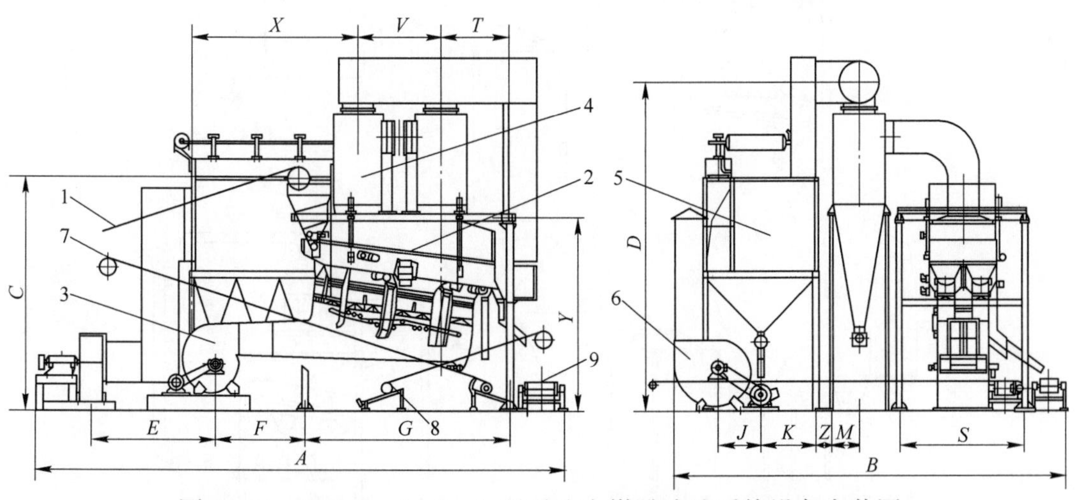

图 14-11 TFX-9、6、3、1 型干法末煤跳汰选系统设备安装图

1—入料皮带；2—跳汰机主机；3—鼓风机；4—旋风除尘器；5—布袋除尘器；6—引风机；7—中煤皮带；8—尾煤皮带；9—精煤皮带

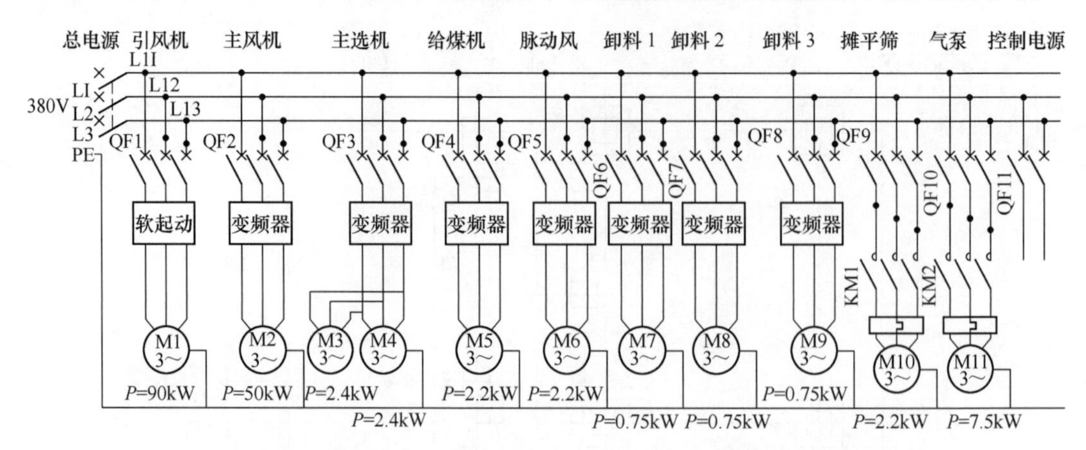

图 14-12　TFX-9 型干法末煤跳汰选系统设备电气控制线路图

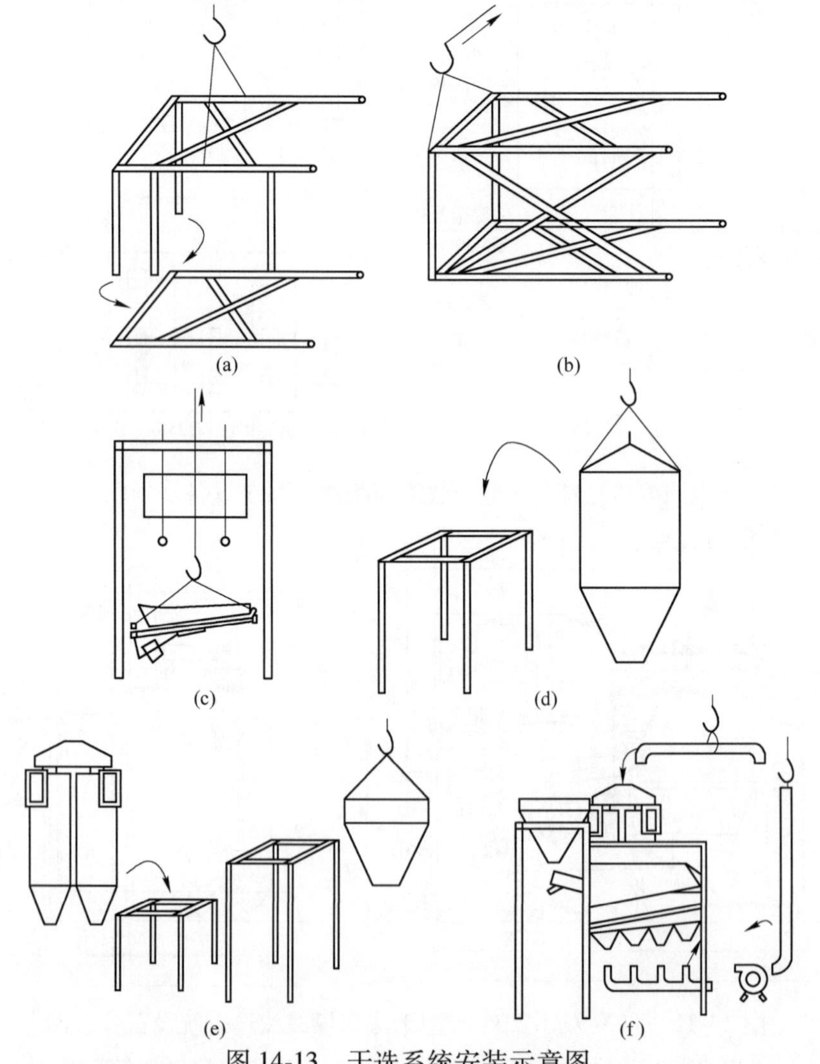

图 14-13　干选系统安装示意图

（a）上下片组装机架；（b）竖直机架；（c）吸尘罩、分选床在机架下向上吊装；（d）袋式除尘器安装；（e）旋风除尘器缓冲仓分别装在各自机架上；（f）上风管安装

2）D 式传动风机保证主轴在水平位置，并测量风机与电机主轴的同心度及联轴器两端面的不平行度。两轴不同心度小于 0.05mm，联轴器端面不平行度小于 0.05mm。

3）风机安装后，拨动转子，检查是否有过紧或碰撞现象。

4）安装主风机进风管和总风门，注意重量不应加在机壳上。

5）安装引风机时，对 C 型皮带传动风机应测量风机与电机皮带轮端面的平行度。安装引风机排风管时注意稳定，重量不能加在机壳上。

（4）干选机进风管安装。

1）进风管位置必须与干选机床体相对应的各风室口对准并保持规定距离，以便安装软连接风管。要求软风管安装不得扭曲，并为床面角度调节留有余量。

2）进风管支架稳固。

3）主风机出风口与干选进风管连接处需要加橡胶垫紧固防止漏风。

（5）操作平台、扶梯、栏杆、密封帘等各项安装工作均应严格按要求施工。

（6）干选机封闭体的安装。干选机封闭体是用压制成带有槽沟的薄铁板制作的板框，外面喷漆、内面喷涂具有一定厚度的发泡塑料，按不同型号干选机对应封闭体的尺寸规格组装而成。封闭体的作用在于保温、降噪、防尘。特别是北方严寒冬季厂房内为采暖必须设立封闭体。安装封闭体需要注意封闭，即防止有大的空洞和大缝漏风，尤其是下部产品皮带输送机出口，需要用橡胶板等加以封闭，才能使封闭体起到应有的作用。

（7）电控柜安装。

1）按预订位置将电控柜安装在配电室，要求防雨、防尘。

2）检查柜内器件和接线有无松动、损坏脱落现象。

3）注意按规定要求安装保护地线。

（8）接线。

1）按电器安装规程的要求进行各设备配电。

2）各设备电机电缆应通过地下电缆沟或距地面 3m 以上电缆槽集中进入电控室与电控柜相连。

3）各接线电缆应避免受到摩擦、挤压、碰撞。注意保护好地线。

4）振动电机电缆引出口不允许急弯，并用软绝缘物垫好、固定。

5）测量电机的绝缘电阻，电压 500V 以下绝缘电阻不小于 0.5MΩ，否则应进行干燥处理。

14.1.2.5　安装后的检查与准备工作

安装后的检查与准备工作：

（1）全面检查干选机床面、风室、风管、风机、缓冲仓是否有杂物，如有杂物及时清理。

（2）检查各设备位置是否准确，确定无误后将机架柱脚与基础预埋铁焊牢。

（3）检查各部分连接是否牢靠，各连接处螺栓是否拧紧。

（4）检查床面位置与角度，床面下各风室口与进风管各分管口对准并保持一定距离，保证软风管不扭曲并有一定伸长余地。

（5）检查吊挂装置，调节螺母处于中间可调位置，四根钢丝绳受力均匀。

（6）检查床体、给料机振动电机偏心块夹角是否一致（两台电机共四处）。

（7）检查所有风机轴承润滑机油是否到位。

（8）检查各设备电机电源线与控制柜连接是否牢固。

（9）检查各传动部分以及安全防护罩是否安装齐全。

14.1.2.6　空车试运转

单车检查：

（1）供电电源：三相电压是否符合规定要求。

（2）电机转向：床体、给料机的两台振动电机转动方向应相反。风机（主风机、引风机、反吹风机）、皮带运输机、螺旋输送机转动方向应正确。

（3）单机运转：检查电流是否正常，检查振动和噪声状况，检查轴承温度，不正常需立即停机处理。

（4）干选机单机运转还应检查振幅，床体振幅应在正常规定的范围内，且床体各部分振幅一致。激振器偏心块可调节，做到启动正常，停车防共振。

全系统空车运转：

（1）检查各设备电机电流、温度。

（2）检查各部件有无松动，各风管连接处有无漏风现象。

（3）检查原煤及产品皮带运输机是否有跑偏现象。

经检查一切正常后，空车运转两小时。

14.2　干选机的操作

干选机的操作直接影响分选效果。针对入选煤的煤种、粒度、水分、含矸量、可选性等煤质特点不同或同一煤矿生产的原煤煤质发生变化，都需要操作人员调节各操作条件，使各操作条件的参数达到最佳配合，取得最好的分选效果。

干法选煤的有利条件是操作人员可以直接观察到床面产品分带状况、产品质量状况、给料状况。根据观察到的状况，可及时改变操作条件，以适应入选原煤煤质变化。

14.2.1 差动式、风力、复合式干法选煤的操作

14.2.1.1 差动式、风力、复合式三种干选机共性可操作条件及调节方法

摇床类干选机共性可操作条件有四项，分述如下。

A 风量

干选机的供风由主风机完成，风机的风压（全压）根据管道阻力计算后确定。一般地区（海拔 1000m 以下）摇床类干选机要求风压 6000Pa 左右，海拔 3000m 左右高原地区要求主风机风压 9000Pa 左右（平原地区风压）才能达到高原地区干选机要求。

主风机的风量是可调节的，它是风力干选机重要的操作条件。

风量大小与分布可通过调节床面下各风室的风门进行控制，使床面各部分风量合理分布。

风力的作用：（1）使床层物料松散，有利于不同矿粒按密度分层；（2）使床层流动性好，有利于提高干选机的处理能力；（3）风力与煤中细粒物料形成的气固两相混合悬浮介质层，有利于提高干选机的分选精度。

调节方法：由于床面上床层厚度不同，所以要求风量也不相同。靠近入料口的床层混合入料粗选带，床层厚，需要大风量才能松散床层，因此相对应的风室风门应全开。矸石带对应的风门应适当关小，因为矸石带床层薄，分选原理是以振动产生浮力效应为主，不需要大风量，而关小风门可使风力进入粗选带提高分选效果。

中煤带风门开启程度看矸石带煤情况，带煤多开大风门。精煤带靠排料边部分床层薄，可适当减小风量。当分选大于 25mm 块煤或分选煤矸石、劣质煤时，整体风量加大，必要时需提高主风机规格型号或在入料口一、二风室增加专供高压风的小风机补充风量。

调节原则：调节至最佳风量，可使风力分布合理，使床面上不同厚度床层物料松散好，精煤带流动性好，不含块状矸石，矸石带稳定。

B　排料挡板

排料挡板是沿床面排料边方向垂直安装的若干块“┌”形钢板焊接件，其垂直面用螺栓与床体紧固，参与床体振动。排料挡板的高度（从床面到挡板顶部距离）可上下调节。

排料挡板的作用：（1）控制床层厚度，切割床层表层产品；（2）使床面上的选后产品沿排料边均匀排出；（3）分选块煤时，防止个别大块矸石混入精煤产品中；（4）引导选后产品进入接料槽。

排料挡板的调节方法：停车松开紧固螺母，调节挡板高度，调好后再紧固螺母。精煤段挡板高度一般按入料粒度上限的3/4为参照。如粒度上限为80mm，挡板高度为60mm左右。矸石段挡板高度为0mm，就是与床面平齐。中煤段挡板高度与精煤段、矸石段挡板高度排列为一直线，可根据排料均匀程度适当调整。

调节原则：精煤产品中无块状矸石，沿排料边产品排料均匀、连续。

C　给料量

干选机给料量是由给料机控制，一般入选混煤时给料量即干选机处理能力按干选机单位分选面积的处理能力（10t/h）确定。

干选机的处理能力受入选原煤的粒度、水分、可选性及含矸量的影响较大，如果分选块煤、含矸量很多的煤矸石和劣质煤，给料量相应降低到额定量的70%左右。入选原煤外在水分较高、原煤可选性较差时，也需要适当降低给料量。控制给料量的作用：（1）保证干选机给料均匀，避免时大时小；（2）分选不同性质的原煤时，保证有相适应的给料量；（3）缓冲仓和给料机的配合，改善了原煤生产供煤不稳定状况，保证干选机的连续运转。

调节方法：干选机的给料机是采用4根钢丝绳吊挂的惯性振动给料机，由两台完全相同的振动电机产生直线振动输送物料。调节振动电机的激振力可以改变给料机的振幅，调节给料量。振幅加大，给料量增加。设备出厂时两台振动电机两端共4处偏心块夹角调到70%，给料机槽体安装角度为0°（水平安装）。需要加大给料量时，可打开电机端罩，将偏心块夹角调到75%～85%。注意2台振动电机的4处偏心块夹角一致。

另外一种调节给料量的方法是加大给料机向下的倾角，调节悬挂钢丝绳长度。向下倾角加大，给料量增加，但必须注意避免给料机与干选机入料口发生碰撞。

调节原则：物料铺满床面，产品排料均匀，进入床面的物料不能在入料口处堆积过高。给料量大小应以分选效果和产品质量要求为原则。

D 接料槽翻板

接料槽翻板是设置在接料槽内精煤段与中煤段之间、中煤段与矸石段之间的两块可转动的平板。小型干选机接料翻板手动调节翻板角度，大中型干选机用电动遥控蜗轮蜗杆传动调节翻板角度。

接料槽翻板作用：（1）将选后产品按产品分带分隔为精煤、中煤、矸石产品。分别导入产品输送机外运；（2）调节接料翻板角度，可以控制产品的质量。

调节方法：目测床面上产品分带位置，转动翻板，截取相应产品，或根据在线测灰仪提供的灰分数据调整翻板。

调节原则：保证精煤、矸石产品质量合格，尽量减少中煤产率。中煤再选时，可适当提高中煤产率。

14.2.1.2 差动式、风力、复合式三种干选机的不同操作条件及调节方法

差动式、风力、复合式三种干选机除了风量、排料挡板、给料量、接料槽翻板共性的操作条件外，还有各自不同的操作方式，分述如下。

A 差动式干选

a 床面横向、纵向角度

以入料为准，向前方为纵向，向左右为横向；床面与水平面夹角向上为正角，向下为负角。床面纵角作用为控制尾煤产品纯度，保持尾煤带宽度，当原煤中矸石多，可将纵向角度适当向下加大，便于矸石快排；当原煤中矸石量少，矸石产品中带煤较多时，将纵角适当上提，使矸石爬坡快，便于煤矸分离，形成矸石带。

床面横角作用：主要用于调节精煤产品的分选带及处理量，当原煤中含矸量少、粉煤含矸量多时，可适当加大横向角度。调节方式：用柔性的吊挂装置调节纵向角，前面两条钢丝绳受力一样，后面两条绳受力一样，横向角用丝杠调节装置调节，用拉板紧固，床面角度要一致，调节横向 5°~9°，纵向2°~5°。

调节原则：分选床物料布平，不堆死角，分带清楚，精煤不要集中排放，保持矸石带有一定的宽度，矸石产品不带煤。

b 床面振幅、振动频率

差动式干选机振动器振动参数调节：影响该激振器运动特性的参数是初始相位角 φ 和偏矩比 M。由图 14-14 可以看出，φ 角是指大小偏重块中心线之间的安装夹角。确切地说，是以小齿形带轮中心 O_2 为轴心，以大小齿形带轮中

心 O_1 和 O_2 的连接线为大偏重块初始线（0°），逆大偏重块转向至小偏重块中心线的夹角即初始相位角。偏矩比 M 是大偏重块旋转力矩 G_1r_1 与小偏重块旋转力矩 G_2r_2 之比。

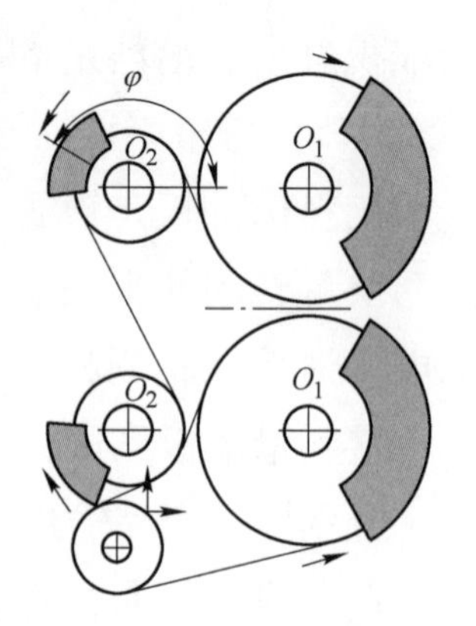

图 14-14　初相位角示意图

（1）始相位角 φ 的调节：φ 的调节以改变大、小齿形带轮与同步带之间的啮合齿序来实现。其调节顺序是：1）打开激振器防护罩，卸下可调大小偏重块；2）找初始线（0°），用木楔或专用工具将两根低速轴固定；3）松动张紧反向装置的紧固螺栓，调整该装置，使同步带与各齿形带轮脱离啮合状态；4）将小偏重块调至预定 φ 角，并将同步带往轮上装挂使之与各轮啮合，挂带时注意不可用力猛撬；5）调节张紧反向装置的调节螺栓，使同步带张紧，使之有一定的预紧力，再将紧固螺栓拧紧；6）装上可调偏重块和激振器防护罩。必须注意：在调节过程中切不可将手指放在带和轮之间，以防挤坏手指。按预定要求可使 φ 在 140°~180°范围内调节，初相位角 φ 最佳范围在 140°~180°，对各偏矩比 M 值而言，最佳 φ 应根据所采用的偏矩比而定（当 M 值为 4 时，φ 角为 140°~150°；M 值为 5 时，φ 角为 160°；M 值为 6 时，φ 角为 180°）。当 M 值小时 φ 角应小（一般不小于 140°），当 M 值大时 φ 角应大（切忌大于 180°），最好定在 148°。

（2）偏矩比的调节：由振幅公式和偏矩比的意义可知，调节此二参数都是靠改变大小偏重块的重量及其配比来实现的。一般情况下，增减大偏重块以调节冲程，增减小偏重块便可调节偏矩比。调节时应先打开激振器防护罩，用套筒扳手松动偏重块的紧固螺栓，按预定要求增减大、小偏重块，调后上紧螺栓，合上激振器防护罩。本机备有的大小偏重块，可供偏矩比 M 在 4.5~6 范围内使用。当处理低比重或粗粒物料时 M 应小一些（但不能小于 4）；当处理比重高或细粒物料时 M 应大一些（一般不能大于 6）。

（3）振幅、振动频率的调节：振动频率在 300~400 次/分范围内调节，振幅在 S 为 16~22mm 范围内调节。分选大粒级的煤、含矸多的煤需要大振幅、小振动频率的调节，否则相反。

差动式激振器带动床体振动，床面直线振动的惯性力产生对物料的搬运，速度达到 80~100mm/s，床面双振幅达到 16~22mm，且床体各部位振幅一致。床面上物料（矸石）运动流畅，床面上物料分带清楚。

观察设在床体上的三角形振幅指示牌可以确定床面振幅。床面振动三角振幅指示牌如图 14-15 所示。

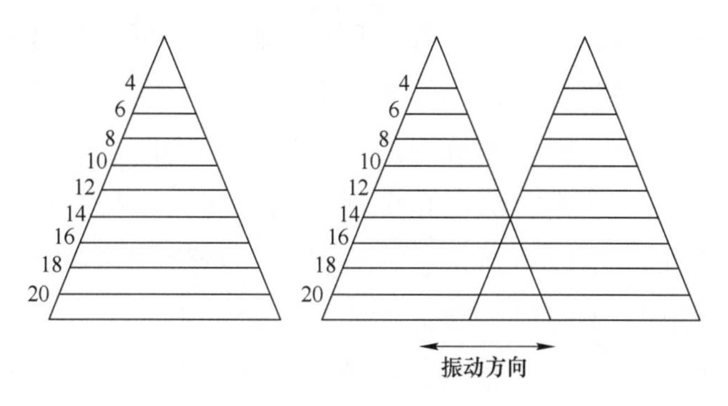

图 14-15　床面振动三角振幅指示牌

B　风力干选

a　床面横向、纵向角度

分选床面同差动式干选机分选床面一样，仅分选床体的激振器不同，前者用坐落式的支撑床体调节纵向角，用大支撑架尾部的支撑柱升降调节角度。横向角用丝杠调节装置调节，用拉板紧固，床面角度要一致，调节横向 5°~9°，纵向 2°~5°。

b　床面的振幅

激振器是由两个同样齿轮与带两个大小不同偏心块的轴连接，即有两个大小不同的偏心块运转方向相反的圆运动，出现了椭圆受力。四连杆传递到分选床体，产生直线运动。

偏矩比的调节，一般为 M 为 4.5，主要以增加偏心块的质量来调节，含矸多的原煤 M 应大一些，但不宜大于 6。

振幅 S 在 16~20mm 范围内调节，振动频率在 300~400 次/分范围内调节。分选大粒级或含矸多的煤需要大振幅、小振动频率的调节，否则相反。

各产品各自的操作条件是互相关联的，对于不同性质的入选原煤的操作条件都可找出一个最佳配合。当入选原煤煤质稳定时，基本不用改变操作参数，只有在原煤煤质变化时，才需根据煤质特点进行相应调节。

C　复合式干选

a　床面横向、纵向角度

床面横向角度是指床面从背板到排料边方向（与背板垂直方向）床面与水平面的夹角。向下为正角度即床面向下倾斜。

床面纵向角度是指从给料口到矸石排出口方向（与背板平行方向）床面与水平面的夹角。向下为正角度，向上为负角度。

作用：床面横向角度主要用于调节精煤产品的分带及处理量。当原煤中矸石含量少，粉煤含量多时，可适当加大横向角度。

床面纵向角度主要用以控制矸石产品纯度，保持矸石带宽度。当原煤中矸石量多、矸石带过宽时，需将纵向角度适当向下加大，便于矸石快排，保持适度矸石带宽度。当原煤中矸石量少、矸石产品中带煤较多时，需将纵向角度适当上提，使矸石爬坡便于煤矸分离，形成矸石带。

床面横向、纵向角度调节方法：调节钢丝绳长度。分选床有四根钢丝绳吊挂在机架上的减震弹簧上。钢丝绳上端连接螺杆，通过转动螺母使螺杆上下移动，从而改变钢丝绳长度。调节方式有电动和手动两种。一般情况靠近入料口钢丝绳不动。调节横向角度时，同时调节排料边的两根钢丝绳，保持调量一致。调节纵向角度时，同时调节矸石端的两根钢丝绳，保持调量一致。调节后必须用测角仪（或袖珍经纬仪）仔细测出角度是否符合要求。还要检查四根钢丝绳受力，都应张紧。安装时床面横向角度为8°，调节范围一般为6°～10°，纵向安装角度为0°，调节范围一般为±2°。

调节原则：产品分带清楚，精煤不要过于集中排放。保持矸石带有一定宽度，矸石产品不带煤。

b　床面振幅

符合床面的振动器是由2台完全相同的振动电机对称安装组成（大型干选机FGX-24型是由4台完全相同的振动电机双联组合安装）。两台振动电机旋转方向相反，按照自同步原理产生直线往复运动，带动床体运动。振动电机两端各有两块扇形偏心块，一块固定，一块可转动位置，以调节两块偏心块的夹角。当两块偏心块处于对称位置时夹角为零，电机旋转时不产生激振力；当两块偏心块完全重叠时，夹角100%，产生最大激振力，激振力越大，床面振幅越大。

床面振动有以下四个作用：

（1）床面振动产生的惯性力使物料在床面上形成螺旋翻转运动，使物料得以分选。

（2）与风力作用相配合，提高床层的松散度，使不同密度矿粒能按密度分层。

（3）使床面产生搬运作用，并具有一定搬运速度，将床层底层的物料和矸石由排料边向矸石端输送。

(4) 提高床面振幅，可以提高干选机的处理能力。

复合式干选机振动器振动参数调节：振动电机的振动频率和最大激振力确定了振动电机的振动强度。复合式干选机振动器是按照分选床结构强度设计选型的。振动强度过大，会造成设备损坏；振动强度过小，不能产生分选作用。目前振动电机的振动频率是不可调的（只有小型干选机采用变频调速器调节振动频率）；大、中型干选机都是调节激振力，改变床面振幅从而调节振动强度。

调节方法：打开振动电机两端的端罩，按要求刻度，同时调节两台振动电机 4 处偏心块夹角。FGX24 型复合式干选机采用 4 台振动电机双连联动，要求 4 台振动电机、8 处偏心块夹角必须一致。注意两台振动电机用万向联轴节连接，两台振动电机偏心块相位必须一致。调节偏心块夹角，使振动电机产生不同激振力，改变床振幅。

床面振幅 5~8mm 为宜。在选末煤或混煤时，偏心块夹角一般 75%左右，选块煤或煤矸石时，偏心块夹角为 85%~95%。

调节原则：振动电机带动床体振动，床面直线振动的惯性力产生对物料的搬运速度达到 80~100mm/s，床面双振幅达到 6~8mm，且床体各部位振幅一致。床面上物料（矸石）运动流畅，床面上物料分带清楚。

c 矸石门

在分选床矸石端的排矸口设置可调节排矸口大小的矸石门。矸石门和床体用螺栓紧固，参与床体振动。

矸石门的作用为：(1) 在入选原煤含矸量少（小于 10%）时，可部分关闭矸石门，减少矸石排放量，用以保证床面上形成矸石带；(2) 在矸石产品带煤时，配合床面纵向角度调节和风量调节，适当关小矸石门，保证矸石产品质量稳定。

调节方法：停车时松开矸石门螺母，调节矸石门位置后再紧固。

调节原则：保证形成适当宽度的矸石带，使原煤中的矸石量与矸石门排矸量达到动态平衡，保证矸石产品质量。

14.2.2 干法末煤跳汰选煤的操作

TFX 型干法末煤跳汰机调试的原则：原煤入料必须保证均匀稳定，保证足够的量，分选床有几个分选区，要使物料分层有一定的厚度，并且均匀地悬浮物料，分选床区内不得有死角。悬浮物料的分层状态基本上达到上层为轻比重的物料，下层为重比重的物料，中间为中等比重的物料。应确保分层好的物料能及时排出，否则影响到生产能力。

14.2.2.1 风量的调节

干选机的供风是由主风机完成，风机的风压（全压）是根据管道阻力计算后确定。一般地区（海拔1000m以下）干法末煤跳汰机要求风压3000Pa左右；海拔3000m左右高原地区，要求主风机风压4500Pa左右（平原地区风压）才能达到高原地区干选机要求。

主风机的风量是可调节的，是风力干选机重要的操作条件。主要有风室和风量的调整：每个大风室有 n 个小风室，每个小风室配有调节阀，在每个分选区上有观察孔，用来观察筛面上悬浮物的状态，调节风阀，保证每个区风量均匀。在风室下方有6个小支风筒用软连接与风室连接，鼓风筒的任一个小支风筒的风阀都可以调节相对应区的风量大小。注意其中1个风室风量减小，其他风室的风量就会增大。本设备的鼓风机的风压和风量是用变频器无级调节。不要为了快速分层加大鼓风量反而影响分层。

14.2.2.2 出产量的调整

本机有4个出料处，矸石口2个，中煤口1个，精煤口1个。根据用户要求可进行产品调整。出料的排料量是由变频器无级调节。

14.2.2.3 入料量调节

入料根据原煤含矸石和水分的多少进行适当调节，矸石多水分大，要适当减少入煤量，反之增加。TFX-8型处理能力要控制在90~140t/h。

14.2.2.4 挡堰板高度的调节

风选床层需要厚时，挡堰板要高，否则形成不了床层，等于无分层。

14.2.2.5 分选机分选床体的角度调节

想要分选效果更好，处理量要相对小些，分选床与水平面夹角度变小，其能使物料形成较厚床层，得到好的分选效果；角度加大能使处理能力增大，用户应根据实际需要进行调节。一般角度在7°左右，水分大、含矸量大时就要减少角度并充分地分选。

14.2.2.6 分选床体振幅、振动频率的调节

分选床体一般振幅都大于8mm，则其是相对稳定的，而分选床体的频率是由变频器控制的。振动频率小搬运速度慢，物料下流速度相应就慢，处理能力就小。因此要灵活掌握频率，一般要控制在32Hz左右（460次/分左右，指8级振动电机）。

实际生产中，根据煤质的实际情况，常观察床面上物料分层情况，看矸石和煤的走向，反复耐心调节风量、振动频率、给料量、排料量、挡堰板高度。调好以后，一般不用再调，除非煤质有大的变化。需要注意采样时，应从原煤皮带和精煤皮带上采，所得结果才会比较准确。

14.2.3　操作注意事项

14.2.3.1　干选系统的开停车顺序

干选系统的开停车顺序分别为：

（1）开车顺序：引风机→袋式除尘器反吹风机及反吹旋臂回转电机→关闭总风门→主风机→打开总风门→产品皮带输送机→干选机振动电机→给料机→原煤皮带输送机。

（2）停车顺序：原煤皮带输送机→给料机→干选机→产品皮带输送机→主风机→关闭总风门→引风机→袋式除尘器。

如果电控柜是自动操作，则将旋钮转向自动，按“自动进行”按钮，全系统设备将按规定顺序完成开、停车操作。如果是手动操作，注意按要求顺序启动，主风机降压启动需经30s左右，主风机达到正常转速方可打开总风门。停车时，干选机停车防共振制动时间为3s。

（3）按要求顺序开、停车的必要性：

1）先开干选机后开主风机，干选机就成了筛子，细粒物料通过风孔漏到风室，造成漏渣堵塞进风管。

2）先开主风机后开引风机会造成煤尘飞扬。

3）先给煤后开干选机会造成床面物料堆积。

4）先开总风门后开主风机会造成启动电流过大，甚至冲击电网。

5）停车顺序与开车顺序相反，不按要求顺序停车同样会造成物料堆积、煤尘飞扬等问题。

综上所述，必须了解开停车顺序要求，不仅手动操作时需要，在自动操作电控柜或检修时也必须了解。

14.2.3.2　干选系统设备运行中的检查

干选系统设备运行中的检查涉及以下几个方面：

（1）检查主风机、引风机运行电流。正常运行时电流表指针指示电流接近电动机额定电流。例如12型摇床类干选机主风机功率为250kW，电压为380V，额定电流为460A。正常运转时，电流为420~460A。电流过低，说明供风系统有堵塞现象。如干选机进风管内存在大量漏渣，床面风孔堵塞，总风门未开大，干选机出风管煤尘堵塞等都可引起风量减少，风机电流下降。

（2）检查运行中各电机轴承温升情况。干选系统设备中，主风机、引风机、干选机、输送机的电动机运行状况，特别是温升情况需要经常检查。干选系统中电动机大部分是 B 级绝缘，允许温升 90℃，环境温度小于 40℃，一般轴承温升小于 40℃，表温小于 80℃，如果超过允许温升，说明电机、轴承润滑不良或有故障。

（3）设备运行时发出异常噪声，需检查设备故障。根据测定，干选机振动床体空运转时噪声等级为 85dB，正常带煤运转时主风机的机械噪声、气动力噪声为 87dB，电动机电磁噪声为 86～101dB，加上煤块与接料槽撞击噪声，整个系统运转起来合成的噪声较稳定，为 90dB 左右。如果出现不正常的噪声，说明有故障存在。例如出现振耳的噪声，说明振动电机与床体紧固螺母松动。另外床面紧固螺母松动，减震弹簧断裂，床体与机架、给料机碰撞都会产生不正常噪声。

（4）观察床体振动情况。通过设在床体端部测振幅的三角形指示牌或直接以床体上某一处观测，可知床体振幅大小。若低于正常（复合式干选机振幅值 6～7mm，差动式干选机振幅值 17～19mm）值，即振幅过小，说明床面上物料堆积过厚或激振器激振力不够。床体各部分振幅应该一致，出现差别时应检查减震弹簧和钢丝绳有无故障。

（5）检查风量。根据主风机电流表可了解干选机进风管路、风门、风室、床面风孔是否堵塞。根据引风机电流表可了解干选机出风管除尘器是否堵塞。在生产运行中也可通过观察门或直接检查风管、灰斗、除尘器，保证干选机风量正常。

14.3　设备维护及生产经验

14.3.1　设备维护

摇床干法选煤系统的主要设备是干选机和风机，而且多数是露天作业。因此设备维护的重点也是干选机和风机。

（1）加油润滑。复合式干选机、给料机的振动电机是封闭体，仅靠机壳散热，安装方式又是接近垂直方向，因此必须使用高黏性、耐高温的轴承专用锂基润滑脂润滑，适用温度为-40~180℃。

振动电机应在运转500h左右后补充或更换润滑脂，如此才能保证其良好的润滑性。离心通风机的传动部分，多用滚动轴承结构。如果滚动轴承内部没有故障，则工作温度均在60℃以下，轴承的润滑采用钙基润滑脂或机油（冬季用N32号，夏季用N46号）。

差动式激振器和风力干选机的激振器轴承的润滑采用2号低温润滑脂，适用温度为-60~120℃。除每次拆修后应更换润滑油外，正常情况下3~6个月更换一次润滑油。

（2）清理工作。正常生产中需要经常检查风管、风力分布器、床面、除尘器是否有堵塞现象并及时清理。

（3）定期检查风机叶轮磨损情况，床面耐磨橡胶板磨损情况，如磨损严重应及时更换。

（4）防雨、防尘。电控柜、电动机等电气设备需注意防雨防尘，特别是露天作业最好设置防雨棚，不能让电动机、电器元件受潮。

（5）除维修、更换床面外，正常生产不空床面，需保持正常物料床层。空床面加煤需要一定时间（15min左右）才能形成正常床层。而将床面上的物料排空，会使矸石端带煤，影响产品质量。

14.3.2 生产经验交流

干法选煤设备已在全国推广应用2500多台（套）。入选原煤煤质不同、粒度不同，用户对产品质量要求不同，生产条件不同等因素，都会影响干法选煤效果。

14.3.2.1 块煤、煤矸石分选

对于大于25mm的块煤分选和含矸量大于70%的煤矸石、劣质煤分选，由于大块物料之间缝隙大，上升气流短路或矸石量过大都会造成床层不松散，使按密度分层效果不好。同时由于床层不松散、流动性差，造成床层厚度过大，降低了干选处理能力，使得分选效果差。生产实践中摸索出几条经验如下：

（1）增加风量，提高风压，加大床层松散度。一种办法是提高主风机规格，如9型摇床类干选机配套风机功率为200kW，风量为78960m^3/h，风压为6300Pa，改为12型摇床类干选机配套风机，功率为250kW，风量为109550m^3/h，风压为64420Pa。第二种办法是在入料口第一风室加一台专用9-26-6.3D高压离心通风机，风量为9415m^3/h，风压为9616Pa，功率为45kW，

解决了入料口物料松散和堆积问题，提高分选效果。

（2）提高振动电机激振力，加大床面振幅，以机械振动方式辅助风力作用加大床层松散度，加快床面上物料的搬运速度。

（3）减少给料量。由于块煤、煤矸石流动性差，同样分选面积的处理能力比分选混煤、末煤处理能力低，因此分选块煤、煤矸石时，给料量应减少，约为选混煤量的70%。

（4）块煤入料中加入少量（10%左右）末煤作介质，充填块煤之间的缝隙，使风力作用更好地松散床层。生产中末煤介质可用大块煤破碎时产生的过粉碎细颗粒煤，也可在块煤原煤分级筛筛板上设一条细筛孔筛板以提高筛上物的限下率，从而得到少量末煤介质。

（5）设置高隔条。在干选机入料口至排料边床面上，床层较厚的区域，设置高度递减且高于普通隔条（高40mm）的高隔条，从入料口开始隔条高度依次为120、100、80、60mm。高隔条的设置可提高块煤分选效果，减少矸石混入精煤的机会。

（6）分散给料。给料机一般是平出口，物料集中落在入料口床面处，由于风力松散不够，很容易造成物料堆积，使阻力加大，风量减少，堆积更严重。因此采用分散给料的办法，即将给料机出料口由直角边改为斜边，从而分散入料，减少物料堆积。

14.3.2.2　末煤及粉煤分选

用干法末煤跳汰机分选细粒级煤有以下几条经验：

（1）分选细粒级煤时要求床面振动是高频率、低振幅，即在振动强度相近的条件下，提高振动电机转数，减少振动电机偏心块夹角。

（2）降低风量。使床面上物料床层避免“喷泉”现象，保持床层稳定。

（3）适当加大给料量。

14.3.2.3　煤尘问题

干选系统设置了旋风除尘器和袋式除尘器两级除尘，一般情况下，除尘效果可以满足生产要求，对环境污染很少。但煤尘问题是一个系统问题，生产过程中，煤尘大，有以下几方面原因：

（1）旋风除尘器堵塞或灰斗漏风，输送煤尘的螺旋输送机卡住，都可能造成除尘效率下降。

（2）袋式除尘器清灰效果不好，滤袋糊满或滤袋破损都会造成除尘效率下降。

（3）吸尘罩与床体之间的密封胶帘漏风面积大，不能形成负压，造成煤尘外溢。

（4）原煤及各产品落煤点密封不好，造成扬尘。

（5）生产环境积尘太多，易造成二次扬尘。煤尘大不仅使工作环境恶劣，造成环境污染，还会造成风机叶轮加速磨损。解决办法是查清煤尘产生原因，加强管理使各生产环节均不产生煤尘。

14.3.2.4 设置在厂房内的干选系统的保温防尘经验

我国北方冬季气候寒冷，部分大型国有煤炭企业要求为干选系统新建厂房，厂房内采暖保温有利于生产和管理。

由于厂房封闭，容易造成煤尘集聚，厂房内必须采取防尘措施，才能保证工作环境整洁。

（1）设立干选机封闭体。干选机封闭体是近年来研发的一项重要改进项目成果。封闭体是用薄铁板压制成的带槽板块，其内喷涂一层一定厚度的泡沫剂（由异氰酸酯和组合聚醚加工合成），在干选机周围组装成封闭体，起到防尘、降低噪声的作用。在厂房内设置封闭体是冬季厂房保暖的关键措施。厂房内设置封闭体，将厂外冷空气引入封闭体，通过干选机密封帘缝隙进入干选机吸尘罩，引风机将干选机吸尘罩内含尘气体抽出，进入袋式除尘器除尘，使含尘气体不能外溢 ，同时也将干选机产品落煤点产生的煤尘也抽出封闭体进入袋式除尘器。除尘后的净化空气由引风机排出厂房外，形成开路。厂房内的空气保持不动，其作用原理如图 14-16 所示。

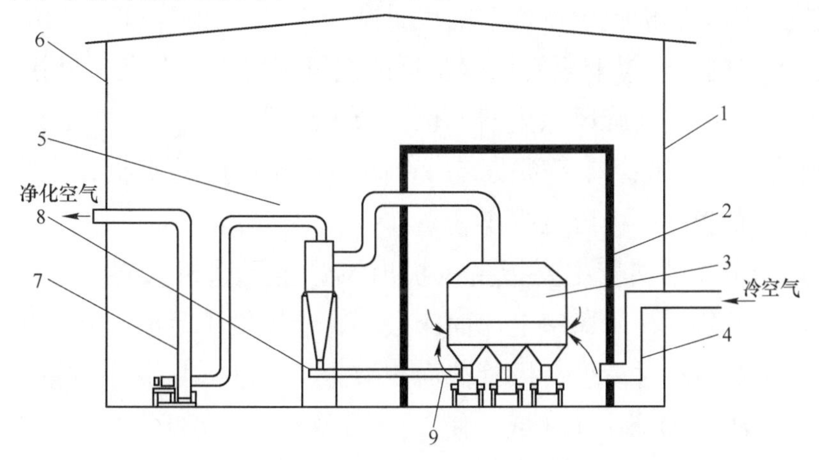

图 14-16 厂房内设封闭体的保温、除尘作用

1—厂房；2—封闭体；3—干选机；4—引风管；5—袋式除尘器；
6—排气管；7—引风机；8—煤尘螺旋输送机；9—产品皮带输送机

（2）在厂房内墙体上部或房顶部设置通风装置，以减少厂房内悬浮煤尘。

（3）在厂房内，地面设排水沟，每班清洗地面及设备上的积尘，防止二次扬尘。

（4）杜绝管路连接处漏风。

14.3.2.5　风管及旋风除尘器堵塞问题

干法选煤系统应用于不同地区、不同煤质（煤粉含量、原煤水分）、不同安装方式（露天、厂房内）的选煤厂，在生产过程中，往往会产生风管及旋风除尘器堵塞问题。堵塞原因不同，解决方法也不同，主要有以下三个方面：

（1）高水分煤尘冻结。在北方严寒冬季，气温低于零下20℃，如果干选系统设置在露天厂房，旋风除尘器及风管管壁温度与气温相同，高水分煤尘会在管壁产生冻结现象，冻结层加厚就会影响风量及除尘效果。为了解决这一问题，生产现场采用保温彩钢板在旋风除尘器周围设置封闭体，由一个小型加热炉向封闭体提供少量热风，可以使管壁温度保持在0℃以上，避免冻结的产生。

（2）常温下，煤粉黏湿，进入风管的煤粉量大也会造成堵塞。解决办法是尽量减少进入风管和旋风除尘器的煤粉量。除尘的作用是减少煤尘对大气和工作环境的污染。黏湿的煤粉对环境污染作用不大，但却易堵塞风管、旋风除尘器，有三种方法可减少煤粉量进入：

1）在主风机进风管弯头处开孔，外接一个可调风门，部分外界空气可直接进入风机，从干选机吸尘罩抽取的风量减少。

2）在干选机吸尘罩上至旋风除尘器的引风管弯头处开孔，外接可调风门，部分外界空气直接进入旋风除尘器，也可减少煤粉量。

3）吸尘罩内，风管口下部安装一个阻挡粗粒煤尘的平板，含尘气体不直接进入风管，而绕过平板可减少煤粉量。

（3）风力分布器堵塞主要指主风机出风管至干选机入料口附近风室的进风管堵塞。由于第一、二风室上床面床层厚，当风量不足时，风孔漏渣，在风管内堆积，如果不及时清理，风管截面积减少又会进一步减小风量，引起更多漏渣。解决办法：1）调节风量，使一、二风室有足够风量，减少漏渣；2）及时清理漏渣，保证风管内气流畅通；3）在风室下，进风管弯头下部安装设置阀门的排渣漏斗。

14.3.2.6 压床面问题

由于给料量过大或床面风孔、风管堵塞，引起风量减少，物料不松散，床层厚度加大，使床体过重，不仅分选效果差，而且会造成减震弹簧损坏。如不及时清理无法继续生产。解决办法是加强管理并及时清理。

以上关于堵塞方面的问题应从两方面解决：（1）设备制造厂根据生产中发现的问题和经验对设备进行改进；（2）加强生产单位的管理。

15　干选系统的电气控制

15.1　干选系统对电气控制的要求

干法选煤系统系列按生产能力分为 10 种规格型号，与之配套的电气控制柜也有 10 种规格。

干法选煤系统设备包括：

（1）原煤准备部分：原煤皮带运输机、筛分机、破碎机、干选上煤皮带运输机。

（2）干选系统部分：缓冲仓、给料机、干选机、袋式除尘器（反吹风机和回转清灰装置）、引风机、旋风除尘器、主风机总风门、床面角度调节装置、接料槽翻板。

（3）产品运输部分：精煤皮带运输机、中煤皮带运输机、矸石皮带运输机。

对以上各设备的开启运转停车都需要电气控制，干法选煤过程对电气控制有如下要求：

（1）干选系统生产工艺流程的连续性要求各部分设备的启动、停车必须严格按顺序进行。开车顺序：引风机→袋式除尘器反吹风机→关闭总风门→主风机→打开总风门→产品皮带输送机→干选机振动电机→给料机→干选上煤皮带输送机→破碎机→筛分机→原煤皮带运输机。主风机降压启动需经 30s 左右，主风机达到正常转速方可打开总风门。停车顺序与开车顺序相反。

（2）干选系统中，主风机的电机功率最大。如 12 型摇床类干选机主风机电机功率为 250kW，电压为 380V；9 型干法末煤跳汰机引风机功率为 90kW，电压为 380V，为减少启动电流过大对电网的冲击，需要实行降压启动。

（3）干选机的床体是吊挂式，停车时，当振动频率通过自振频率时会产生共振现象，干选机床体振幅突然加大，可能造成设备损坏，因此需要实行防共振制动措施。

（4）对于 24 型摇床类干选系统，主风机电机功率为 500kW，电压为

6000V，需要配置高压开关柜。

（5）摇床类干法选煤系统用于不同用户，其对工艺流程要求也不尽相同。不同之处主要在于原煤准备部分和产品储存运输部分。例如筛分机、破碎机、原煤皮带运输机、中煤皮带运输机等设备的电气控制，都需要按要求配置。根据不同情况还需要留备用开关位置。

（6）6型以下的小型摇床类干选系统一般采用手动控制，9型以上大、中型摇床类干选系统要求自动控制。

（7）要求电气控制对设备和生产过程具有自动监视、自动保护和事故报警的功能。

（8）对短时间断煤，要求不停机节能运行，避免频繁启动。

（9）干法末煤跳汰机主机、配电机都加变频器，便于控制分选床的振动频率，给料、卸料用圆形刮板机作摊平装置。

（10）干法末煤跳汰机主机设有测控仪，用于自动调节卸料装置、给料装置及供风装置，排除人为的干扰。

15.2 电控柜

15.2.1 功能

电控柜的功能有以下几方面：

（1）电源电压表监测三相电压。主风机、引风机电流表监测电动机负荷。

（2）绿色指示灯显示设备运行。

（3）主风机大功率电动机软启动或降压启动，减少启动电流冲击。

（4）干选机停机防共振动力制动（能耗制动），避免共振对设备损坏。

（5）手动或自动操作方式可选择实行：

1）手动操作：按工艺流程要求启动设备，主风机达到正常转速后才可以打开总风门。干选机停车防共振动力制动不超过3s。

2）自动操作：开、停车按规定顺序自动连锁启动运行。停车按规定顺序停运。停车后，袋式除尘器的反吹风机自动运行一个周期以清理煤尘。

（6）事故报警：不同设备发生故障，自动控制会发出不同声光报警信号，并自动将有关设备停车，按一次“复位”按钮可消除报警。故障处理完后，再按一次“复位”按钮，重新顺序启动。引风机、反吹风机故障停车只发报警信号，不停干选机。

（7）部分停车（节能运行）：短时间断煤时，按下干选机暂停按钮，暂停指示灯亮，总风门关闭，主风机空运转，避免频繁启动。如果恢复使用，按一下复位按钮即可。

（8）对于24A型、48A型等组合型摇床类干选机，设两套运行开关，可单系统工作，也可双系统工作。

（9）电动调节床面角度、接料翻板，可在面板上操作，也可遥控。

15.2.2　电控柜的操作面板

以6型摇床类干选系统手动电控柜和12型摇床类干选系统自动控制柜为例：

（1）6型摇床类干选系统需要对主风机、干选机、给料机、引风机、卸料机及原煤、产品皮带输送机电气控制。由于是手动控制，每路电气设备都具有单独的启动和停车按钮，同时还具有电源指示灯，用来显示设备的运行状态。电控柜分为主柜和辅柜。

（2）12型摇床类干选系统的电气自动控制系统，除了具有手动控制的各种功能外，还具备自动控制的部分功能，如PLC可编程序控制，设备发生故障时的声光报警，短时缺煤的暂停功能，急停功能和手动/自动转换功能。12型摇床类干选系统的电气控制柜主柜和辅柜面板图分别如图15-1和图15-2所示。

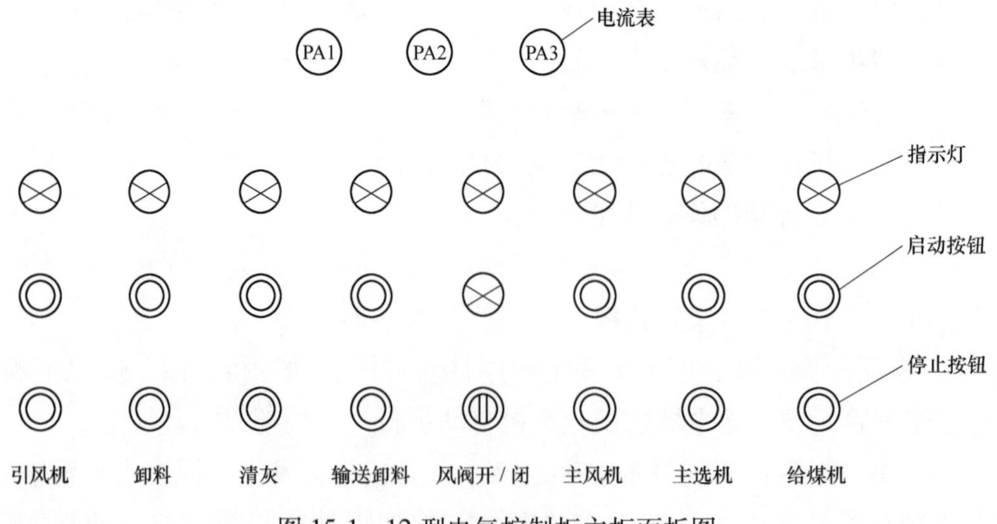

图15-1　12型电气控制柜主柜面板图

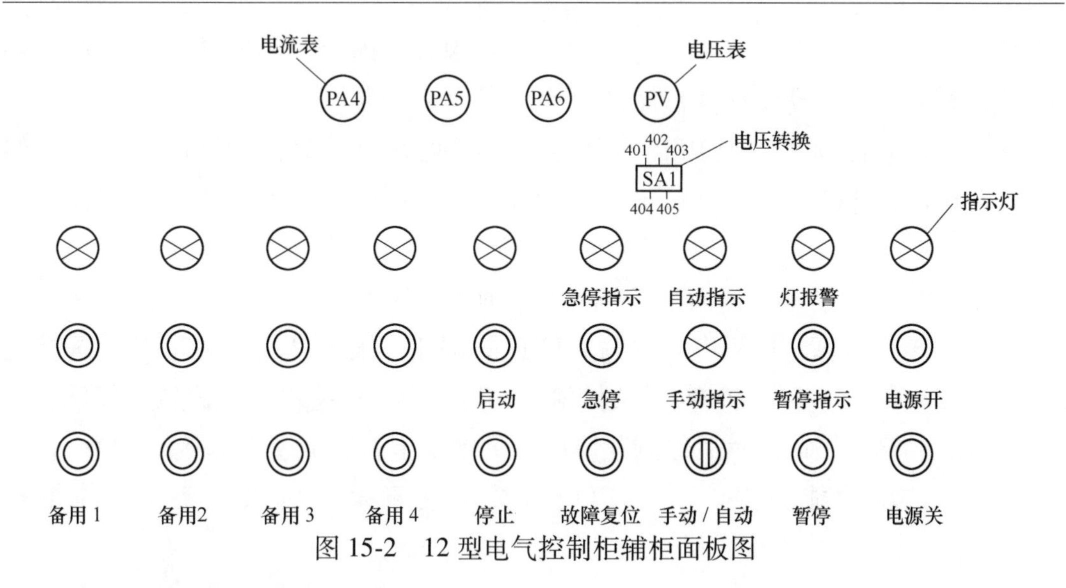

图 15-2 12 型电气控制柜辅柜面板图

15.2.3 电控柜的安装与维护

电控柜在安装与维护时应注意：

（1）电控柜应安装在干燥、通风、清洁的配电室内。

（2）电控柜需具有良好的接地，接地电阻应小于 10Ω。

（3）电控柜与设备电机的连接应用标准四芯电缆，根据耐压等级、电流等级选择相应直径电缆。

（4）振动电机连接电缆必须留有余量，由上向下吊接。

（5）电控柜室内配备防火器材及电气专用二氧化碳、四氯化碳灭火器。

15.3 电气控制的工作原理

15.3.1 可编程序控制器

可编程序控制器（简称 PLC）是一种专为工业环境设计的数字运算操作的电子系统，它采用了可编程的存储器，在其内部可以存储执行逻辑运算、顺序控制、定时、计数和算术运算等操作指令，通过数字量或模拟量的输入和输出来控制各种类型的机械设备或生产过程。

15.3.1.1 PLC 的特点

PLC 的特点为：

（1）通用性强。它采用了微型计算机的基本结构，而其接口电路依工业控制技术进行设计，输出接口的驱动功能强，可直接驱动接触器、继电器、电磁阀线圈等，免除了微型计算机二次开发的困难。因而，不同控制对象可采用不同的硬件，只要改变软件程序即可实现不同的控制。

（2）可靠性强。由于 PLC 在硬件、软件两方面采取种种措施，使其对偶发性故障能够抵御和控制，对于永久性故障能够限制、诊断、指示，因此运转率很高。

（3）编程简单。编程面向控制对象，所以容易掌握。

（4）接线简单。只要将提供输入信息的按钮、限位开关、光电开关等接至 PLC 的输入接口，将输出控制对象接触器、继电器、电磁阀、电磁铁功能输出图接至 PLC 的输出接口，然后接到相应电压的电源上就完成了全部接线任务。

（5）抗干扰能力强。可将 PLC 直接安装于生产机械设备上，能抵抗 1000V/μs 电脉冲的干扰，又具有故障自诊断功能。

（6）对电源要求不高。对直流 24V 供电的 PLC，电压允许在 16～32V 之间，以交流 220V 供电的 PLC，电压允许在 190～260V 之间。PLC 一般都具有镉电池进行电源掉电保护。

（7）PLC 是实现“机电一体化”的重要手段和发展方向。

15.3.1.2　PLC 的基本结构和原理

PLC 的基本结构和一般计算机相同，它由电源、中央处理器（CPU）及存储器单元、输入输出单元、编程器及其他外部设备组成。其基本结构如图 15-3 所示。

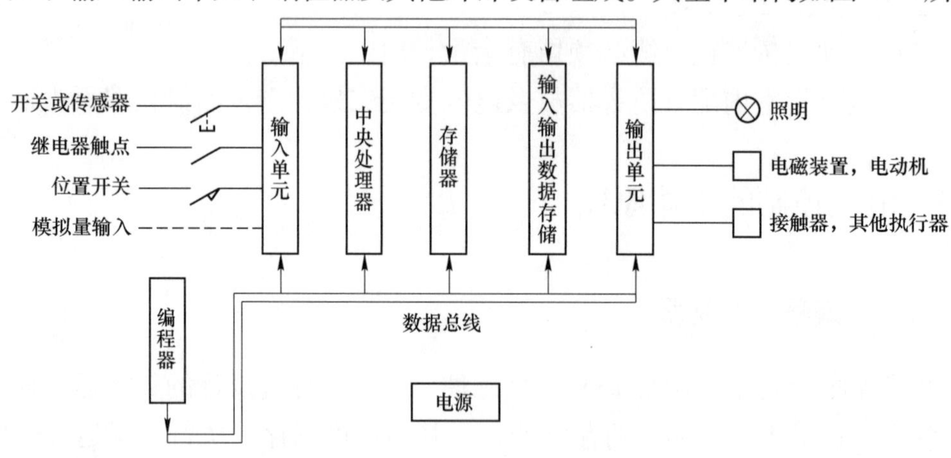

图 15-3　PLC 的基本结构

（1）中央处理器。中央处理器简称 CPU，是 PLC 的核心。CPU 由运算器、寄存器和控制电路等部分组成，这些电路一般都在一块集成电路芯片上，CPU 通过这些数据总线、地址总线和控制总线与存储单元、输入输出单元等电路相连，以控制这些电路工作。

（2）存储器。存储器是具有记忆功能的半导体电路，用来存放系统程序、用户程序、逻辑变量等信息。

（3）输入电路。输入电路是 PLC 与控制现场连接的输入通道。现场输入信号是按钮开关、选择开关、行程开关、限位开关及传感器输出的开关量或模拟量。为防止现场强电干扰信号随输入信号进入 PLC，输入电路中包括一个光电耦合电路。

（4）输出电路。PLC 需要通过输出电路向现场的执行部件输出相应的控制信号。现场的执行部件包括接触器、继电器、电磁阀等。输出电路包括 CPU 接口和功率放大电路。

15.3.2 主风机电动机的星-三角（Y-△）启动

12 型摇床类干选系统主风机配用的电动机是 Y 系列鼠笼式异步电动机，由于电动机功率较大（大于 250kW），为了降低其启动电流必须采用降压启动。电动机降压启动就是在电动机启动时将定子端电压降低，待启动过程结束后再将定子端电压恢复为额定电压。降压启动的方法有定子串电阻降压启动、定子串自耦变压器启动和星-三角（Y-△）启动、软启动等多种。干选系统选用星-三角启动方式（部分采用软启动方式）。启动时，将定子绕组接成星形，以降低每项绕组的电压；启动结束后，再将定子绕组恢复为三角形接线。定子绕组接成星形方式启动，每相绕组电压只有三角形接线时的$\sqrt{3}/3$倍。这种启动方式可以有效地限制启动电流，但启动转矩较小，适用于关闭总风门空载启动风机。

对于 24 型摇床类干选系统，风机功率达 500kW，必须采用 6000V 高压电动机直接启动。星-三角（Y-△）降压启动控制线路如图 15-4 所示。

接触器 $KM_{\triangle}$ 和 KM_{Y} 用来控制三项定子绕组的接线方式。接触器 KM 和 KM_{Y} 得电时，电动机定子绕组接成星形方式启动，启动结束后，接触器 KM_{Y} 释放，$KM_{\triangle}$ 吸合，电动机定子绕组接成三角形方式接入正常运行。

15.3.3 主风机电动机的软启动

软启动设备能使电动机在任何工况下均能平滑启动，保护风机系统，减少启动电流对电网的冲击作用，保证电动机可靠启动，平滑减速停车。软启动器控制器是利用电力电子技术与自动控制技术，将强电和弱电结合起来的控制技术，其主要结构是一组串接于电源与被控电机之间的三相反并联晶闸管及其电子控制电路，利用晶闸管移向控制原理，控制三相反并联晶闸管的导通角，使

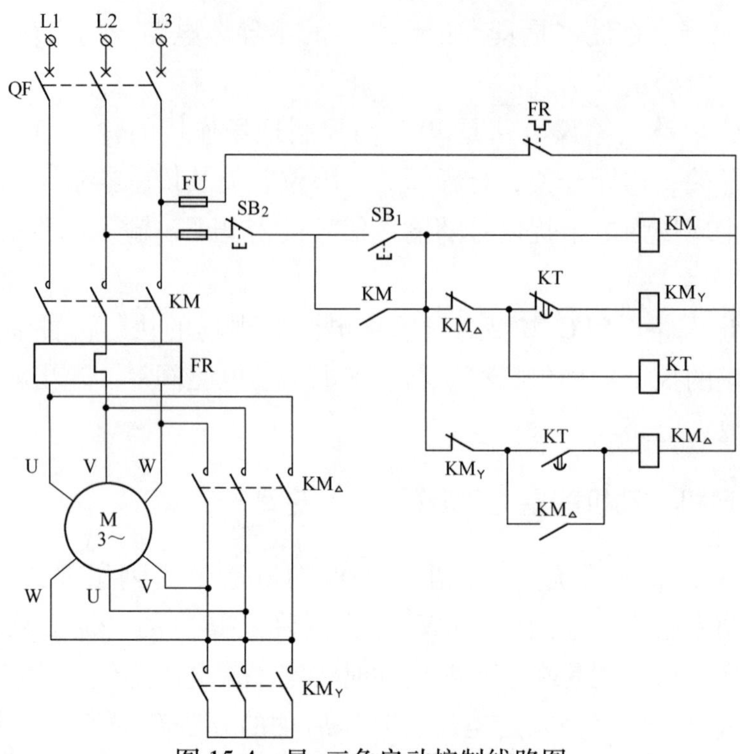

图 15-4　星-三角启动控制线路图

被控电机的输入电压按不同要求变化，从而实现不同的启动功能。启动时，使晶闸管的导通角从零开始逐渐前移，电机的端电压从零开始，按预设函数关系逐渐上升，直至达到满足启动转矩而使电动机顺利启动，再使电机全压运行。这就是软启动控制器的工作原理。

软启动控制器主电路（带旁路）原理图如图 15-5 所示。

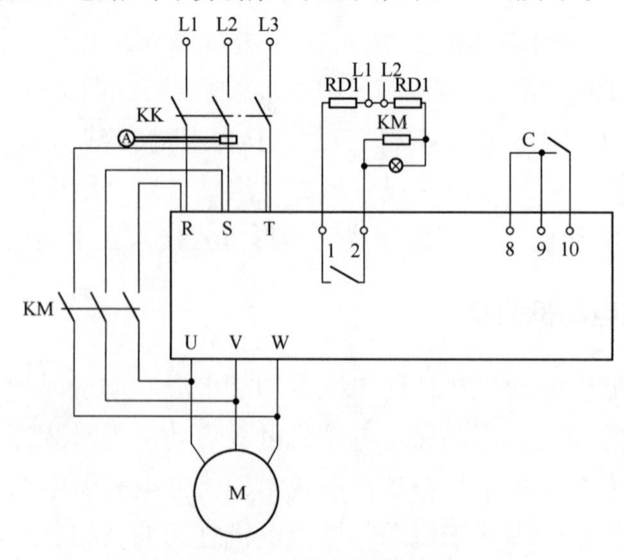

图 15-5　软启动接线图

15.3.4 干选机停车后的能耗制动

悬挂式振动干选机由激振器的激振力带动床体作直线振动。干选机停车后，振动频率逐渐减小，当通过床体共振点时振幅骤然增加，有可能对床体造成损坏，对电动机轴承损害也较大，因此需要采取防共振措施，强制电机迅速停止运动。

干选机采用能耗制动，又称动力制动。能耗制动就是将电动机定子与交流电网断开，并在定子绕组中通入直流电源，产生不旋转的固定磁场，转子在外力的作用下运动，与磁场相切割产生电势，在转子回路中产生电流，此电流与气隙磁通作用产生制动力矩，迫使转子迅速停止运动。能耗制动控制电路如图15-6所示。

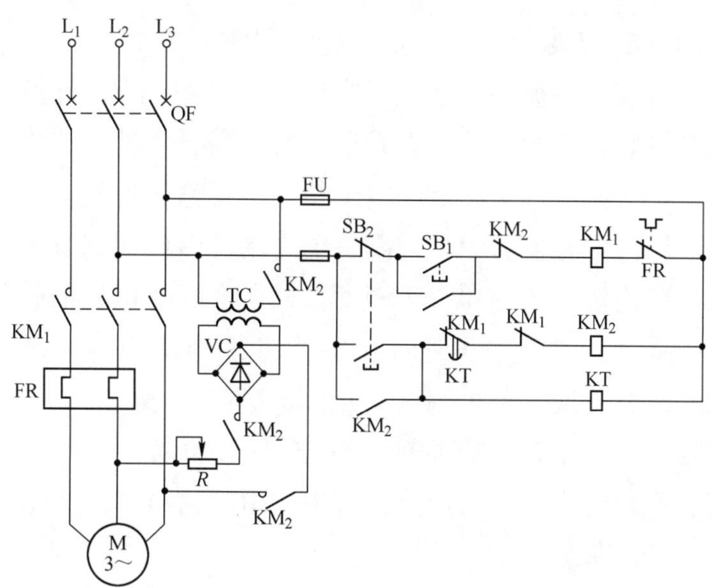

图15-6 能耗制动控制电路

能耗制动，利用的是转子惯性旋转的功能。在制动过程中，先将惯性转动的功能转化为电能，再将电能以热的形式消耗掉，故称为能耗制动。其优点是制动准确、平稳、能量消耗较小；缺点是制动力矩较小，对于吊挂式摇床干选机振动阻力小是适宜的。

15.4 密度测控系统

目前，我国使用的摇床类干选机分选的粒级较大（75~13mm），不太适用于用密度测定控制系统。分选小于 13mm 粒级的干法末煤跳汰机近期已经开发出，日常生产取样化验数据出的慢，很难指导工人操作。用 γ 射线也可测定灰分但成本高，且对人身体有害，会涉及环境污染问题。小于 13mm 粒级的末煤假密度测定相对稳定，因此用假密度测定，传感到 PLC 控制系统，此系统安装在干法末煤跳汰机上，通过密度测定来控制影响干法末煤跳汰机分选效果的因素（卸料装置、给料机、供风装置等）（专利号：ZL201710757488.6）。

密度测定控制系统包括螺旋取样器、密度测定仪（稳料器和称重器）、传感器、PLC 控制系统。取样机的输送样料通道位于稳料器的上方，稳料器有缓冲仓、卸料槽、支撑杆、摊平装置，缓冲仓的上口与取样机的输送样料通道相对，缓冲仓的下端设有摊平装置，卸料槽位于缓冲仓的下方的侧面；缓冲仓上的料位仪与传感器连接，与 PLC 控制系统连接；PLC 控制系统与取样机、摊平装置连接，确保到容器的物料稳定；称重器主要由容器、电子秤、吊挂装置、支撑杆、卸料装置、振动器组成，容器上部开口与缓冲仓卸料口相对接，容器底部设有卸料装置，容器外部设有振动器，容器通过吊挂装置吊挂在电子秤架上，用于显示容器内样料质量的电子秤安装在电子秤架上，吊挂装置与电子秤连接；电子秤与传感器、PLC 控制系统连接；PLC 控制系统与主机、给料系统、卸料系统线连接；传感器得出密度，根据密度数据、依照公式换算出产品含矸率、产品灰分，这些数据通过传感器传到 PLC 控制系统，来控制调整影响干法末煤跳汰机分选的各种因素（见图 15-7）。

具体操作是：在测定产品密度前，首先要测定轻物料密度、重物料密度，由轻物料密度、重物料密度算出产品含矸率。由轻物料密度、重物料密度及它们的灰分换算出产品灰分。

轻物（煤）、重物（矸），是以指定的密度级为界划分，负值为轻物（煤），正值为重物（矸）。

用含重物（矸）率及灰分（或发热量）两种方式考核：

（1）含重物（矸）率。

1）密度定义：质量 W 比体积 V，即

$$\delta = \frac{W}{V}$$

2）质量平衡：要测定的混合物质量 $W_{测}$ 等于重物质量 $W_{重}$ 加轻物质量 $W_{轻}$，即

$$W_{测} = W_{重} + W_{轻}$$

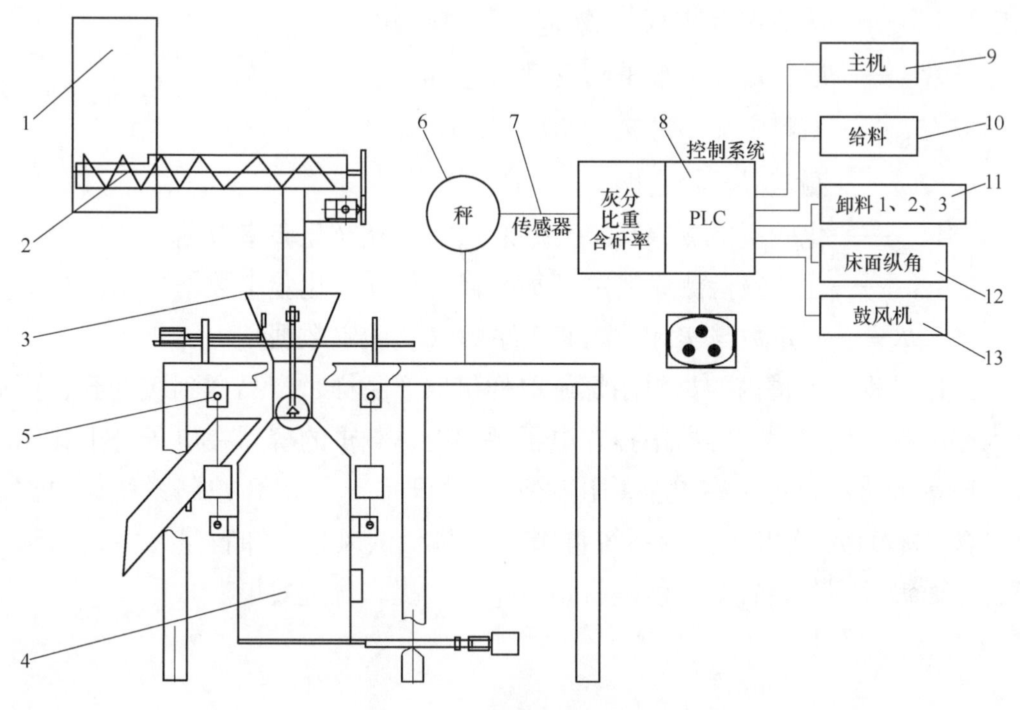

图 15-7　密度测定控制系统

1—溜槽；2—取样机；3—缓冲仓；4—容器；5—电子秤架；6—电子秤；7—重量传感器；8—PLC；9—主机振动频率；10—给料电机频率；11—卸料 1、2、3 电机频率；12—鼓风机电机频率

3）体积平衡：要测定的混合物体积 $V_{测}$ 等于重物体积 $V_{重}$ 加轻物体积 $V_{轻}$，即

$$V_{测}=V_{重}+V_{轻}$$

4）含重物（矸）率 ε 是指产品中重物的含量比，即

$$\varepsilon=\frac{W_{重}}{W_{测}}\times 100\%=\frac{V_{重}\times\delta_{重}}{V_{测}\times\delta_{测}}$$

$$\varepsilon=\frac{\delta_{重}(\delta_{测}-\delta_{轻})}{\delta_{测}(\delta_{重}-\delta_{轻})}$$

（2）产品灰分。

1）测定混合物灰量=重物灰量+轻物灰量；

2）含重物（矸）率 ε+含轻物（煤）率（$1-\varepsilon$）= 100%；

3）重物灰量=含重物（矸）率 $\varepsilon\times A_{ad重}$；

4）轻物灰量=（$1-\varepsilon$）$\times A_{ad轻}$；

5）$$A_{ad测}=K\times\left[A_{ad轻}-\frac{\delta_{重}\times(\delta_{测}-\delta_{轻})\times(A_{ad轻}-A_{ad重})}{\delta_{测}\times(\delta_{重}-\delta_{轻})}\right]$$

式中 $A_{ad测}$——测定混合物灰分,%;

$\delta_{重}$——原料定义基准重物密度，g/cm^3;

$\delta_{轻}$——原料定义基准轻物密度，g/cm^3;

$\delta_{测}$——测定混合物密度，g/cm^3;

$A_{ad重}$——化验室检测原料定义基准重物灰分（化验室数据),%;

$A_{ad轻}$——化验室检测原料定义基准轻物灰分（化验室数据),%;

K——测定数与实际数的修正系数（化验室数据)。

工作过程：溜槽内的物料用螺旋取样机取产品样，产品样到缓冲仓，而后进入密度测定仪容器，容器吊挂在电子秤架上，载重的容器在电子秤上显示质量。质量传感器将得出密度换算出灰分或含矸率，到 PLC 控制系统，根据灰分或含矸率的数据 PLC 控制系统调节给料量、供风量、卸料量、主机振动频率、床面纵角调节装置等，使整机运行平稳、提高分选效果。

16　干选的经济效益和社会效益

设计人员根据我国实际情况研究开发干法分选块煤、末煤干选设备。1992年唐山煤炭研究院研制出 FGX-1 型复合式干选机，2008 年唐山开远选煤科技有限公司成功的研制出 CFX-12 型差动式干选机，这两种干选机都已形成系列，处理能力可达到 10~600t/h，可满足大、中、小型企业干法分选大粒度物料。2015 年唐山开远选煤科技有限公司成功研制出 TFX-6 型干法末煤跳汰机，现已形成系列，处理能力可达到 10~150t/h，可满足大、中、小企业干法分选细粒级物料。这三种风力干法选煤机已销售国内外约 2500 台，外销美国、俄罗斯、蒙古国、乌克兰等国家，为社会取得好的效益。TFX-9×2 型干法末煤跳汰机分选小于 13（或 25）mm 粒级的末煤，年处理能力为 137 万吨，投资 320 万元，吨煤耗电 1. 12kW · h，吨煤运行成本 1. 35 元。CFX-12×2 型差动式干选机分选小于 80mm 混合煤，年处理能力 127 万吨，投资 406 万元，吨煤耗电 2. 34kW · h，吨煤运行成本 2. 56 元 ，为企业创造较好的经济效益。

16. 1　经济效益

16. 1. 1　干选的经济分析

16. 1. 1. 1　CFX-24A 型差动式干选机

CFX-24A 型差动式干选机在燎原煤矿使用实例：分选小于 80mm 混合煤，年处理能力 127 万吨，投资 406 万元，吨煤投资 3. 2 万元。配电力费用：802kW · h，吨煤耗电 2. 34kW · h，吨煤运行成本 2. 56 元。

A　设备布置

CFX-24A 型差动式干选设备布置如图 16-1 所示。

B　系统设备清单

CFX-24 型差动式干选设备清单见表 16-1。

C　经济分析

a　投资

投资预算见表 16-2。

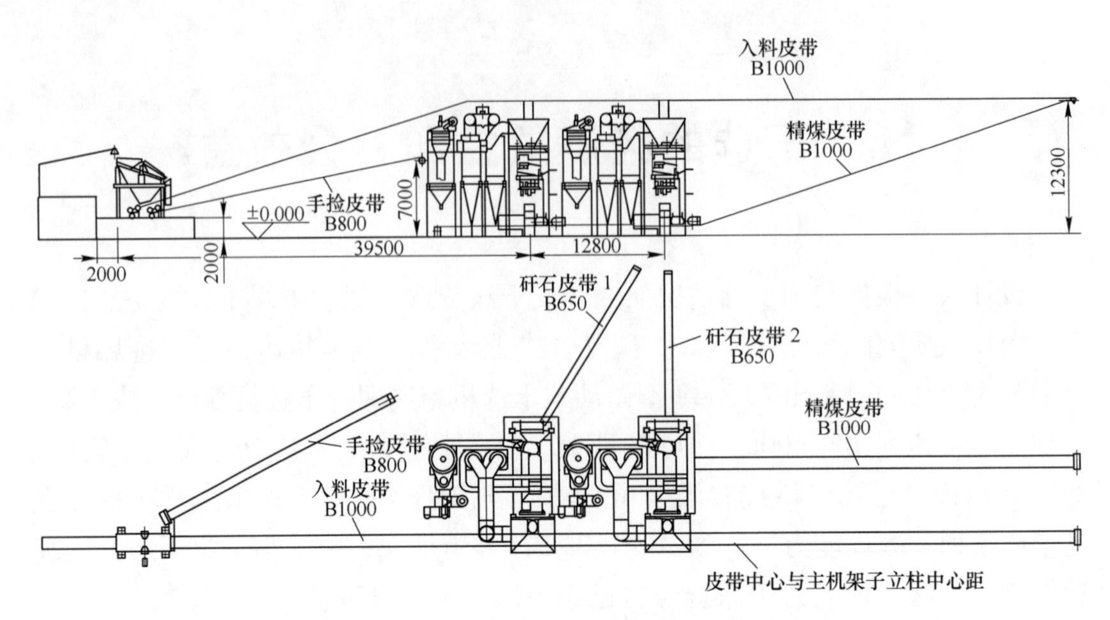

图 16-1　CFX-24A 型差动式干选设备布置

表 16-1　CFX-24 型差动式干选设备清单

序号	货物名称	型号规格	数量	动力/kW	价格/万元	制造厂家
	干选成套			712	180	
1	差动式干选机主机	CFX-24	1 台	26		开远选煤成套设备
2	除尘器	72ZC400B 左式（逆时针）	2 台	16		
		XLP/B-17.5 右式（顺时针）	4 台			
3	鼓风机	G4-73-14D 右式（顺时针）	2 台	560		
	鼓风机电机	Y355-4，380V，280kW	2 台			
4	引风机	Y5-48N012.5C，135°	2 台	110		
	引风机电机	Y250M-4，380V，55kW	2 台			
5	配电					
	软启动柜	315kW	2 台			
	低压进线柜低压配电柜		2 台			
	机旁箱	JXF	2 台			
6	机械非标（风筒、支架平台、溜槽等）		30 吨			
7	给料机	K2	2 台	8	6	
8	料仓	容积 20m³，质量 4t	2 个		3.2	
9	圆振动筛	YKS1645	1 台	11	11.5	

续表 16-1

序号	货物名称	型号规格	数量	动力/kW	价格/万元	制造厂家
10	小矸石皮带 1	B650，$H=5.2$，$L=20.5$，$\alpha=13.1°$，$v=1.25m/s$	1	3	5.1	
11	小矸石皮带 2	B650，$H=5.2$，$L=17.6$，$\alpha=15.3°$，$v=1.25m/s$	1	3	4.4	
12	手捡矸石皮带	B800，$H=7.0$，$L=25.4$，$\alpha=10.1°$，$v=0.28m/s$	1	5.5	8.9	
13	入料皮带	B1000，$H=12.3$，$L=91.2$，$\alpha=17°$，$v=1.25m/s$	1	37	36.5	
14	精煤皮带	B1000，$H=12.3$，$L=62.9$，$\alpha=18°$，$v=1.25m/s$	1	22	25	
15	筛分架子	2t			2	
16	配电室	4×9			7.2	
17	手捡皮带操作台及漏斗	4t			3.2	
合　计				802	293	

表 16-2　投资预算

项目名称	内容	金额/万元
设备费		293
运费（汽运）	设备费	54
安装费	设备费×10%	29
土建		25
电缆		5
总计		406

b　运行成本

CFX-24 型差动式干选机干选系统设备总功率为 802kW。工作制度为每天 16h，每年 330d，小时处理能力按 240t 计算，年处理能力 127 万吨。

（1）维修成本。辅助材料费：配件每年消耗 5.96 万元。维修成本见表 16-3。

表 16-3　维修成本

设备型号	设备维修部件	更换周期	部件数量	单价/万元	年更换数量	总价/万元
CFX-24 型差动式干选机	同步带	一年	4 条	0.5	2	2
	弹簧	半年	1 副	0.05	4	0.2
	橡胶筛板	一年	144 块	0.03	2	2.9
	风筒软连接	半年	2 副	0.05	2	0.2
	防尘帷幔	半年	2 副	0.02	2	0.08
	给料机吊挂弹簧	半年	12 个	0.02	12	0.48
	年维修成本					5.96

（2）电力费用：系统功率 802kW。实际耗电802kW · h×0.7h = 561.4kW · h，电价为每千瓦时 0.55 元，处理 127 万吨煤，实际电费 = 561.4×16×330×0.55 = 163.03 万元。

（3）工资费用。干选系统劳动定员见表 16-4。系统定员 9 人，年平均工资、保险及福利以每年每人 50000 元计算，工资总额为 45 万元。

表 16-4　干选系统劳动定员

序 号	岗　位	一 班	二 班	三 班	系 数	在籍人数
一	生产工人					
1	干选机操作工	1	1	1		
2	辅助设备运转工	1	1	1		
3	机电维修工		1	1		
小　计		2	3	2		7
二	生产管理、技术人员		1			1
三	辅助人员		1			1
合　计						9

（4）管理费用：经营及企业管理费按每吨 0.2 元计算，年产 127 万吨，共 25.4 万元。

（5）设备折旧费：每套 406 万元，20 年折旧，每年折 20.3 万元。

（6）运行成本汇总。运行成本汇总见表 16-5。

表 16-5 成本构成汇总

CFX-24 型差动式干选		
序号	运行成本	年成本/万元
1	辅助材料费	8.5
2	电力成本	163.03
3	工资	45
4	管理费	25.4
5	铲车费	63.5
6	折旧	20.3
成本合计		325.73

注：每天 16h，每年 330d，处理能力 240t/h，每年 127 万吨，年吨煤成本 2.56 万元。

16.1.1.2 TFX-18A 型干法末煤跳汰选

TFX-18A 型干法末煤跳汰选使用实例：分选小于 13mm 末煤，年处理能力 137 万吨；总投资 320 万元，吨煤投资 2.34 万元；总电耗 290kW · h，吨煤耗电 1.12kW · h，吨煤运行成本 1.35 元。

A 设备布置

TFX-18A 型干法末煤跳汰选设备布置如图 16-2 所示。

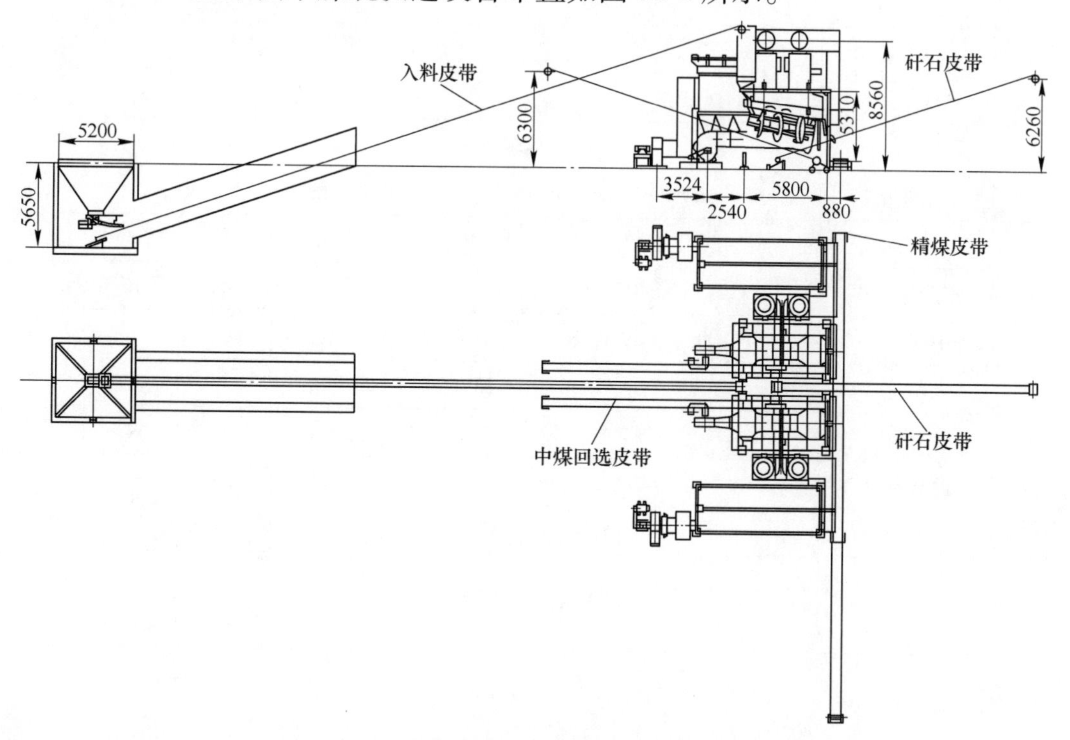

图 16-2 TFX-18A 型干法末煤跳汰选设备布置图

B　设备清单

TFX-18A 干法末煤跳汰选设备清单见表 16-6。

表 16-6　TFX-18A 干法末煤跳汰选设备清单

序号	名称	型号	单位	数量	功率/kW	价格/万元
一	TFX-9×2 主系统					
1	风选机主机	TFX-9 主振电机 4.2kW/8 极×2，脉动风伐 1.5kW/4 极，卸料 0.75kW/4 极×3，摊平装置 1.5kW/4 极，振动卸料 0.2kW/6 极×2	台	2	29	
2	除尘器	PPC96×7	台	4		
3		XLP/B-15.0	台	4		
4	鼓风机	G4-73-10C	台	2	110	
5	鼓风机电机	Y280M-4，380V，55kW	台	2		
6	引风机	G4-73-11C，90°	台	2		
7	引风机电机	Y280M-4，380V，90kW	台	2	180	
8	变频器		台	10		
9	集控台		台	1		
10	机旁箱	JXF	台	8		
小计					361	180
二	运输系统					
1	末精煤皮带	$B=650$，$L=30$m，$\alpha=20°$（特制），$H=6$	条	1	7.5	6.9
2	末矸石皮带	$B=500$，$L=19$m，$\alpha=20°$，$H=6$	条	1	3	4.4
3	螺旋输送机	LXS400，$L=11.5$m	台	4	12	12
4	中煤皮带	$B=500$，$L=19$m，$\alpha=20°$，$H=5.3$	台	2	6	4.4
5	入料皮带	花纹带 $B=800$，$L=37.5$m，$\alpha=22°$，$H=8.9$	条	1	11	11.3
6	给煤机	K2 含变频	台	1	4	3
7	原煤料仓	1	吨	10		7
8	非标	TFX-9	吨	25		17.5
小计					37.5	60.5
合计					414.5	246.5

C　经济分析

两台 TFX-9 型干法末煤跳汰机组合运算，小时处理能力为 260t，日生产

16h，年生产330d，年处理能力为137万吨。

a 投资

干法末煤跳汰机投资预算见表16-7。

表16-7 干法末煤跳汰机投资预算

序号	货物名称	型号规格	数量	动力/kW	价格/万元	备注
1	土建地基（混凝土、钢筋、预埋铁）	500立方混凝土			25	
2	运费	从河北唐山到河南新密	10		8	
3	设备费	240.5		414.5	246.5	
4	安装费	按设备费用的10%			25.5	
5	配电室及电缆	彩钢配电室3.5m×10m，配电室到设备的距离不超过50m			15	
合 计				414.5	320	

注：吨煤投资2.34元。

b 运行成本

TFX-9×2型干法末煤跳汰干选机干选系统设备总功率为414.5kW。工作制度为每天16h，小时处理能力按260t计算，年处理量按137万吨计算。

（1）维修成本。维修成本见表16-8。

表16-8 设备维修器件

设备型号	设备维修部件	更换周期	部件数量	单价/万元	年更换数量	总价/万元
TFX-9干法末煤跳汰机	主机振动电机	两年	4个	2	0.5	2.0
	分选床筛板	半年	2副	0.6	2	2.4
	风帘	半年	2副	0.04	2	0.16
	风筒	半年	2副	0.2	2	0.8
	瓷球	半年	2副	1	2	4
	吊挂弹簧	半年	2副	0.02	1	0.04
	布袋除尘器	一年	288	0.003	1	0.86
	其他运转电机	一年	2副	1	1	2.0
共 计						12.26

（2）设备折旧费：投资费用 320 万元，折旧年限 20 年，年折旧费 16 万元。

（3）电耗费：系统配电功率 414. 5kW，有效功率按 70%计算，电价按每度电 0. 55 元计算，实际耗电 414. 5×70% =290. 15kW · h ，16h×330d=5280/年，年电耗费 84. 25 万元。每度折合吨煤约 0. 61 元。

（4）人工费：干选系统劳动定员见表 16-9。系统定员 9 人，年平均工资、保险及福利以每年每人 50000 元计算，工资总额为 45 万元。

表 16-9　干选系统劳动定员

序号	岗　位	一 班	二 班	三 班	合计
1	干选机操作工	1	1	1	3
2	辅助设备运转工	1	1	1	3
3	机电维修工	1			1
4	生产管理、技术人员	1			1
5	辅助人员	1			1
合　计					9

（5）管理费：吨煤约 0. 2 元，合 27. 4 万元。

（6）运行费：运行成本汇总见表 16-10。

表 16-10　TFX-9×2 干法末煤跳汰系统成本构成

项目内容	年处理 137 万吨，年工作天数为 330d			
序号	运行成本	年成本/万元	年吨煤成本/万元	占总成本比例/%
1	辅助材料费	12. 26		
2	电力成本	84. 25		
3	工资费用	45		
4	设备折旧	15. 7		
5	管理费用	27. 4		
成本合计		184. 61	1. 35	

16. 1. 2　煤炭企业应用干法选煤的经济效益

16. 1. 2. 1　动力煤分选

干法选煤主要是用于动力煤分选加工，排除原煤中的矸石、硫铁矿等杂质，降低商品煤的灰分、硫分，提高商品煤的发热量。

原煤经过加工后，商品煤发热量大幅提高，使原来销售困难的低质煤成为受用户欢迎的商品煤。扣除加工成本及外排矸石，加工 1t 原煤盈利 10~20 元左右。大部分投资回收期都在一年之内，经济效益显著。

16.1.2.2 炼焦煤选煤厂预排矸设备

近年来，我国炼焦煤选煤厂广泛推广重介质旋流器分选工艺。另一方面，我国现代化矿井采用综合放顶技术提高了煤炭产量，造成原煤中含矸量增加，使选煤厂效率降低、生产成本提高、管理困难。采用干选机对炼焦煤选煤厂入选原煤进行预排矸处理，以很低的加工成本预先排除大量矸石，降低了选煤成本，提高了选煤厂精煤回收率，提高了选煤效率，使选煤厂经济效益大增。

16.1.3 褐煤分选的经济效益

我国褐煤资源量为 3194.38×10^{8}t，占我国煤炭资源总量的 5.74%，主要分布在内蒙古东部、黑龙江、吉林东部以及云南、新疆等地。褐煤是煤化程度最低的年轻煤种，具有内在水分高、挥发分高易风化、易自燃、发热量低、易泥化、易碎等特点。

已有的褐煤选煤厂生产实践，暴露了褐煤洗选的很多问题，主要有：

（1）矸石和煤遇水泥化严重，造成选煤厂用水量大，煤泥水处理困难。由于煤泥灰分高、粒度细、黏度大，造成选煤厂煤泥水浓度过高，使洗选效果受到严重影响。另一方面，煤泥极难沉淀，压滤机夹陷，工作不正常，外排煤泥水又会造成严重的环境污染。

（2）洗耗过大，洗煤生产成本高，使褐煤洗选经济效益差。

（3）选后产品水分高，降低了产品发热量，抵消了部分洗煤效果。

（4）生产管理难度大，生产事故多，设备正常运行困难。

综上所述，褐煤洗选加工已成为选煤技术难点。干法选煤技术的发展，有效地解决了褐煤洗选的难题。近年来，干法选煤在内蒙古东部锡林郭勒、呼伦贝尔、霍林河、赤峰、吉林东部珲春等褐煤产区大面积推广，取得了重大经济效益。

16.2 社会效益

16.2.1 节水效益

我国是一个严重干旱缺水的国家，人均水资源量 2160m^3，仅为世界平均水平的1/4，在世界上名列121位，是全球13个人均水资源最贫乏的国家之一。我国现实可利用的淡水资源量则更少，人均可利用水资源量约为900m^3，而且分布极不均衡。占全国80%以上的煤炭资源蕴藏在严重干旱缺水的西部地区。水资源缺乏制约了煤炭洗选加工的发展。干法选煤技术不用水，使我国能源基地西移并为煤炭分选加工利用提供了一条新途径。

一般水洗选煤方法吨煤耗水0.2m^3，按目前干法选煤年入选能力3.5亿吨计算，年节省水资源$7.0\times10^7m^3$。

16.2.2　节能效益

干法选煤吨煤耗电1.12~3kW·h，一般选煤厂吨煤耗电3.3~7.6kW·h，若按平均吨煤耗电5kW·h计，干选吨煤节电2kW·h，则年节电7×10^9kW·h（按目前干选年入选能力3.5亿吨）。

16.2.3　节省运力

我国煤炭资源的地域分布特点是北多南少、西多东少。西煤东运、北煤南运的格局已经形成。大量的铁路和公路的运力都用于煤炭运输，造成运力紧张。

干法选煤可将原煤中80%以上的矸石杂质排除，在煤矿就地排放或利用，可以减少大量无效运输。按目前干法选煤年入选能力3.5亿吨计，若原煤平均含矸量15%，平均运距650km，则可节省运力27300Mt·km。

16.2.4　发电厂效益

干法选煤后的商品煤发热量增加，可以提供燃煤锅炉的热效率。在同等负荷下，发电煤耗可下降5~10g/(kW·h)。选后煤质量稳定，还能使锅炉稳定燃烧。干选后将原煤中的矸石、硫铁矿排除后，煤的可磨性提高，可减少磨煤机电耗及设备磨损。

排除硫铁矿后，降低了原煤硫分，可减少硫酸蒸汽对锅炉低温受热面的严重腐蚀。用干选加工煤，因水分低，可避免水洗动力煤水分高造成发热量降低的问题。

因此，干法选煤对原煤分选加工，有利于发电厂提高效益。目前已有部分发电厂自建干法选煤系统，以保证电煤质量。

16.2.5 环境效益

16.2.5.1 减少大气污染

干法选煤可将2mm以上的硫铁矿（晶体、结核、连生体）排除，而干法末煤跳汰选可将0.3mm以上的硫铁矿排除，对于以硫铁矿为主的中、高硫煤，脱硫率可达60%~80%，按已投产的中高硫煤干选厂统计，年处理10Mt，硫分平均降低0.8%，可减少燃煤中SO_2排放量达160kt。

另外，干法选煤将原煤中矸石排除，商品煤灰分降低，因此燃煤产生的粉尘和粉煤灰排放数量减少。

16.2.5.2 减少水体污染

干法选煤不用水，避免了湿法选煤厂煤泥水外排造成的水体污染。现代化选煤厂设置了较复杂的煤泥水处理系统，尽量保证煤泥水不出厂。但是对于泥化程度较高的原煤，由于煤泥沉降难，造成煤泥水浓度过高，引起浓缩机压耙子、压滤机脱水困难等事故，不得不外排造成水体污染。

16.2.5.3 减少城市废渣

干法选煤系统设置在煤矿井口，排除的矿石与矿井废渣合并就地排放，减少了城市燃煤产生的废渣排放压力。

另一方面，干法选煤用于煤矸石综合利用，分选出低热值煤用于矸石发电厂发电；分选出纯矸石用于制水泥、制砖或筑路、复垦、充填等，减少了煤矸石占地及自燃造成的环境污染。

附　　录

附表 1　*t* 为正值时的分配指标

小数第三位的 *t* 值									*t*	0. 00	0. 01	0. 02	0. 03	0. 04	0. 05	0. 06	0. 07	0. 08	0. 09
1	2	3	4	5	6	7	8	9											
4	8	12	16	20	24	28	32	36	0. 0	50. 00	50. 40	50. 80	51. 20	51. 60	51. 99	52. 39	52. 79	53. 19	53. 59
4	8	12	16	20	24	28	32	36	0. 1	53. 98	54. 38	54. 78	55. 17	55. 57	55. 96	56. 36	56. 75	57. 24	57. 53
4	8	12	16	19	23	27	31	35	0. 2	57. 93	58. 32	58. 71	59. 10	59. 48	59. 87	60. 26	60. 64	61. 03	61. 41
4	8	11	15	19	23	26	30	34	0. 3	61. 79	62. 17	62. 55	62. 93	63. 31	63. 68	64. 06	64. 43	64. 80	65. 17
4	7	11	14	18	22	25	29	32	0. 4	65. 54	65. 91	66. 28	66. 64	67. 00	67. 36	67. 72	68. 08	68. 44	68. 79
3	7	10	14	17	21	24	28	31	0. 5	69. 15	69. 50	69. 85	70. 19	70. 54	70. 88	71. 23	71. 57	71. 9	72. 94
3	6	10	13	17	20	23	26	30	0. 6	72. 57	72. 91	73. 24	73. 57	73. 89	74. 22	74. 54	74. 86	75. 17	75. 49
3	6	9	12	15	18	21	24	27	0. 7	75. 80	76. 11	76. 42	76. 73	77. 04	77. 34	77. 61	77. 94	78. 23	78. 52
3	6	8	11	14	17	20	22	25	0. 8	78. 81	79. 10	79. 39	79. 67	79. 95	80. 23	80. 51	80. 78	81. 06	81. 33
3	5	8	10	13	18	18	20	23	0. 9	81. 59	81. 86	82. 12	82. 38	82. 64	82. 90	83. 15	83. 40	83. 65	83. 89
2	5	7	9	12	14	16	18	21	1. 0	84. 13	84. 38	84. 61	81. 85	85. 08	85. 31	85. 54	85. 77	85. 99	86. 21
2	4	6	8	11	13	15	17	19	1. 1	86. 43	86. 65	86. 86	87. 08	87. 29	87. 49	87. 70	87. 90	88. 10	88. 30
2	4	6	8	10	11	13	15	17	1. 2	88. 49	88. 69	88. 88	89. 07	89. 25	89. 44	89. 62	89. 8	89. 97	90. 15
2	3	5	6	8	10	11	13	14	1. 3	90. 32	90. 49	90. 66	90. 82	90. 99	91. 15	91. 31	91. 47	91. 62	91. 77
1	3	4	6	7	8	10	11	13	1. 4	91. 92	92. 07	92. 22	92. 36	92. 51	92. 65	92. 79	92. 92	93. 06	93. 19
1	3	4	5	6	8	8	10	11	1. 5	93. 32	93. 45	93. 57	93. 70	93. 82	93. 94	94. 06	94. 18	94. 29	94. 41
1	2	3	4	5	6	7	8	9	1. 6	94. 52	94. 63	94. 74	94. 84	94. 95	95. 05	95. 15	95. 25	95. 35	95. 45
1	2	3	4	5	5	6	7	8	1. 7	95. 54	95. 64	95. 73	95. 82	95. 91	96. 00	96. 08	96. 14	96. 25	96. 63
1	2	2	3	4	5	5	6	7	1. 8	96. 41	96. 49	96. 56	96. 64	96. 71	96. 78	96. 86	96. 93	96. 99	97. 06
1	1	2	2	3	4	4	5	5	1. 9	97. 13	97. 17	97. 26	97. 32	97. 38	97. 44	97. 50	97. 56	97. 61	97. 67
1	1	2	2	3	3	3	4	5	2. 0	97. 72	97. 78	97. 84	97. 88	97. 93	97. 98	98. 03	98. 08	98. 12	98. 17
0	1	1	2	2	2	3	3	4	2. 1	98. 21	98. 26	98. 30	98. 31	98. 38	98. 42	98. 46	98. 50	98. 54	98. 57
0	1	1	1	2	2	2	3	3	2. 2	98. 61	98. 64	98. 68	98. 71	98. 75	98. 78	98. 81	98. 84	98. 87	98. 90
0	1	1	1	2	2	2	2	3	2. 3	98. 93	98. 96	98. 98	99. 01	99. 04	99. 06	99. 09	99. 11	99. 13	99. 16
0	0	1	1	1	1	1	2	2	2. 4	99. 18	99. 20	99. 22	99. 24	99. 27	99. 29	99. 30	99. 32	99. 34	99. 36
0	0	0	1	1	1	1	1	1	2. 5	99. 38	99. 40	99. 41	99. 43	99. 45	99. 47	99. 48	99. 49	99. 51	99. 52

续附表 1

小数第三位的 t 值									t	0.00	0.01	0.02	0.03	0.04	0.05	0.06	0.07	0.08	0.09
1	2	3	4	5	6	7	8	9											
0	0	0	0	1	1	1	1	1	2.6	99.53	99.55	99.56	99.57	99.58	99.60	99.61	99.62	99.63	99.64
0	0	0	0	1	1	1	1	1	2.7	99.65	99.66	99.67	99.68	99.69	99.70	99.71	99.72	99.73	99.74
t 值为负时，应该用 100 减去由本表查得的数字									2.8	99.74	99.75	99.76	99.77	99.77	99.78	99.79	99.80	99.80	99.81
									2.9	99.81	99.82	99.82	99.83	99.84	99.84	99.85	99.85	99.86	99.86
									3.0	99.86	99.87	99.87	99.88	99.88	99.89	99.89	99.89	99.90	99.90
									3.1	99.90	99.91	99.91	99.91	99.92	90.92	99.92	99.93	99.93	99.93
									3.2	99.93	99.94	99.94	99.94	99.94	99.96	99.95	99.95	99.95	99.95
									3.3	99.95	99.95	99.96	99.96	99.96	99.96	99.96	99.96	99.96	99.96
									3.4	99.97	99.97	99.97	99.97	99.97	99.97	99.97	99.97	99.98	99.98
									3.5	99.98	99.98	99.98	99.98	99.98	99.98	99.98	99.98	99.98	99.98
									3.6	99.98	99.98	99.99	99.99	99.99	99.99	99.99	99.99	99.99	99.99
									3.7	99.99	99.99	99.99	99.99	99.99	99.99	99.99	99.99	99.99	99.99
									3.8	99.99	99.99	99.99	99.99	99.99	99.99	99.99	99.99	99.99	99.99
									3.9	100	100	100	100	100	100	100	100	100	100

$I=0.08$

附表 2　干法选机分配指标 ε　　(%)

密度级 /kg·L^{-1}	δ_p \ δ	1.70	1.75	1.80	1.85	1.90	1.95	2.00	2.05	2.10	2.20	2.30	2.40
−1.3	1.20	0.23	0.10	0.03	0.02	0.01	0.00	0.00	0.00	0.00	0.00	0.00	0.00
1.3~1.4	1.35	3.29	1.85	0.77	0.51	0.20	0.10	0.05	0.02	0.01	0.00	0.00	0.00
1.4~1.5	1.45	10.73	6.88	3.42	2.54	1.13	0.62	0.34	0.18	0.09	0.02	0.01	0.00
1.5~1.6	1.55	24.87	15.33	12.28	8.20	4.31	2.65	1.58	0.92	0.52	0.16	0.04	0.01
1.6~1.7	1.65	43.96	34.61	26.31	19.36	11.71	7.97	5.24	3.36	2.10	0.77	0.26	0.08
1.6~1.8	1.70	50.00	44.28	35.13	23.80	17.42	12.36	8.53	5.72	3.74	1.48	0.54	0.19
1.7~1.8	1.75	55.72	50.00	44.52	35.65	24.41	18.09	13.01	9.12	6.21	2.69	1.06	0.39
1.7~1.9	1.80	64.87	55.48	50.00	44.79	32.42	24.97	18.72	13.65	9.68	4.53	1.93	0.77
1.8~1.9	1.85	76.20	64.35	55.21	50.00	41.10	32.86	25.53	19.45	14.25	7.19	3.31	1.41
1.85~1.95	1.90	79.87	72.34	63.90	58.90	50.00	41.33	33.29	26.08	19.94	10.82	5.36	2.44
1.9~2.0	1.95	85.46	81.91	71.74	63.45	58.67	50.00	41.56	33.65	26.59	15.46	8.20	3.99
1.95~2.05	2.00	91.47	86.99	78.45	71.11	66.71	58.44	50.00	41.76	34.05	21.08	11.93	6.21
2.0~2.1	2.05	93.02	89.13	84.03	80.65	73.92	66.35	58.24	50.00	41.96	27.59	16.60	9.20
2.1~2.2	2.15	96.99	94.89	91.90	87.83	85.13	79.47	72.91	65.61	57.85	42.31	28.46	17.70
2.2~2.3	2.25	98.82	98.30	96.26	93.94	92.29	88.60	83.97	78.38	71.97	57.50	42.66	29.32
2.3~2.4	2.35	99.57	99.14	98.41	97.82	96.35	94.22	91.31	87.51	82.84	71.09	57.18	42.97

I=0.09　　**附表 3　干法选机分配指标 ε**　　(%)

密度级 /kg·L⁻¹	δ_p / δ	1.70	1.75	1.80	1.85	1.90	1.95	2.00	2.05	2.10	2.20	2.30	2.40
-1.3	1.20	0.45	0.34	0.12	0.06	0.03	0.01	0.01	0.00	0.00	0.00	0.00	0.00
1.3~1.4	1.35	4.20	2.59	1.56	0.91	0.52	0.29	0.16	0.09	0.05	0.01	0.00	0.00
1.4~1.5	1.45	11.66	7.95	5.26	3.39	2.14	1.32	0.80	0.47	0.27	0.09	0.03	0.01
1.5~1.6	1.55	24.46	18.18	13.12	9.24	6.35	4.27	2.83	1.80	1.14	0.44	0.16	0.05
1.6~1.7	1.65	41.14	32.96	25.70	19.57	14.53	10.52	7.46	5.19	3.55	1.56	0.64	0.26
1.6~1.8	1.70	50.00	41.41	33.43	26.30	20.22	15.21	11.16	8.04	5.66	2.67	1.17	0.48
1.7~1.8	1.75	58.59	50.00	41.64	33.87	26.89	20.87	15.85	11.77	8.59	4.31	2.03	0.89
1.7~1.9	1.80	66.57	58.36	50.00	41.88	34.28	27.43	21.48	16.47	12.40	6.63	3.31	1.56
1.8~1.9	1.85	73.70	66.13	58.12	50.00	42.07	34.64	24.69	22.09	17.10	9.70	5.14	2.55
1.85~1.95	1.90	79.78	73.11	65.72	57.96	50.00	42.27	35.05	28.46	22.66	13.58	7.61	3.99
1.9~2.0	1.95	84.79	79.13	72.57	65.36	57.73	50.00	42.47	35.38	28.95	18.31	10.80	5.98
1.95~2.05	2.00	88.84	84.15	78.52	72.04	64.95	57.53	50.00	42.66	35.71	23.77	14.74	8.59
2.0~2.1	2.05	91.96	88.23	83.53	77.93	71.54	64.62	57.34	50.00	42.82	29.84	19.43	11.88
2.1~2.2	2.15	96.08	93.86	90.85	86.99	82.27	76.79	70.61	63.94	56.99	43.17	30.68	20.50
2.2~2.3	2.25	98.21	97.01	95.27	92.89	89.75	85.82	81.14	75.75	69.74	60.58	43.44	31.42
2.3~2.4	2.35	99.23	98.64	97.72	96.36	94.45	91.90	88.66	84.68	80.03	68.93	56.40	43.72

I=0.10　　**附表 4　干法选机分配指标 ε**　　(%)

密度级 /kg·L⁻¹	δ_p / δ	1.70	1.75	1.80	1.85	1.90	1.95	2.00	2.05	2.10	2.20	2.30	2.40
-1.3	1.20	0.93	0.54	0.31	0.18	0.10	0.05	0.03	0.02	0.01	0.00	0.00	0.00
1.3~1.4	1.35	6.00	4.00	2.62	1.68	1.05	0.66	0.40	0.24	0.14	0.05	0.02	0.01
1.4~1.5	1.45	14.16	10.23	7.24	5.02	3.42	2.28	1.50	0.97	0.62	0.25	0.09	0.03
1.5~1.6	1.55	26.66	20.68	15.69	11.64	8.48	6.08	4.28	2.96	2.03	0.90	0.39	0.16
1.6~1.7	1.65	42.03	34.57	27.86	22.00	17.05	12.99	9.72	7.15	5.20	2.62	1.25	0.58
1.6~1.8	1.70	50.00	42.23	34.97	28.43	22.66	17.75	13.65	10.32	7.71	4.10	2.07	1.00
1.7~1.8	1.75	57.73	50.00	42.47	35.38	28.95	23.27	18.41	14.30	10.93	6.14	3.27	1.69
1.7~1.9	1.80	65.03	57.53	50.00	42.56	35.75	29.46	23.86	19.02	14.92	8.80	4.92	2.62
1.8~1.9	1.85	71.57	64.62	57.44	50.00	42.76	36.13	29.94	24.45	19.63	12.11	7.10	3.95
1.85~1.95	1.90	77.34	71.05	64.25	57.24	50.00	43.05	36.46	30.43	24.97	16.12	9.88	5.74

续附表4

密度级/kg·L⁻¹	δ_p \ δ	1.70	1.75	1.80	1.85	1.90	1.95	2.00	2.05	2.10	2.20	2.30	2.40
1.9~2.0	1.95	82.25	76.73	70.54	63.87	56.95	50.00	43.21	36.81	30.85	20.79	15.55	8.08
1.95~2.05	2.00	86.35	81.62	76.14	70.06	63.54	56.79	50.00	43.40	37.11	26.01	17.28	10.93
2.0~2.1	2.05	89.68	85.70	80.98	75.55	69.57	63.19	56.60	50.00	43.56	31.70	21.88	14.39
2.1~2.2	2.15	94.34	91.75	88.47	84.47	79.78	74.48	68.73	62.59	56.32	43.84	32.46	22.90
2.2~2.3	2.25	97.06	95.50	93.38	90.66	87.29	83.28	78.64	73.50	67.90	56.04	44.11	33.17
2.3~2.4	2.35	98.56	97.66	96.40	94.67	92.42	89.59	86.17	82.15	77.61	67.18	55.77	44.35

$I=0.11$　　**附表5　干法选机分配指标 ε**　　(%)

密度级/kg·L⁻¹	δ_p \ δ	1.70	1.75	1.80	1.85	1.90	1.95	2.00	2.05	2.10	2.20	2.30	2.40
-1.3	1.20	1.67	1.03	0.65	0.40	0.24	0.14	0.09	0.05	0.03	0.01	0.00	0.00
1.3~1.4	1.35	7.89	5.58	3.88	2.67	1.80	1.20	0.80	0.52	0.34	0.14	0.05	0.02
1.4~1.5	1.45	16.47	12.45	9.24	6.75	4.88	3.46	2.43	1.69	1.16	0.52	0.23	0.10
1.5~1.6	1.55	28.56	22.84	17.96	13.89	10.60	7.97	5.90	4.32	3.12	1.59	0.78	0.37
1.6~1.7	1.65	42.64	35.90	29.67	24.14	19.35	15.30	11.90	9.16	6.95	3.88	2.09	1.08
1.6~1.8	1.70	50.00	42.93	36.32	30.22	24.77	20.02	15.96	12.54	9.74	5.70	3.20	1.72
1.7~1.8	1.75	57.07	50.00	43.13	36.65	30.71	25.33	20.65	16.60	13.18	8.04	4.69	2.64
1.7~1.9	1.80	63.68	56.87	50.00	43.32	36.99	31.17	25.91	21.27	17.23	10.93	6.64	3.88
1.8~1.9	1.85	69.78	63.35	56.68	50.00	43.48	37.34	31.63	26.46	21.85	14.41	9.10	5.51
1.85~1.95	1.90	75.23	69.29	63.01	56.52	50.00	43.68	37.68	32.06	26.96	18.42	12.08	7.61
1.9~2.0	1.95	79.98	74.67	68.83	62.66	56.32	50.00	43.84	37.95	32.50	22.96	15.57	10.14
1.95~2.05	2.00	84.04	79.35	74.09	68.37	62.32	56.16	50.00	44.00	38.24	27.96	19.57	13.18
2.0~2.1	2.05	87.46	83.40	78.73	73.54	67.94	62.05	56.00	50.00	44.11	33.25	24.02	16.70
2.1~2.2	2.15	92.51	89.66	86.20	82.15	77.58	72.55	67.11	61.49	55.73	44.39	34.02	25.01
2.2~2.3	2.25	95.72	93.83	91.44	88.49	82.01	80.98	76.48	71.60	66.39	55.49	44.63	34.60
2.3~2.4	2.35	97.64	96.47	94.89	92.89	90.37	87.37	83.88	79.87	75.49	65.68	55.25	44.86

I=0.12　　　　**附表 6　干法选机分配指标 ε**　　　　（%）

密度级 /kg·L^{-1}	δ_p / δ	1.70	1.75	1.85	1.90	1.95	2.00	2.05	2.10	2.20	2.30	2.40
-1.3	1.20	2.51	1.70	0.75	0.49	0.32	0.20	0.13	0.08	0.03	0.01	0.00
1.3~1.4	1.35	9.74	7.22	3.85	2.73	1.94	1.36	0.94	0.65	0.30	0.14	0.06
1.4~1.5	1.45	18.56	14.53	8.55	6.44	4.80	3.53	2.58	1.87	0.95	0.48	0.23
1.5~1.6	1.55	30.19	24.77	16.01	12.63	9.85	7.60	5.81	4.40	2.45	1.33	0.70
1.6~1.7	1.65	43.32	37.03	26.01	21.39	17.39	13.99	11.12	8.77	5.30	3.09	1.77
1.6~1.8	1.70	50.00	43.52	31.74	26.58	22.03	18.06	14.64	11.73	7.36	4.46	2.63
1.7~1.8	1.75	56.48	50.00	37.75	32.21	27.17	22.66	18.69	15.27	9.92	6.22	3.81
1.7~1.9	1.80	62.59	56.28	43.88	38.06	32.64	27.69	23.24	19.32	12.97	8.40	5.30
1.8~1.9	1.85	68.26	62.25	50.00	44.04	38.36	33.07	28.19	23.83	16.50	11.04	7.17
1.85~1.95	1.90	73.41	67.79	55.96	50.00	44.19	38.66	33.47	28.70	20.50	14.14	9.46
1.9~2.0	1.95	77.97	72.83	61.64	55.81	50.00	44.35	38.93	33.87	24.88	17.68	12.15
1.95~2.05	2.00	81.94	77.34	66.93	61.34	55.65	50.00	44.47	39.21	29.60	21.59	15.27
2.0~2.1	2.05	85.36	81.34	71.81	66.53	61.07	55.53	50.00	44.63	34.57	25.88	18.77
2.1~2.2	2.15	90.66	87.64	80.09	75.66	70.85	65.76	60.57	55.25	44.86	35.23	26.83
2.2~2.3	2.25	94.24	92.10	86.43	82.90	78.92	74.60	69.95	65.10	55.02	45.06	35.83
2.3~2.4	2.35	96.56	95.12	91.07	88.41	85.29	81.74	77.85	73.63	64.47	54.82	45.30

I=0.13　　　　**附表 7　干法选机分配指标 ε**　　　　（%）

密度级 /kg·L^{-1}	δ_p / δ	1.70	1.75	1.80	1.85	1.90	1.95	2.00	2.05	2.10	2.20	2.30	2.40
-1.3	1.20	3.54	2.51	1.77	1.23	0.86	0.59	0.40	0.27	0.19	0.08	0.04	0.02
1.3~1.4	1.35	11.57	8.91	6.78	5.11	3.83	2.82	2.07	1.51	1.09	0.56	0.29	0.14
1.4~1.5	1.45	20.47	16.45	13.10	10.30	8.05	6.22	4.77	3.62	2.73	1.53	0.83	0.45
1.5~1.6	1.55	31.60	26.43	21.88	17.94	14.55	11.68	9.31	7.35	5.74	3.46	2.03	1.16
1.6~1.7	1.65	43.84	38.02	32.60	27.62	23.21	19.29	15.91	13.01	10.54	6.78	4.24	2.60
1.6~1.8	1.70	50.00	44.04	38.36	33.04	28.19	23.83	19.97	16.57	13.65	9.05	5.84	3.67
1.7~1.8	1.75	55.96	50.00	44.19	38.66	33.47	28.74	24.41	20.58	21.19	11.75	7.82	5.07
1.7~1.9	1.80	61.64	55.81	50.00	44.35	38.97	33.91	29.22	24.97	25.52	14.90	10.16	6.78

续附表 7

密度级 /kg·L^{-1}	δ_p / δ	1.70	1.75	1.80	1.85	1.90	1.95	2.00	2.05	2.10	2.20	2.30	2.40
1.8~1.9	1.85	66.96	61.34	55.65	50.00	44.51	39.24	34.32	29.71	30.19	18.42	12.92	8.85
1.85~1.95	1.90	71.81	66.53	61.03	55.49	50.00	44.63	39.51	34.68	35.05	22.36	16.08	11.27
1.9~2.0	1.95	76.17	71.26	66.09	60.76	55.37	50.00	44.79	39.74	40.01	26.56	19.60	14.07
1.95~2.05	2.00	80.03	75.59	70.78	65.68	60.49	55.21	50.00	44.90	40.01	31.07	23.43	17.21
2.0~2.1	2.05	83.43	79.42	75.03	70.29	65.32	60.26	55.10	50.00	45.02	35.71	27.52	20.68
2.1~2.2	2.15	88.84	85.72	82.17	78.23	73.92	69.39	64.62	59.75	54.86	45.26	36.32	28.40
2.2~2.3	2.25	92.71	90.38	87.66	84.52	80.98	77.10	72.94	68.55	63.98	54.66	45.46	36.88
2.3~2.4	2.35	95.35	93.70	91.67	89.27	86.49	83.35	79.87	76.07	72.04	63.39	54.46	45.66

$I=0.14$　　**附表 8　干法选机分配指标 ε**　　(%)

密度级 /kg·L^{-1}	δ_p / δ	1.70	1.75	1.80	1.85	1.90	1.95	2.00	2.05	2.10	2.20	2.30	2.40
-1.3	1.20	5.86	4.49	3.42	2.58	1.94	1.45	1.08	0.80	0.59	0.32	0.18	0.09
1.3~1.4	1.35	18.01	12.15	9.77	7.83	6.22	4.92	3.86	3.01	2.35	1.41	0.82	0.48
1.4~1.5	1.45	23.74	19.88	16.55	13.67	11.21	9.15	7.41	5.98	4.80	3.04	1.90	1.17
1.5~1.6	1.55	33.91	29.25	25.08	21.30	17.99	18.10	12.58	10.43	35.71	5.76	3.82	2.46
1.6~1.7	1.65	44.67	39.55	34.79	30.36	26.30	22.63	19.35	16.45	13.92	9.77	6.77	4.60
1.6~1.8	1.70	50.00	44.83	39.86	35.20	30.85	26.86	23.24	19.99	17.10	12.32	8.71	6.06
1.7~1.8	1.75	55.17	50.00	44.90	40.13	35.57	31.31	27.43	23.86	20.61	15.18	10.95	7.78
1.7~1.9	1.80	60.14	55.06	50.00	45.10	40.40	35.94	31.78	27.93	24.41	18.36	13.53	9.77
1.8~1.9	1.85	64.80	59.87	54.90	50.00	45.22	40.63	36.32	32.21	28.43	21.79	16.37	12.10
1.85~1.95	1.90	69.15	64.43	59.60	54.78	50.00	45.34	40.86	36.61	32.64	25.48	19.52	14.69
1.9~2.0	1.95	73.14	68.69	64.06	59.37	54.66	50.00	45.46	41.10	36.96	29.39	22.90	17.52
1.95~2.05	2.00	76.76	72.57	68.22	63.68	59.14	54.54	50.00	45.58	41.33	33.40	26.50	20.61
2.0~2.1	2.05	80.01	76.14	72.07	67.79	63.39	58.90	54.42	50.00	45.70	37.53	30.26	23.93
2.1~2.2	2.15	85.45	82.27	78.79	75.06	71.09	66.96	62.74	58.47	54.22	45.90	38.10	31.03
2.2~2.3	2.25	89.62	87.08	84.20	81.06	77.61	73.99	70.19	66.16	62.17	54.02	46.05	38.59
2.3~2.4	2.35	92.73	90.76	88.49	85.91	83.05	79.92	76.57	73.04	69.36	61.68	53.87	46.21

I=0.15　　**附表 9　干法选机分配指标 ε**　　(%)

密度级 /kg · L^{-1}	δ \ δ_p	1.70	1.75	1.80	1.85	1.90	1.95	2.00	2.05	2.10	2.20	2.30	2.40
-1.3	1.20	5.86	4.49	3.42	2.58	1.94	1.45	1.08	0.80	0.59	0.32	0.18	0.09
1.3~1.4	1.35	18.01	12.15	9.77	7.83	6.22	4.92	3.86	3.01	2.35	1.41	0.82	0.48
1.4~1.5	1.45	23.74	19.88	16.55	13.67	11.21	9.15	7.41	5.98	4.80	3.04	1.90	1.17
1.5~1.6	1.55	33.91	29.25	25.08	21.30	17.99	18.10	12.58	10.43	35.71	5.76	3.82	2.46
1.6~1.7	1.65	44.67	39.55	34.79	30.36	26.30	22.63	19.35	16.45	13.92	9.77	6.77	4.60
1.6~1.8	1.70	50.00	44.83	39.86	35.20	30.85	26.86	23.24	19.99	17.10	12.32	8.71	6.06
1.7~1.8	1.75	55.17	50.00	44.90	40.13	35.57	31.31	27.43	23.86	20.61	15.18	10.95	7.78
1.7~1.9	1.80	60.14	55.06	50.00	45.10	40.40	35.94	31.78	27.93	24.41	18.36	13.53	9.77
1.8~1.9	1.85	64.80	59.87	54.90	50.00	45.22	40.63	36.32	32.21	28.43	21.79	16.37	12.10
1.85~1.95	1.90	69.15	64.43	59.60	54.78	50.00	45.34	40.86	36.61	32.64	25.48	19.52	14.69
1.9~2.0	1.95	73.14	68.69	64.06	59.37	54.66	50.00	45.46	41.10	36.96	29.39	22.90	17.52
1.95~2.05	2.00	76.76	72.57	68.22	63.68	59.14	54.54	50.00	45.58	41.33	33.40	26.50	20.61
2.0~2.1	2.05	80.01	76.14	72.07	67.79	63.39	58.90	54.42	50.00	45.70	37.53	30.26	23.93
2.1~2.2	2.15	85.45	82.27	78.79	75.06	71.09	66.96	62.74	58.47	54.22	45.90	38.10	31.03
2.2~2.3	2.25	89.62	87.08	84.20	81.06	77.61	73.99	70.19	66.16	62.17	54.02	46.05	38.59
2.3~2.4	2.35	92.73	90.76	88.49	85.91	83.05	79.92	76.57	73.04	69.36	61.68	53.87	46.21

参 考 文 献

[1] 戴少康．选煤工艺设计实用技术手册［M］．北京：煤炭工业出版社，2010.

[2] 陈鹏．中国煤炭性质、分类和利用［M］．2 版．北京：化学工业出版社，2007.

[3] 王敦曾，秦梁，洪瑞燮，等．选煤新技术的研究与应用［M］．北京：煤炭工业出版社，2005.

[4] 中华人民共和国建设部，中华人民共和国国家质量监督检验检疫总局．GB 50359—2005 煤炭洗选工程设计规范［S］．北京：中国计划出版社，2005.

[5] 郝凤印，李文林，等．选煤手册（工艺与设备）［M］．北京：煤炭工业出版社，1993.

[6] 陈清如．干法分选与洁净煤［M］．徐州：中国矿业大学出版社，2006.

[7] 张殿印，王纯．除尘工程设计手册［M］．北京：化学工业出版社，2003.

[8] 周少雷．复合式干法选煤是重介质选煤厂预排矸的有效方法［J］．中国煤炭，2006 增刊．

[9] 刘随生．中国动力煤炭资源及利用［M］．徐州：中国矿业大学出版社，2005.

[10] 杨松君，陈怀珍．动力煤利用技术［M］．北京：中国标准出版社，1999.

[11] 王祖瑞．发展动力煤干选推广风力摇床［J］．中国煤炭学会选煤专业委员会，1998.

[12] 杨云松．俄罗斯干法选煤技术现状［J］．世界煤炭技术，1993（6）．

[13] 杨云松，卢连永，任尚锦，等．FGX-1 型复合式干法分选机［J］．选煤技术，1994（2）．

[14] 任尚锦．FGX-1 型复合式干选机入料粒度与分选效果关系的探讨［J］．选煤技术，1995（5）．

[15] 任尚锦．关于 FGX-1 型复合式干法分选机的最佳入选粒度［J］．煤质技术与科学管理，1996（6）．

[16] 任尚锦，徐永生，卢连永，等．FX 型和 FGX 型干法分选机在我国的应用［J］．选煤技术，2001（5）．

[17] 杨云松．复合式干法选煤在煤矸石综合利用中的应用［J］．中国矿业，2003（2）．

[18] 孙鹤．风力干选机改进方法的探讨［J］．煤炭加工与综合利用，2003（6）．

[19] 孙鹤．FX 系列风力干选机适应范围与调节因素［J］．煤质技术，2004（2）．

[20] 孙鹤．FX-12 型风力干选机改进效果显著［J］．煤矿机械，2004（4）．

[21] 杨云松．复合式干法选煤技术的研究开发与应用［J］．中国煤炭，2006（增刊）．

[22] 杨云松．大型复合式干法选煤设备的开发与应用［J］．选煤技术，2008（4）．

[23] 任尚锦．任彦东，胡永亮，等．差动式干法选煤机的应用［J］．煤炭加工与综合利用，2008（4）．

[24] 任尚锦．刘明山，孟宝，等．我国第一台末煤风力跳汰机的研制及应用［J］．煤炭加工与综合利用，2009（4）．

[25] 任尚锦，孙鹤，任彦东，等. 中国主要干法选煤机的研究与应用 [J]. 洁净煤技术，2012 (5) .

[26] 任尚锦，孙鹤，幺大锁，等 . CFX-48A 型差动式风力干选机的研制与应用 [J] . 煤炭科学技术，2013 (2) .

[27] 任尚锦，孙鹤 . 新一代干法选煤设备——差动式干选机 [C]. 第 17 届国际选煤大会论文集 . 土耳其：2013.

[28] 孙鹤 . 任尚锦，任彦东，等 . TFX 型末煤跳汰干法分选机的应用 [J]. 煤炭加工与综合利用，2015 (7) .

[29] 任尚锦，孙鹤，夏玉才，等. 干法末煤跳汰机的研制及应用 [J] . 煤炭加工与综合利用，2015 (11) .

[30] 任尚锦 . 孙鹤，陈建中 . 末煤跳汰干选机 [C]. 第 18 届国际选煤大会论文集 . 俄罗斯：2016.

[31] 任尚锦，孙鹤，夏玉才，等 . TFX-9 型干法末煤跳汰机 [J]. 煤炭加工与综合利用，2017.

[32] 沈阳鼓风机研究所 . 离心式通风机 [M]. 北京：机械工业出版社，1984.

[33] 刘富 . 选煤厂电气设备及自动控制 [M]. 北京：煤炭工业出版社，2005.

[34] 邓晓阳，张启林，等 . 选煤厂电气设备安装使用与维护 [M]. 徐州：中国矿业大学出版社，2006.